Key Technologies for Carbon Neutrality Series

碳中和关键技术丛书

气-固模式下CO_2捕集和热驱动转化

丁 健 王振峰 编著

CO_2 Capture and Thermally Driven Conversion under Gas-Solid Mode

化学工业出版社

·北京·

内容简介

《气-固模式下 CO_2 捕集和热驱动转化》系统阐述了气-固模式下 CO_2 捕集技术及基于热催化方法利用 CO_2 制备高附加值化学品的研究和工业应用。全书共7章，主要介绍固体吸附剂和催化剂制备、表征及活性评价方法，气-固模式下 CO_2 捕集，热驱动 CO_2 多相催化合成化学品，气-固模式下 CO_2 捕集和热驱动转化一体化以及气-固模式下 CO_2 热驱动转化利用工业实例。

本书可供从事 CO_2 减排、储存和资源化利用工作的科研、技术人员使用，也可供化学、化工、资源、环境等领域相关高等学校师生研究与学习参考。

图书在版编目（CIP）数据

气-固模式下 CO_2 捕集和热驱动转化 / 丁健，王振峰编著. -- 北京 : 化学工业出版社，2025. 11.--（碳中和关键技术丛书）. -- ISBN 978-7-122-49384-2

Ⅰ. X701.7

中国国家版本馆 CIP 数据核字第 2025YM6218 号

责任编辑：丁建华　徐雅妮　　　文字编辑：王晓露
责任校对：杜杏然　　　装帧设计：刘丽华

出版发行：化学工业出版社
（北京市东城区青年湖南街13号　邮政编码100011）
印　　装：北京天宇星印刷厂
710mm×1000mm　1/16　印张 14¼　彩插 2　字数 312 千字
2026年1月北京第1版第1次印刷

购书咨询：010-64518888　　售后服务：010-64518899
网　　址：http://www.cip.com.cn
凡购买本书，如有缺损质量问题，本社销售中心负责调换。

定　　价：148.00元

前言

CO_2 是主要的温室气体之一，同时也是自然界丰富且重要的可循环利用碳资源。开发和利用 CO_2 资源并将其定向转化为高附加值化学品、能源或材料，不仅是现代工业中重要的研究课题，也是构建人工碳循环、缓解环境问题、减缓人类对化石能源过度依赖的有效途径。此外，CO_2 的资源化利用有助于推动我国传统生产模式向可持续方向转型，对提升发展质量、助力“双碳”战略目标的实现具有重要意义。

然而，由于 CO_2 分子具有较高的热力学稳定性和动力学惰性，其高效分离、富集以及可控转化仍面临巨大挑战，成为当前资源化利用中的关键科学难题。针对上述挑战，气-固模式下的吸附与催化技术显示出独特优势。固体材料的多孔结构和多功能表面能够提供毛细力、范德华力、酸碱活性位及官能团等，通过多位点协同作用，在一定的温度和压力范围内实现 CO_2 的选择性锚定与键合，完成其非活化或活化吸附，从而为后续转化奠定基础。在多种 CO_2 转化路径中，热驱动多相催化反应因其操作简便、目标产物可调、产品收率较高等特点，展现出良好的应用前景。

本书基于编者在气-固模式下 CO_2 捕集与热催化方面的系统研究，结合近年来国内外相关成果，全面介绍并深入分析了该领域的最新进展。内容涵盖 CO_2 的吸附与活化机制、吸附剂与催化剂的设计与开发、反应体系的构建与优化，以及能源等关键问题的应对策略。同时，本书还探讨了等离子场、磁场等附加场效应及其协同强化作用，并介绍了 CO_2 催化转化为 C_1 产物、C_{2+} 化合物及聚合物材料的新反应、新策略与新途径。最后，对未来研究方向进行了展望。

本书可供从事 CO_2 减排、储存和资源化利用工作的科研、技术人员使用，也可供化学、化工、资源、环境等领域相关高等学校师生研究与学习参考。期望本书内容能集中反映本领域的重要进展，回答相关的科学问题，搭建讨论与交流的平台，激发读者对 CO_2 吸附捕集与热驱动资源化利用的兴趣与热情，促进 CO_2 资源化研究、技术应用及科学普及工作的开展。

本书由内蒙古科技大学丁健（撰写第1、4、5、6章）和王振峰（撰写第2、3、7章）编著，全书由丁健统稿。

本书的出版承蒙国家自然科学基金（22062018）、内蒙古自治区高等学校青年科技英才支持计划（NJYT22070）、内蒙古自治区教育科学“十四五”规划2021年度课题（NGJGH2021174）、内蒙古自治区直属高校基本科研业务费项目（2023QNJS064）以及内蒙古自治区直属高校基本科研业务费项目（2023CXPT001）等多个项目的资助，在此谨致谢意。在编写过程中，亦广泛参阅了国内外相关领域的最新研究文献，在此向各文献相关学者同仁深表谢意。

由于学术水平和时间有限，书中难免存在疏漏与不足之处，恳请广大读者批评指正，我们将虚心接受并不断完善。

编著者

2025年8月

目录

第 3 章　固体吸附剂和催化剂表征及活性评价方法 // 029

第 4 章　气-固模式下 CO_2 捕集 // 043

第7章 气-固模式下 CO_2 热驱动转化利用工业实例 // 208

CHAPTER 1

第1章 绪论

1.1 本书写作背景与意义

1.1.1 写作背景

从传统意义上来说，CO_2 是一种重要的有机碳资源，它不仅是植物的“粮食”，也营造我们的绿色环境、提供生物基资源、成为碳循环中重要的碳载体等。但是，世界经济的发展和社会的运行严重依赖通过燃烧等方式消耗煤炭、石油和天然气等化石能源来满足能源和生产众多化工产品的需求。不幸的是，这种发展会导致大量 CO_2 的产生和排放，而过度排放的 CO_2 充当了温室气体，导致全球变暖、海洋酸化、极端天气频发和物种多样性丧失等严重的环境问题。因此，减少 CO_2 排放，降低大气中 CO_2 浓度是需要高度重视的问题。

随着大气中 CO_2 浓度的增加，温室效应及其引起的一系列环境问题和生态灾难引发了全球关注，并成为全人类共同面临的严重问题。CO_2 捕集与利用是减少大气中 CO_2 浓度甚至实现碳中和的重要技术路径和托底技术保障。全球对 CO_2 捕集与利用的关注始于 20 世纪 70 年代，欧美等地在技术储备和应用上积累较多。例如，美国在 2030 年前预计建立 3.6 亿吨的 CO_2 捕集目标。相比之下，我国对 CO_2 捕集与利用的重视始于 2010 年。自 2016 年起，国家陆续开展相关项目并给予支持和政策扶持。2020 年 9 月 22 日，中国在第 75 届联合国大会上向世界正式提出 2030 年前实现碳达峰、2060 年前实现碳中和的目标。面向“双碳”目标，我国开始逐步推行碳中和技术。通过 863 计划、973 计划等科技专项，集中部署了一系列 CO_2 捕集与利用项目。

1.1.2 气-固模式下 CO_2 捕集和热驱动转化方式及意义

目前，CO_2 捕集主要有两种方式，一是正在大量研究的从空气中分离 CO_2，

直接从大气中捕集 CO_2 具有可以部署在任何地点且不需要额外设备的优势。二是从工业源（点源）排放的气体中分离 CO_2，即对烟道气中 CO_2 进行原位捕集（图1-1）[1-2]。吸附是未来处理大气中 CO_2 浓度问题的一种相对有效的形式，固体吸附剂的吸附过程实质上是多孔固体吸附材料和流动相接触的过程。在此过程中，流动相中存在的物质并非一种（N_2、CO_2、H_2O 等），且在向多孔固体颗粒表面传递的过程中具有明显的选择性，所以在多孔固体吸附剂表面最终会有大量的物质积聚，对各组分的吸附量也不尽相同。

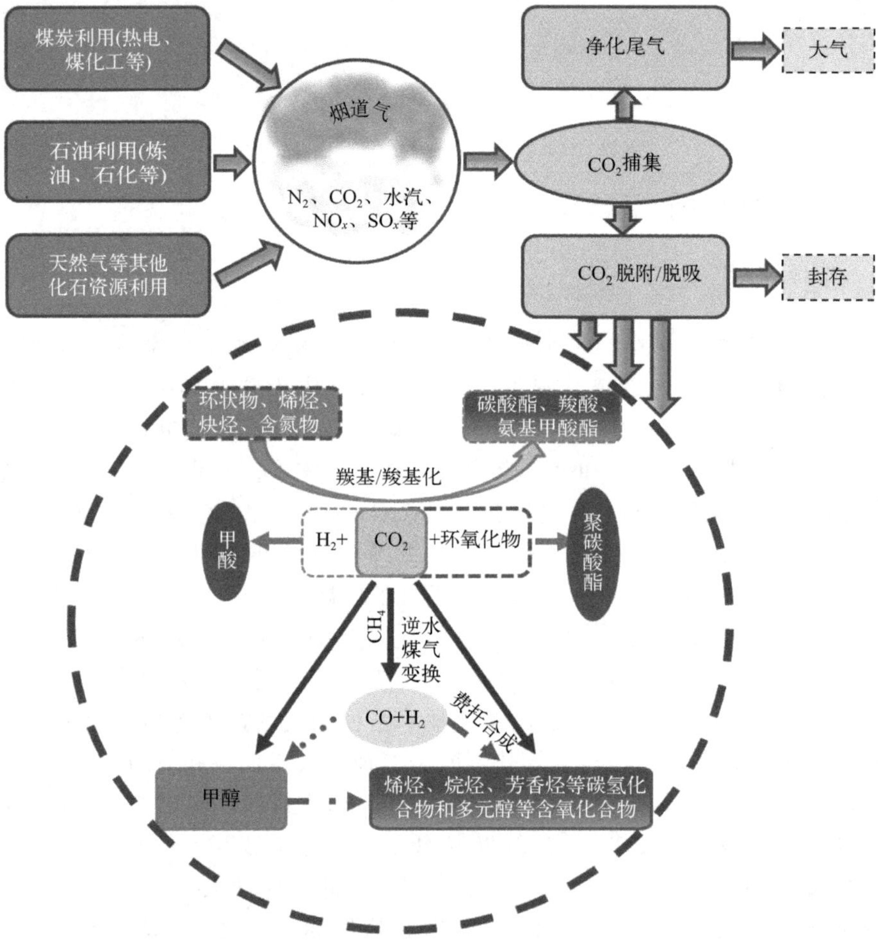

图 1-1　气-固模式下 CO_2 捕集及热驱动转化示意图[2]

通过催化或非催化的化学方式将所捕集的 CO_2 转化为燃料和化学品，是促进碳循环和可持续利用、减缓 CO_2 过度排放使大气中 CO_2 浓度持续增长的最经济、最有效的方法，亦有利于推动解决日益加剧的环境与能源问题。目前，中国在

CO_2 化学利用技术上与国际水平同步甚至处于前列。在催化过程中，均相催化剂反应活性虽高，但产物分离难、催化剂易分解失活和挥发等问题导致其生产成本偏高。相较而言，多相催化体系尤其是气-固模式下实现的 CO_2 转化则克服了这方面的问题。因此，在选取合适的催化体系和工艺路线后，以上转化反应均可通过气-固模式下的多相催化途径来实现。

CO_2 化学转化可通过光、电和热驱动而实现（即在光照下产生的一系列 CO_2 光化学反应、电场作用下发生的 CO_2 电化学反应及外加热时促进的 CO_2 热化学反应）。其中，“热”是人类最早认识并普遍利用的基本能量形式之一，一直是诱导和驱动物质中大多数物理和化学变化的主要力量。另外，多相催化是气态反应物与固体表面相互作用形成产物的过程，大多由热驱动催化作用主导。光催化和电催化较低的转化率和产物选择性使其难以大规模工业化应用，热驱动催化由于能够显著提高气态反应物和催化剂的活性、改变反应热力学平衡且相关工艺成熟等，具有应用广泛、易得多种目标产物且收率较高等优点。此外，在热驱动的多相催化过程中，热能是唯一的驱动力[1]，因此，温度或热量的变化也可调节催化剂结构-性能的关系。总之，热驱动 CO_2 催化转化因技术成熟、反应速率高、稳定性好及工业适用性强而更具潜力和吸引力。

尽管在气-固模式下实现的 CO_2 捕集及通过热驱动多相催化方法将 CO_2 转化成多种化学品已取得了一些进步，但 CO_2 在捕集过程中吸附容量较低，在转化反应中惰性极强，加之较高的 C—C 耦合势垒，在转化过程中高温、高压等反应条件的使用就不可避免。所以，研制性能稳定且选择性高的吸附剂和催化剂、创新捕集和催化体系以及开发新的反应体系等是解决上述问题的关键。针对这些问题，本书第 2～7 章详细介绍了气-固模式下 CO_2 捕集和热驱动 CO_2 多相催化转化为多种化合物的相关研究背景和具体方法，并对近年来 CO_2 捕集所用吸附剂和热驱动催化转化制 CO、甲烷、甲酸、甲醇、烃类和碳酸酯等产品过程中使用的多相催化剂等进行了介绍和详述，主要着眼于传统吸附剂和吸附模式、催化剂和反应体系改进的研究，重点在于对新吸附体系、新催化反应体系及产物拓展进行详细梳理，并从环保和经济角度出发比较各类吸附剂和催化剂及其体系的优缺点，期望为 CO_2 捕集、多元化利用和丰富产物类型提供参考，为避免产业同质化和产能过剩给出有益建议。

1.2 CO_2 捕集吸附剂和 CO_2 转化催化剂的制备

吸附剂和催化剂的制备方法多种多样，各种方法的特点和制备过程对其性质和吸附/催化性能有着至关重要的影响，例如，利用特定的制备方法达到对结构、组分和功能的合理设计，可以实现指定吸附物质（CO_2）的高效分离或催化转化，同时实现多重吸附，使吸附量增大并有效提高材料的稳定性。因此需要采取高效、可控和便捷的制备方法。

本书**第 2 章**介绍了 CO_2 捕集固体吸附剂和 CO_2 转化多相催化剂常用和新颖的制备方法，包括固相合成法、共沉淀法、浸渍法、溶胶-凝胶法、沉积法、物理吸附法等，并分析了这些方法各自的优缺点，列举了详细的制备过程。例如，沉淀法是制备吸附剂和催化剂的传统方法，通过溶液中离子间的相互作用和反应形成沉淀，再通过干燥和焙烧等步骤制得吸附剂/催化剂。该方法所得材料粒径分布均匀，吸附/催化活性较高。但是，所得材料比表面积小，性能易受到制备条件的影响而具有较差的制备重复性。共沉淀法在沉淀法的基础上，通过控制反应条件，使不同离子在溶液中同时形成沉淀，从而制备出比表面积大、性能稳定且具有多种功能的材料，但该法制备过程较为复杂。一些新颖的方法如化学气相沉积法通过将气体中的化学物质沉积在基底表面上，从而得到具有特定形貌和性质的材料。该方法所得功能材料的比表面积大、反应活性高，但需要特殊设备和高温条件。

通过第 2 章的介绍，读者可以了解固体吸附剂和催化剂的制备方法和特点，从而更好地理解并选择合适的吸附剂/催化剂，以得到具有优异性能的吸附剂/催化剂，提高 CO_2 捕集和 CO_2 转化反应效率和产率。

1.3 CO_2 捕集吸附剂和 CO_2 转化催化剂的表征和性能评价方法

本书**第 3 章**简要介绍了 CO_2 捕集固体吸附剂和 CO_2 转化多相催化剂的表征和性能评价方法。吸附剂和催化剂的物理-化学性质是其性能评估的基础，也是了解和认识吸附剂/催化剂的活性、选择性和稳定性等的关键，对其在 CO_2 捕集和转化过程中的表现有着至关重要的影响。因此，对该类功能材料的表征十分必要。常用的表征方法包括利用氮气吸附法进行比表面积、孔容和孔径分布的测定，借助电镜技术进行材料结构、形貌、组分和晶相等的判断，通过 X 射线光电子能谱（X-ray photo-electron spectroscopy，XPS）、傅里叶变换红外光谱（Fourier transform infrared spectrum，FTIR）以及原位漫反射傅里叶变换红外光谱（in-situ DRIFTIR）等方法进行表面组成、官能团分布等分析，众多表征技术的详细说明参见第 3 章内容。通过全方位表征，可以充分了解吸附剂和催化剂的结构特点、表面组分和性质、吸附或催化性能等。基于这些合理的表征方法和技术，研究人员分析组成影响、构效-性能关系等，在选择合适的吸附剂和催化剂后，可进一步进行应用研究和工艺优化等，为 CO_2 捕集吸附剂和 CO_2 转化催化剂的高效选用和工业应用提供可靠的依据。

吸附性能和催化性能是吸附剂和催化剂实际应用的直接表现，性能评价也决定了吸附剂和催化剂在实际应用中的效果和潜在价值，是评价其性能不可或缺的考量因素。吸附剂的吸附性能可以通过吸附等温线、动态吸附实验等方法进行测定，所用装置和仪器为热重及其他仪器联用、固定床-色谱联用、多组分吸附穿透曲线分析仪等。而催化活性是衡量催化剂促进反应速率的基本指标，通过比较不同催化剂或相同催化剂在不同反应条件下对目标反应速率的差异来评估，其中高活性催化剂能在较低温度、压力或浓度条件下实现 CO_2 高效转化。催化剂的具体性能指标包括转化率、选择性、反应速率以及稳定性测试等，相关评价通常在固定床、浆态床和反应釜等反应器内进行，通过色谱、质谱等衡量最终的反应性能。

1.4 气-固模式下 CO_2 捕集

两极和高山冰川融化使海平面上升，低海拔近海陆地逐渐被淹没。此外，印度暴雨、欧洲的极端高温和干旱、澳大利亚肆虐的山火、中国的寒潮等极端恶劣天气频繁发生，均由 CO_2 等温室气体过度排放引发的温室效应导致[3]。这一切将危及人类生存和发展，所以引发了各国关注和全人类的担忧。因此，为避免 CO_2 过度排放而导致的温室效应及由此带来的全球气候灾难，CO_2 减排势在必行。鉴于短期内全球能源结构（以化石能源为主）难以有实质性改变，实现从排放源原位捕集 CO_2 对抑制大气中 CO_2 含量的增加、降低其对生物圈的负面影响至关重要。

CO_2 主要来源于火力发电、冶金和煤化工等过程中化石燃料的大量燃烧。值得注意的是，化石资源的利用所排放的烟道气中 CO_2 占全球总排放量的一半以上[4]，考虑到目前化石燃料提供全球 90% 以上的能源和大多数化工原料，以其为主的能源和化工生产结构在长时间内不易改变，最为重要的是，化石燃料最终都将主要以 CO_2 的形式排放至大气中。因此，控制烟道气中 CO_2 的排放就至关重要，而采用燃烧后捕集技术是最有效和经济的方法。所以，开发烟道气环境下的 CO_2 原位捕集技术，使 CO_2 含量降至一定标准后排入大气，饱和吸附/吸收材料再生后循环使用，脱附/脱吸的高纯度 CO_2 可以封存或作为化工原料（图 1-1）[5]。目前，通过各种 CO_2 捕集技术（吸附法、吸收法、膜分离法和低温蒸馏法等）可以有效减少 CO_2 排放。CO_2 吸收技术（如利用氨水、醇胺类化合物、碳酸钾溶液、离子液体和相变材料等作为吸收剂）虽具有技术成熟、操作简便等优点，但也面临着吸收剂成本高、稳定性差、溶剂容易降解或挥发、过程操作能耗高、CO_2 选择性低以及高水耗等诸多挑战。其中，用胺溶液进行 CO_2 吸收是最成熟的技术，但其高热容量、强腐蚀性和挥发性等缺点阻碍了它们的广泛应用。此外，相对较低的反应温度（≤60°C），使得高温胺溶液进行 CO_2 捕集前需进行大幅冷却，大大增加投资和运营成本。况且，CO_2 吸收过程中溶液黏度的增加和胺腐蚀导致质量传递速率降低，也加大了其在实际应用中的难度。相比之下，气-固模式下 CO_2 吸附分离技术以其能耗低、对装置腐蚀性低、工艺简单、易于自动化操作、不产生液体废物以及低压下 CO_2 吸附量高等优势引起了越来越多的关注。此外，利用固体吸附剂丰富的孔结构和较大的比表面积以及特殊的功能表面（酸/碱性位、功能基团等），可以极大地提高对混合烟道气中 CO_2 的选择吸附能力。通常，固体吸附剂可以在较宽温度和压力范围内锚合或键合 CO_2 分子从而实现有效吸附。这些在形成物理吸附的驱动力作用下产生的对 CO_2 的捕集即为物理驱动下的 CO_2 吸附；在形成类似化学反应驱动力的作用下产生的对 CO_2 的捕集即为化学驱动下的 CO_2 吸附；物理化学驱动则是两种驱动力同时对 CO_2 的捕集产生重要作用。但是，一些吸附场合如烟道气中 CO_2 分压和浓度低（体积分数小于 15%），同时存在 N_2、水汽、SO_x 和 NO_x 等杂质，加之流量大、温度高（150℃以上），所以对固体吸附剂有选择性、稳定性及杂质耐受性等多方面的要求[6]。

国内外研究者报道了一系列多孔固体吸附材料如沸石、活性炭、金属有机骨架材料等，利用其发达的孔隙结构和较高的比表面积，实现了对 CO_2 的吸附[7]。但这类吸附剂属于物理吸附剂，选择性差、效率低，同时吸附量受材料自身结构、吸附温度和压力以及水汽共存等条件的严重影响，除了需要调整吸附剂结构外，还需要对烟道气进行预处理（冷却、去湿以及 N_2/CO_2 分离富集等），增大了过程的复杂性和成本。以分子筛材料丝光沸石这一典型的硅酸盐多孔材料为例，其沿 c 轴方向具有一维 12 元环孔道，平均孔径为 6.25Å（$1Å=10^{-10}$m），该类吸附剂对 CO_2 气体的吸附与孔道尺寸密切相关。但其动力学直径接近气体，如 CO_2、N_2 和 CH_4 分子的动力学直径分别为 3.3Å、3.64Å 和 3.8Å，实现该类气体混合物的高效分离仍然存在巨大挑战。对该类材料表面进行化学改性，如有机胺或碱金属表面修饰，虽可提高 CO_2 吸附性能，但仍难以克服该类材料水热稳定性差、选择性差的问题，同时高温下吸附量变低、吸附动力学受限，且材料制备的成本和复杂性增大。相对于物理吸附剂，化学吸附剂与 CO_2 分子间的化学作用提高了对 CO_2 的吸附选择性和吸附量，所以具有良好的 CO_2 分离富集能力，尤其适用于中、高温烟道气中低浓度 CO_2 的吸附分离。例如，弱酸性的 CO_2 可与 K_2O 等碱金属氧化物和 MgO 等碱土金属氧化物上的碱性位发生作用后产生碳酸盐、碳酸氢盐等而被稳定吸附，在解吸处理后碳酸盐等又会重新分解为金属氧化物和 CO_2，实现了 CO_2 的回收富集和吸附剂的再生[6]。

本书**第 4 章**为气-固模式下 CO_2 捕集，作者结合国内外研究进展及自身多年研究所得，详细介绍了气-固界面模式下（在吸附过程中，CO_2 分子处于气态，而所用吸附剂为固态，两者之间的接触和传质等均通过吸附剂表面的气-固界面完成）通过物理驱动、化学驱动乃至物理化学共驱动实现 CO_2 捕集的相关研究内容及重要进展，并对所用固体吸附剂进行了详细探讨，期望为 CO_2 捕集乃至后续的高效利用提供借鉴和参考。

1.5 气-固模式下热驱动 CO_2 资源化利用

作为来源丰富的“碳资源”，CO_2 经催化加氢后可转化为 C_1 产品（CO、甲烷、甲醇和甲酸等）；此外，CO_2 加氢还可以生成多碳（C_{2+}）产物如烯烃、烷烃、芳香烃及高碳醇等；CO_2 也可以作为羰基化或羧基化试剂与环氧化合物、有机胺等合成聚碳酸酯和氨基甲酸酯等产品（参见图 1-1）。上述为本书重点介绍内容，在**第 5 章**中将为读者详细展示和讲解。

一些典型的 CO_2 转化反应及其产物如下所示。

① CO_2 制 CO：CO_2 捕集可以减缓大气中 CO_2 浓度不断上升的趋势，但该技术建立在将 CO_2 转化为化学品或中间体的基础上。通过甲烷二氧化碳干重整（dry reforming of methane，DRM）、逆水煤气变换（reversed water gas shift，RWGS）和偶联烷烃脱氢等反应可将其高效转化为 CO，而所得 CO 或合成气（$CO+H_2$）可以作为串联催化体系的基础原料生产多种化学品。经济测算表明，在太阳能、风能等可再生能源价廉、易得的情况下，CO 介导的 CO_2 利用途径可以使替代能源产生较大的竞争优势。

② CO_2 甲烷化：CO_2 与 H_2 在催化剂的作用下生成甲烷的反应在学术研究和工业化应用中具有重要的价值和广泛的应用前景，其不但可以同时减少 CO_2 和 CH_4 等温室气体的排放，还能够将 CO_2 转化为清洁能源（甲烷燃料），进而替代天然气，利用现有的天然气输配网络和地下储气系统，方便地取代化石燃料的使用。但是，CO_2 需获取 8 个电子后才能充分还原为 CH_4，反应能垒较高且动力学限制较大，因此需研发高性能催化剂以实现温和反应条件下的高 CO_2 转化和高 CH_4 选择性。

③ CO_2 催化加氢制甲醇、乙醇、烷烃、烯烃、芳香烃等：CO_2 可在多相催化剂的作用下与 H_2 反应转化为甲醇、乙醇、烷烃、烯烃、芳香烃等多种含 C 化合物。在第 5 章中，详细介绍了该类转化过程及所用催化剂的研究内容和相关进展。

④ CO_2 其他利用方式：CO_2 价廉易得且无毒，在有机合成反应中是理想的羰基/羧基源。从 CO_2 出发合成羧酸（酯）或碳酸酯等精细化学品所需的能量较低，其能量利用率和经济性较高，能够有效完成 CO_2 的非还原转化。另外，CO_2 作为有效碳源转化为碳基材料后，可以将 CO_2 锁定在固体物质中，避免 CO_2 转化所制化学品或燃料使用而导致 CO_2 被再度释放回大气而增加排放。该策略甚至可以实现“负碳排放”，因此成为当前研究的热门方向。

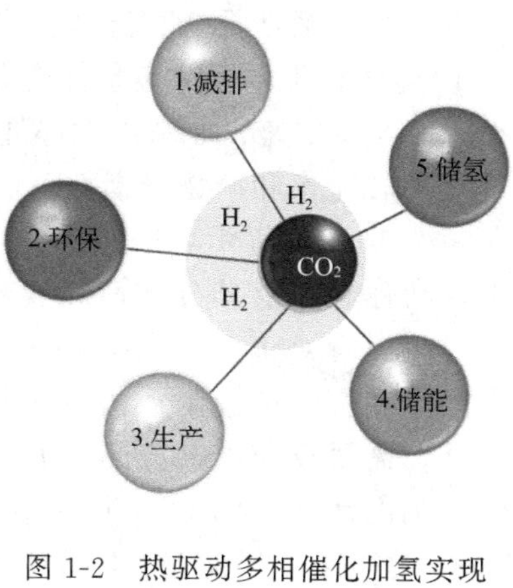

图 1-2　热驱动多相催化加氢实现 CO_2 化学转化的意义

总之，热驱动 CO_2 转化尤其是多相催化加氢可取得“一举多得”的效果而具有较多的优势（图 1-2）。

① 减少全球能源消耗中的碳排放，补缺受损的地球碳循环，在生态圈中形成完整的碳循环链。

② 减少全球变暖导致的海平面上升、极端天气频发和海洋酸性增大等环境

问题。

③ CO_2 无毒且来源广泛，可作为可持续碳源进行化学品制造，如作为羰基化/羧基化试剂合成碳酸酯等；替代光气等有毒原料进行有机合成；以合成甲醇为过渡，间接制备烷烃、烯烃、芳烃和二甲醚（dimethyl ether，DME）等；通过逆水煤气变换后转化为 CO 并进行费托合成，最终将 CO_2 化学转化为高附加值碳氢化合物。

④ 利用费托合成、甲醇合成、甲烷化等化学反应储存发电高峰时期的电能和封存太阳能、风能等新能源。

⑤ 氢能具有能量密度高、来源广泛及环境友好等优势，是替代化石能源的理想选择。然而，氢气安全高效地储存和运输仍然是氢能产业面临的瓶颈问题，严重阻碍了其快速发展。液态储氢技术被认为是突破氢能储运限制的可行性方案，而通过 CO_2 加氢反应转化为甲醇和甲酸这类具有储氢含量高、化学性质稳定及价格低廉等优势的产品，为燃料电池、化工生产等充当液体储氢载体，有效避免了 H_2 难以运输和储存的难题。

CO_2 加氢产物众多，例如 C_1 产物（如 CH_3OH、HCOOH、CH_4 和 CO 等）是重要的基础化工原料，可通过较为成熟的工业过程系统转化为高附加值产品。因此，CO_2 加氢高选择性转化为目标产物对降低分离和循环成本、提高生产效率具有重要意义。CO_2 加氢生成 C_{2+} 化合物主要基于费托合成的直接途径和甲醇作为中间体的间接途径，但无论何种路径，均涉及 C—C 偶联过程，而且多种自由基、中间物种等共存，更加增加了产物定向生成的难度。CO_2 加氢制 C_1 产物虽然不涉及 C—C 偶联步骤，但由于复杂的反应网络和催化剂表面多种活性位点的共存，其选择性调控也存在较大的挑战。

CO_2 加氢活性及产物选择性受多方面因素的影响。

① 温度和压力等反应条件变化对热力学平衡的影响，直接决定产物的选择性大小；而反应空速、原料配比亦通过改变反应物料的停留时间和局部浓度等，影响 CO_2 最终转化率和产物选择性。

② 如图 1-3 所示，CO_2 加氢所用催化剂一般由活性相、载体和助剂组成。其中，活性金属及其分散情况、载体和助剂性能、活性组分的相互作用等催化剂性质，将影响 CO_2/中间体的 C—O 断键、C—C 偶联、自由基迁移和加氢等，以及中间体和产物的脱附或进一步转化。另外，某些催化剂在初始状态下显示出反应惰性，需要反应物甚至是产物分子的诱导作用，才能够促进催化剂的活化，增强催化剂的活性。以 CO_2 加氢制 C_1 产物为例，其整个反应过程中关键基元步骤（C═O 键解离、反应物/中间体加氢以及反应物/中间体/产物的吸附/脱附）对反应条件和催化剂性能的要求截然不同。其中，CH_3OH 和/或 CO 的形成需要适中的 C═O 解离或断键能力，这样可以一方面去除 CO_2 分子中的一个 O 原子，另一方面同时可以保留另一个 O 原子，避免深度断键和加氢形成碳正离子或自由基，最终导致 CH_4 的生成。CO 脱附后进一步加氢生成 CH_3OH 或 CH_4 两条

反应路径之间的竞争决定了 CO、CH_3OH 和 CH_4 之间的最终选择性，因此，CO_2 加氢产物分布取决于活性位的原子/电子结构及其周围微环境。这样的话，催化剂的合理设计所带来的活性组分、金属分散度、载体和助剂种类等将影响 CO_2 加氢反应中三个关键基元步骤之间的平衡，进而影响产物的选择性。

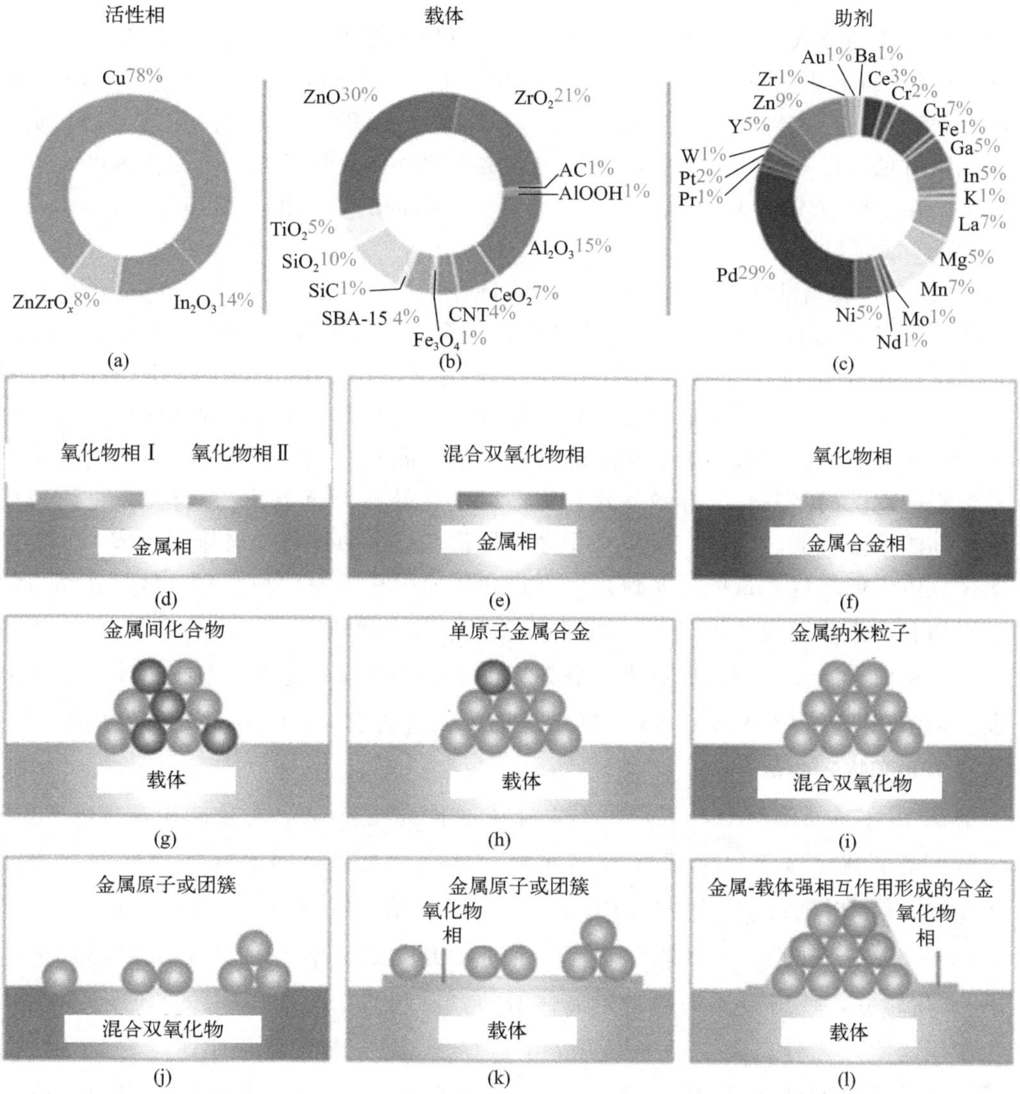

图 1-3　常见的热驱动 CO_2 加氢催化剂组成和变化[8]

③ 催化剂是否能够有效活化 H_2 对于 CO_2 加氢至关重要，在多相催化剂表面，H_2 解离主要有两种方式：均裂和异裂。前者通常发生在金属（M）表面并在金属活性位的作用下形成 M—H 键，该作用的本质为氢键（M—H^{δ^-}）或共价键（M—

H），取决于金属种类的相对电负性大小。过渡金属常用于 CO_2 加氢制甲醇，由于其电负性与氢相似，因此主要表现为 M—H 键。相反，后者通常发生在与 O、N、S、C 或 P 等非金属原子结合的金属中心表面，而 H_2 充当路易斯（Lewis）酸碱对并解离成质子氢化物对（$X\text{-}H^{\delta^+}$ 和 $M\text{-}H^{\delta^-}$）。

当然，多相催化剂表面因存在多种类型活性位点而表现出多功能性，使 H_2 以均裂或异裂的方式分裂，$X\text{-}H^{\delta^+}$、$M\text{-}H^{\delta^-}$ 和 M-H 物种可以共存。需要注意的是，H_2 通过均裂形成的氢原子具有高度流动性，可以在金属表面流动并迁移至金属-载体界面甚至是还原氧化物产生的次表层，即氢溢流现象。由于氢溢流的贡献，质子氢化物对也可以顺利形成。然而，即便氢溢流的存在提高了表面氢原子浓度，但仍低于由强金属-载体相互作用而产生的邻近金属表面的第二相（尤其是 MO_x）成为新的 H_2 活化位。

④ CO_2 加氢过程中，水以产物（例如逆水煤气变换、甲烷化、羟基化等）形式广泛存在于气-固多相催化反应体系中，甚至以介质或反应物的形式存在，因此是实现 CO_2 转化过程中几乎无法避免的一个重要组分。由于体系中水的存在，其在反应过程中参与形成新的过渡产物，从而改变反应路径和最终产物分布。另外，水的存在会显著影响催化剂的表界面结构（如金属氧化物暴露于含 H_2O 气氛中会发生不同程度的羟基化，导致氧化物逐渐羟基化转变为氢氧化物结构），进而调控催化剂的反应性能。例如，对负载型金属催化剂，水通过与金属作用形成中间物种或在载体表面形成丰富的羟基位点，促进金属原子在表面顺利迁移，从而在动力学上更加有利于分散或团聚过程。水也可以通过修饰载体表面，改变金属-载体相互作用，从而进一步影响金属物种在载体表面上的热力学稳定性。这样一来，催化剂表面化学性质变得有利于在 CO_2 氢化过程中促进含有 C—O 和 O—H 键的被吸附物（中间产物）的活化。

⑤ 在许多催化剂中，氧空位不仅作为表面路易斯碱，而且能引起 CO_2 电子云密度的变化，对于 CO_2 活化非常重要。氧空位可以通过直接方式或间接方式活化 CO_2：直接方式是指 CO_2 中的一个 O 原子填充在氧空位，形成 CO_2 自由基负离子，从而削弱 C═O 键的键能；而间接方式是从氧空位到金属中心发生电子/电荷转移，使得金属的路易斯碱性增加，更倾向于与 CO_2 中的碳原子发生相互作用。除此之外，氧空位可以调节金属原子/原子团簇与载体的结合能，从而调节金属的分散度。这也是 TiO_2、CeO_2 和 ZrO_2 等（可产生大量氧空位）作为催化剂载体更受青睐的原因。再次，氧空位浓度的增加是防止催化剂烧结的有效方法之一。此外，氧空位还能使氢气由均裂变为异裂，改变金属与载体界面上发生的相互作用，从而影响反应路径的能量变化过程以及多种反应中间体的相对稳定性，从而产生不同的加氢产物（如 CH_4、CO 或 CH_3OH 等）。

1.6 气-固模式下 CO_2 捕集和热驱动转化一体化

集成 CO_2 捕集和转化为高附加值化学品技术在促进 CO_2 减排方面受到了越来越多的关注。CO_2 捕集和转化的耦合过程（integrated CO_2 capture and utilization，ICCU）将 CO_2 捕集和转化利用过程进行集成，以 CO_2 原位转化的一步过程取代当前的 CO_2 脱附-储存或 CO_2 脱附-储存-转化的多步操作，既大幅缩短工艺流程也降低能耗，为 CO_2 的处理提供了一种更有前途的思路。吸附-催化双功能的材料设计有助于缩短吸附位点和催化位点间的距离，有利于脱附 CO_2 快速迁移到催化位点进行转化，在实现 ICCU 方面具有很大的潜力。本书**第 6 章**就相关内容和国内外研究进展进行详细介绍和剖析。

1.7 CO_2 资源化利用工业实例

根据有效统计数据，截至目前我国已投入运行或规划中的 CO_2 利用示范项目超过 57 个，其中，将 CO_2 转化为高附加值化学品和生物品的项目数量约占 40%。诚然，解决 CO_2 转化是一项长期的科学课题，需要同时解决所用的催化剂、催化体系及涉及的热力学和动力学等一系列难题。本书**第 7 章**将就国内外研究进展和相关内容进行详细介绍和解读。

中国正在重装社会和经济“操作系统”，构建以“新能源”和“双碳”目标为底层构架的新兴经济体。中国的经济将由曾经的劳动密集型逐步转型成绿色低碳密集型。所以，在第 7 章中，需要着重介绍 CO_2 利用方面最新开发且日趋完善的工艺。例如，针对中国的“双碳”目标以及绿色发展目标，液态阳光技术作为一种创新性的绿色能源技术，正逐步成为推动能源绿色转型的重要力量。如图 1-4 所示，该技术是指利用太阳能、风能等可再生能源产生的电力，通过电解水制得 H_2（绿氢），再将 H_2 与 CO_2 在催化剂的作用下合成甲醇、乙醇、芳香烃、烷烃、烯烃等液态燃料和基础化工原料。这一过程不仅实现了可再生能源的高效转化与储存，还实现了 CO_2 的资源化利用，形成了绿色、低碳、可持续的循环发展模式。该技术的实施可解决间歇性能源（风电、光伏等）的规模化储能和调峰问题。例如，每生成 10 万吨甲醇相当于发 6 亿千瓦时电，可长周期储存 700MW 级光伏发电，加之可以规模化消纳可再生能源，因此可以有效解决弃风、弃光等问题。另外，甲醇作为氢能的载体（储氢量 12.5%），可以解决氢能制备、储存和运输的安全性和成本问题。甲醇水蒸气重整制氢技术以及甲醇电池技术等均较为成熟，且反应条件温和，可以作为优异的储氢和供氢载体。最后，资源化转化 CO_2 解决工业刚性排放

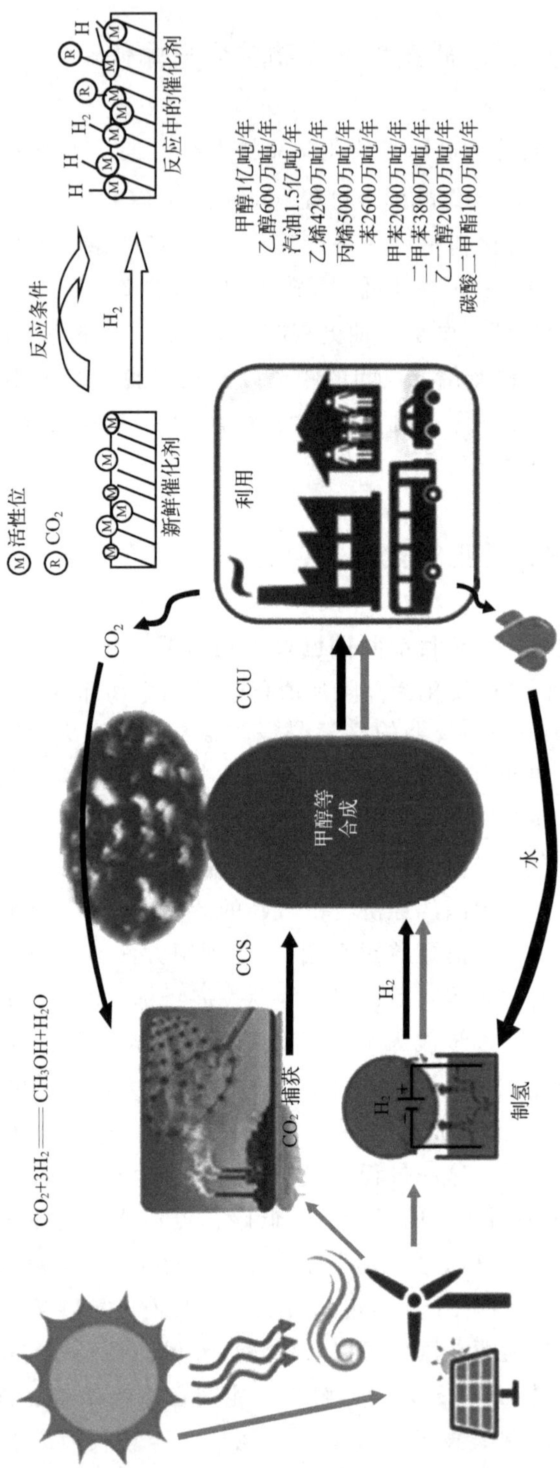

图 1-4　液态阳光技术

CCS—碳捕集与封存；CCU—碳捕集与利用

CO_2，可以在规模化生产液态阳光甲醇的同时兼顾经济发展，并可缓解我国液态燃料短缺的局面。总之，液态阳光技术生产甲醇具备如下优点。

① 清洁高效：液态阳光甲醇作为一种绿色液态燃料，其生产过程中不产生额外的碳排放，实现了从源头到终端的清洁利用。

② 可持续发展：CO_2 加氢制液态阳光甲醇及甲醇脱水制烯烃、烷烃和芳香烃等是传统石油裂化技术的重要可持续替代手段。

③ 储能便利：甲醇具有高热值、易储存、易运输的特点，可以有效解决可再生能源的间歇性问题，实现稳定供能。

④ 经济效益显著：随着可再生能源发电成本的降低和液态阳光技术的规模化应用，其生产成本将逐步降低，具有显著的经济效益。

⑤ 生态效益突出：液态阳光技术的推广应用将有力推动碳减排目标的实现，为应对全球气候变化贡献中国力量。

参考文献

[1] Qiu C Y, Sun J C, Li M S, et al. Irreversible lattice expansion effects in nanoscale indium oxide for CO_2 hydrogenation catalysis[J]. Journal of the American Chemical Society, 2024, 146 (49): 33997-34007.

[2] 姜瑞君，李玉涛，王振峰，等. 热驱动 CO_2 多相催化合成化学品研究进展[J]. 精细化工，2024，41：302-314，400.

[3] Obbard R W, Sadri S, Wong Y Q, et al. Global warming releases microplastic legacy frozen in Arctic Sea ice[J]. Earth's Future, 2014, 2 (6): 315-320.

[4] Gabrielli P, Rosa L, Gazzani M, et al. Net-zero emissions chemical industry in a world of limited resources[J]. One Earth, 2023, 6 (6): 682-704.

[5] Xie Z H, Huang E W, Garg S, et al. CO_2 fixation into carbon nanofibres using electrochemical-thermochemical tandem catalysis[J]. Nature Catalysis, 2024, 7 (1): 98-109.

[6] Zhao C B, Wang L M, Huang L, et al. Recent advances in intermediate-temperature CO_2 capture: Materials, technologies and applications[J]. Journal of Energy Chemistry, 2024, 90: 435-452.

[7] Fu D L, Davis M E. Carbon dioxide capture with zeotype materials[J]. Chemical Society Reviews, 2022, 51 (22): 9340-9370.

[8] Araújo T P, Mitchell S, Pérez-Ramírez J. Design principles of catalytic materials for CO_2 hydrogenation to methanol[J]. Advanced Materials, 2024, 36 (48): e2409322.

第2章 固体吸附剂和催化剂制备方法

CHAPTER 2

吸附剂和催化剂的制备方法是决定材料性能的关键因素之一。不同的制备方法会导致所得材料内部结构、表面性质、组成分布及多组分协同作用等产生极大的差异，从而影响其吸附和催化性能。例如，通过控制焙烧温度和时间，可以改变活性组分的分布和构成。通过原子沉积等先进方法则可以制得纳米颗粒和纳米线等，结构、形貌、物理性质等方面的优势使其在 CO_2 吸附和催化中展现出较高的活性。一般来说，吸附剂和催化剂的制备原料来源广泛（硝酸金属盐、碳酸金属盐、硫酸金属盐或其他金属含氧酸盐以及金属-有机化合物等均可以作为重要的制备原料）、制备过程各异（沉降、过滤、离心等分离方式，鼓风、微波辐射、红外照射等干燥方式，等等），通过一系列的化学反应、物理加工等过程，最终获得所需的材料。过程中需要关注各种物理原理、化学反应及其相关参数等，以达到最佳制备效果并获得理想产物。吸附剂和催化剂常见的制备方法主要有机械混合法、共沉淀法、浸渍法、沉淀沉积法、溶胶-凝胶法、热熔法和沉积法等。

2.1 机械混合法（或固相合成法）

2.1.1 原理和过程

机械混合法是指将粉末粒子细磨、混合（或者同时添加黏结剂），使各粒子均匀分散且相互之间充分混合，最终形成吸附剂或催化剂。如果在物理和机械混合时发生化学反应并形成新的物种，即为固相合成法。该方法具有成本低、制备工艺简便易行、契合大规模工业化生产需求且能有效调控活性组分与载体间的相互作用等显著优势，为制备高性能吸附剂和催化剂提供了有效途径。在混合法的具体操作中，主要是将金属氧化物前驱体诸如 MgO、CuO、ZnO、ZrO_2、Al_2O_3 等通过机械混合、溶液混合或湿法混合的方式进行处理，经干燥与焙烧等步骤后最终制得吸附剂或催化剂。

2.1.2 应用举例

机械研磨法快速固相合成 Cu@沸石咪唑骨架-8(ZIF-8)衍生的 CuO/ZnO 催化

剂用于 CO_2 加氢制甲醇反应：首先将 0.006～0.014mol 的 $Cu(NO_3)_2 \cdot 3H_2O$、0.014～0.006mol 的 ZnO 粉末以及 0.08 mol 的 2-甲基咪唑和 5.0mL 醇（甲醇、乙醇或者 1-丙醇）加入研钵中，在空气中用研钵持续研磨 0.5h，直至所有的原料完全转化为前驱体（呈现均匀的深蓝色）。需要注意的是，Cu 和 Zn 的总物质的量固定在 0.02mol，同时 Cu/(Cu＋Zn) 摩尔比为 0.3～0.6，2-甲基咪唑与 Cu＋Zn 的摩尔比设定为 4∶1。所得到的前驱体用醇类清洗三次，然后在 60℃下、空气中干燥 12h，得到 Cu_x@ZIF-8-y 前驱体样品。最终，将该前驱体在马弗炉中于 400°C 的空气中热解 6h 后，制得 CuO/ZnO 催化剂。

2.2 共沉淀法

2.2.1 原理和过程

共沉淀法广泛应用于单组分和多组分功能材料的制备过程中，常用沉淀剂为 NaOH、Na_2CO_3、$NaHCO_3$、$NH_3 \cdot H_2O$ 和 NH_4HCO_3 等，使用其可以制得凝胶或共同沉淀，也可以与其他方法结合制备多组分吸附剂或催化剂。通常，金属盐水溶液和沉淀剂在容器中不断搅拌，生成固体沉淀后进行沉降或过滤分离，过滤后的固体沉淀经洗涤、干燥、焙烧和活化后即制得所需的吸附剂或催化剂（图 2-1）。其中，由于硝酸根和铵离子物种容易清洗且焙烧时可分解为挥发性物质而消除，所以金属硝酸盐和铵盐等作为常用制备原料，从而简化操作，降低工艺难度和成本。当出于一些原因需要使用氯化物或硫酸盐作为原料时，为去除沉淀中产生的有害杂质，多次洗涤过程将不可避免。

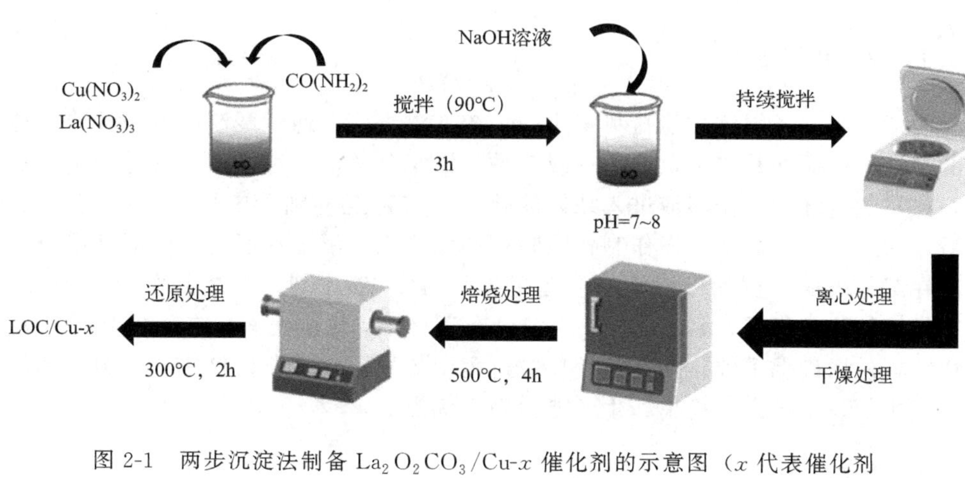

图 2-1　两步沉淀法制备 $La_2O_2CO_3$/Cu-x 催化剂的示意图（x 代表催化剂中 La 和 Cu 的质量比值）

2.2.2 应用举例

采用共沉淀法制备具有不同 Cu/Zn（摩尔比）的 Cu-ZnO/ZrO_2 催化剂：首先将一定量的 $Cu(NO_3)_2 \cdot 3H_2O$、$Zr(NO_3)_4 \cdot 5H_2O$ 和 $Zn(NO_3)_2 \cdot 6H_2O$ 溶解在去离子水中，配制成 0.5mol/L 硝酸盐溶液。将 Na_2CO_3 溶解在去离子水中，配制成 1mol/L Na_2CO_3 溶液。然后在磁力搅拌下，用蠕动泵将硝酸盐溶液和 Na_2CO_3 溶液一起滴加到 150mL 去离子水中。在整个滴定过程中，去离子水溶液的温度保持在 70℃，同时 pH 值保持稳定在 7.0±0.2。老化 4h 后，将前驱体溶液过滤并用 500mL 去离子水冲洗三次。随后将所得滤饼在 80℃下干燥过夜。在马弗炉中煅烧（350℃，4h），得到黑色固体粉末（通过改变三种金属硝酸盐的配比可以调整最后所得催化剂中 Cu、Zn 和 Zr 的比例）。

采用共沉淀法制备不同 La 负载量的 Cu-ZnO/Al_2O_3 催化剂：控制 Cu/Zn/Al 原子比为 50/35/15，La/Cu 原子比分别为 1%、2.5%、5%、10%和 20%。混合物的 pH 值保持在 8.5。之后，将沉淀物在室温下陈化 24h，接着过滤并用大量水洗涤以去除沉淀物中的驻留 Na^+。然后在 100℃下干燥该沉淀物 12h，并在 500℃下焙烧 4h。

纳米氧化锆的制备：在水溶液中，将锆盐［如 $ZrOCl_2$、$ZrO(NO_3)_2$ 等］作为前驱体，逐滴加入适量的碱性试剂（如氨水、氢氧化钠、尿素等），促使二者发生反应，进而生成难溶性的氢氧化物、碳酸盐、醋酸盐等沉淀物。通过过滤分离出沉淀物，并依次进行洗涤、干燥及焙烧等一系列处理工艺，最终成功得到目标产物。

2.3 浸渍法

2.3.1 原理和过程

浸渍法是制备固体功能材料常用的传统方法之一，通过浸渍含有一种或多种组分的溶液，进而在载体上负载一种或多种活性组分。活性组分通常来源于金属盐溶液，在浸渍过程中，盐溶液进入载体的孔道中（甚至毛细管中），在除去多余的溶液后，通过干燥、焙烧等操作制备吸附剂和催化剂。浸渍法所得物中活性组分高度分散在载体表面，例如以浸渍法制备的 Cu/ZrO_2 催化剂，相较共沉淀法等方法，具有较高的比表面积，且 Cu 粒子均匀分布于 ZrO_2 载体表面，有效抑制了其聚集和烧结，从而确保了催化剂在长期反应过程中的稳定性。所以该法具有组分利用率高、成本低、生产方法简单、生产能力高等优点。

2.3.2 应用举例

Cu 基催化剂的制备：将 $Cu(NO_3)_2 \cdot 3H_2O$（2.416g）和 ZnO 固体粉末（0.814g）同时加入 5.0mL 蒸馏水中后，室温下持续搅拌 4h。之后，将所得到的混合物在60°C下蒸发2h，紧接着在120°C下于烘箱中再干燥12h。将干燥所得前驱体移至马弗炉中于空气中在400°C下焙烧2h，最后得到CuO/ZnO催化剂用于CO_2加氢反应。

碱土金属吸附剂的制备：将$Ba(NO_3)_2$(7.84g)、$Fe(NO_3)_3 \cdot 9H_2O$(24.24g)和HNO_3(2mL)依次加入去离子水（75mL）中，搅拌40min制成澄清溶液。60℃、持续搅拌下逐滴加入氨水于上述溶液中，直至pH约达到10，陈化1h之后在400℃下焙烧3h，制得BaFe吸附剂。

Ni基催化剂的制备：称取$Ni(NO_3)_2 \cdot 6H_2O$(0.521g）充分溶解于2.5mL去离子水中，然后逐滴加入MgO(2.000g）中并充分搅拌，静置1h后，80°C下真空旋蒸2h，将固体产物置于120°C烘箱中再干燥12h。干燥后的产物进行研磨后置于马弗炉中，在空气中于500°C焙烧4h，得到Ni/MgO催化剂。

2.4 沉淀沉积法

2.4.1 原理和过程

沉淀沉积法是将金属盐溶液与沉淀剂混合，生成的固体沉淀产物沉积于固体载体上，所得物经过滤、洗涤、干燥和焙烧，最终得到所需吸附剂或催化剂。

沉淀沉积法包括反向加法、正向加法、并流法、两步法和逐步沉积法。不同沉淀沉积方式制备的功能材料具有不同的物理性质和化学性质，因而其吸附或催化性能也有很大的差异。

2.4.2 应用举例

Cu/ZrO_2催化剂的制备：在铜盐溶液中添加ZrO_2固体粉末后形成液体悬浮物，加入沉淀剂将铜沉积到载体上。将催化剂前驱体离心分离、洗涤、烘干和焙烧，所得Cu/ZrO_2催化剂中Cu高度分散且粒径较小，Cu与ZrO_2之间的电子转移和相互作用增强，在CO_2加氢转化反应中显示出较高的性能。

2.5 溶胶-凝胶法

2.5.1 原理和过程

溶胶-凝胶法通过金属盐与配体水解、缩合反应形成溶胶-凝胶，陈化后经传统干燥或超临界流体干燥等，去除水分而形成干凝胶，之后将其进一步干燥和焙烧可得所需材料。与其他制备方法相比，溶胶-凝胶法具有以下优点：制备过程中反应物之间在分子水平上均匀混合；该法能够在纳米尺度上控制形貌，制备出比表面积较高的产物，有助于提高活性组分的分散性，提供更多的活性位点；溶胶-凝胶法合成的催化剂通常具有较高的热稳定性，能够有效防止在高温反应过程中活性组分粒子的聚集和烧结；通过调节合成过程中的温度、pH 值等条件，调控产物的孔结构、晶相及颗粒大小，从而优化吸附或催化性能。

2.5.2 应用举例

尖晶石 $CoFe_2O_4$ 催化剂的合成（图 2-2）：称取 $Fe(NO_3)_3 \cdot 9H_2O$（0.02mol）和 $Co(NO_3)_2 \cdot 6H_2O$（0.01mol）同时溶于 200mL 去离子水中，60℃下充分搅拌 2h 后加入一水柠檬酸（0.04mol），保持 60℃加热 2h 后升温至 90℃，最终形成硝酸盐-柠檬酸盐复合凝胶。将所得凝胶在马弗炉中焙烧 2h（400℃），即可得到尖晶石 $CoFe_2O_4$ 催化剂，可用于 CO_2 加氢制低碳烯烃。

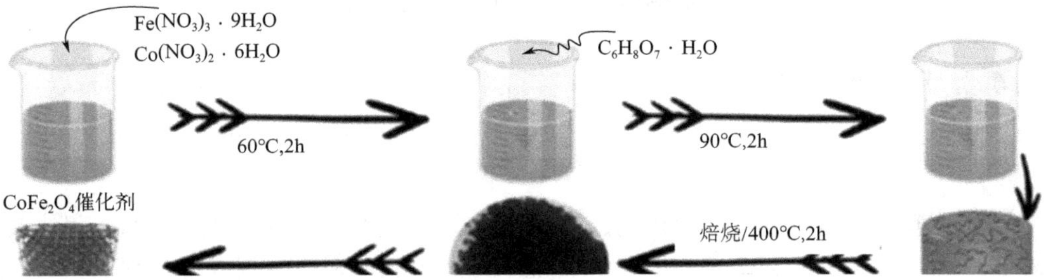

图 2-2 溶胶-凝胶法制备尖晶石 $CoFe_2O_4$ 催化剂流程

2.6 热熔法

热熔法是一种通过熔融金属或金属化合物与其他组分反应制备多组分混合物、氧化物固溶体或合金固溶体的方法。其基本原理是将金属或金属化合物加热至熔化状态，之后与其他物种（如氧化物、酸、碱等）反应，最终得到所需的吸附剂或催化剂。其优势主要体现如下：金属在熔融状态下处于液态且具有较高的扩散性，能够促进所得材料的均匀性，因此能在短时间内制备出具有高活性和稳定性的吸附剂或催化剂；可控性强，即通过调节熔融温度和反应气氛，能够精确控制所得产物的组成、形貌和晶体结构等，从而进一步提高其活性和选择性；适用范围广，该法不仅适用于金属催化剂的制备，还能够合成金属氧化物、金属合金等复合催化剂，满足不同反应体系的需求。

2.7 等离子体法

等离子体是游离于固、液、气之外的第四态，是自由带电粒子的富集，近似为电中性，即在宏观尺度下（通常＞1mm），电子密度与离子密度相等。电子在外界条件影响下受热、加速后，高能热电子通过碰撞可以诱导气相物种离子化，同时还会激活气体反应物的活性，形成活性原子、中性分子、离子和光子（即等离子体自由基）。简单来说，等离子体是一种部分电离的气体，含有高能电子、离子和自由基等活性粒子。

常见的等离子体类型包括热等离子体（高温下粒子处于热平衡状态，如电弧等离子体）和非热等离子体（电子温度高而气体温度低，自由基和电子等高活性粒子参与反应，能有效促进产物快速形成）。该方法具有以下优点：制备条件温和，反应通常在室温甚至低温下进行，能耗显著降低；活性金属均匀分布在载体表面，有效实现其高分散并减少团聚；结构调控能力强，可调控样品粒径、表面缺陷和氧空位等，提升吸附/催化性能。例如，借助等离子体技术，能够在低温环境下显著促进 Cu 的分散与高效还原，进而优化其催化性能。具体来说，运用低温等离子体还原法，可使 $Cu(NO_3)_2$ 等 Cu 前驱体于等离子体氛围中迅速被还原，并均匀分布于 SiO_2、Al_2O_3、ZrO_2 等载体表面。所制备的 Cu 催化剂展现出较高的 CO_2 转化率以及甲醇选择性，且得益于等离子体法在低温下有效避免了 Cu 颗粒的团聚，确保其高度分散状态，从而强化了催化剂的稳定性与活性。

2.8　配位络合法

在路易斯酸碱反应中，中性分子、简单分子、负离子乃至复杂分子都可以作为配体，与金属原子、离子通过配位键连接成配位化合物。典型的产物有金属 π 配合物、夹心配合物、笼状配合物、分子氮配合物、大环配合物等。其中，有机金属配合物（或称有机金属化合物）以有机物为配体，碳原子与金属通过 M—C 键结合；金属簇合物是金属原子之间依靠配位键生成的多核配合物；通过弱相互作用形成的分子间化合物如分子配合物、各种含有过渡金属的包结化合物及许多主客体化合物等也是该类反应的产物。影响配位络合物的因素有金属离子的性质、静电引力和配位体间的相容性。

具体来说，络合反应是指 N、O、Cl、S、P 等非金属元素作为配位原子，其孤对电子进入配位中心（Cu^{2+}、Fe^{2+}、Co^{2+} 和 Ni^{2+} 等）的空轨道形成配位键（即络合键）。其中，特殊的络合反应即螯合反应，是指有机分子中多个配位原子与配位中心进行配位作用形成环状化合物。由于配位后不一定形成环状结构，所以，螯合剂是络合剂，而络合剂却不一定是螯合剂。

配位络合法是一种利用金属离子与有机配体通过配位作用形成络合物的合成方法，近年来广泛应用于吸附剂和催化剂的制备，以提升其在 CO_2 捕集和催化转化中的活性和选择性。如使用络合剂对固体材料表面进行修饰、改性和重构等，或以羧酸配体为模板剂和络合剂制备大量具有特殊形貌和功能的固体材料（直链状和环形空心粒子、多种形貌金属氧化物微球等），还有利用金属和配体中的 π-π 相互作用而自组装制备纳米棒。本书作者以柠檬酸络合制备 Cu-Zn-Zr-Al-O 催化剂用于脱氢/加氢反应，其他如柠檬酸络合还原制备 Ag 纳米粒子、柠檬酸辅助造孔制备介孔 Co_3O_4 等。通过以乙二胺四乙酸（EDTA）为配体，与 Cu^{2+} 和 Ce^{3+} 络合，制备了 Cu-Ce 基催化剂用于 CO_2 加氢。EDTA 络合结构在焙烧过程中有效调控了 Cu 和 Ce 氧化物的电子相互作用，改善了催化剂的还原性和表面酸性。

2.9 燃烧法

2.9.1 原理和过程

燃烧法利用化学反应本身释放的热量以继续反应，也被称为自蔓延燃烧合成。燃烧法可分为高温燃烧法和低温燃烧法两种，过程中的燃烧反应基本上均为氧化还原反应。例如，金属硝酸盐不仅充当氧化剂，而且还为目标样品提供所需的金属离子。低温燃烧法有点火温度低、合成时间短、产物疏松多孔、组分在分子或原子水平上均匀分布且化学计量比准确等优点，尤其适用于制备氧化物及复合氧化物吸附剂和催化剂。该过程简单来说，首先将金属盐和燃料（羧酸、羧酸盐以及尿素等）混合溶解，用外部热源直接加热到其引燃温度后混合物发生燃烧，一步得到所需的金属氧化物。一般而言，燃烧反应常在 500℃或更低的温度下进行。

总体来说，燃烧法是一种利用燃烧反应快速制备多孔材料和纳米结构材料的方法，其操作简单、反应条件易得，近年来被广泛应用于吸附剂和催化剂的制备，用于提升其在 CO_2 捕集和催化转化中的性能。本书作者采用低温燃烧法，分别使用生物质衍生物天冬氨酸、琥珀酸、酒石酸和苹果酸等作燃烧助剂制备了 CO_2 捕集和加氢反应所需的 MgO 基吸附剂和 Cu 基催化剂[1-3]。结果表明，燃烧产生的瞬态高温能有效地促进各组分间的相互作用，使活性组分更均匀地分布在载体上。此外，燃烧助剂的变化是影响所得材料理化性质和吸附/催化性能的重要因素。

2.9.2 应用举例

氨基酸助燃制备 MgO 吸附剂：称取 4 份等量的 $Mg(NO_3)_2 \cdot 6H_2O$，分别溶于甘氨酸、谷氨酸、天冬氨酸和赖氨酸的水溶液中，$Mg(NO_3)_2 \cdot 6H_2O$ 和氨基酸中氨基摩尔比为 1∶1。搅拌 2h 后干燥样品去除溶剂，最后在马弗炉中程序升温至 500℃（保持 3h），得到 MgO。

燃烧法制备高分散 Cu 催化剂：将 $Cu(NO_3)_2 \cdot 3H_2O$ 和 $Zn(NO_3)_2 \cdot 6H_2O$ 溶于去离子水中，加入燃料（柠檬酸或尿素），形成均匀溶液。将该溶液在马弗炉中进行自蔓延燃烧，得到 Cu/ZnO 催化剂。

2.10 络合-燃烧法

2.10.1 原理和过程

以金属盐（尤其是硝酸盐）溶液和有机络合剂（柠檬酸等）或者多种混合物为原料，经过络合过程形成络合物，最终将所得络合物经过燃烧处理形成氧化物粉末。该方法具有以下优点：工艺简单、方便快捷、不需要大型设备；络合过程通常在溶液中进行，既能确保化学计量比，又使产物中各组分分布均匀且结合紧密；反应过程中产生大量气体，所得物具有较高的比表面积。此外，利用该法所得氧化物晶粒尺寸多在30nm以下。络合-燃烧法是一种结合金属络合物制备与燃烧合成的综合方法，用于快速制备高分散性、结构可控的吸附剂和催化剂。在CO_2捕集和催化转化中，络合-燃烧法通过优化配体选择和燃烧条件，可以显著提升吸附剂和催化剂的性能。

2.10.2 应用举例

水杨酸络合-燃烧法制备碱金属、Zr或La掺杂MgO吸附剂[3-5]：将硝酸镁和硝酸锆或硝酸镧等共同溶解于乙醇溶液后，逐滴加入水杨酸的乙醇溶液中并搅拌3h（水杨酸和硝酸根摩尔比为0.5∶1）。搅拌后的溶液经烘干后，形成的胶体研磨成粉体，在550℃下焙烧160min后得到所需吸附剂。

水杨酸络合-燃烧法制备Cu/ZrO_2催化剂：在乙醇溶液中将Cu和Zr的硝酸盐（Cu/Zr＝2∶1）溶解后于室温下搅拌1h，使其完全溶解并均匀混合。将一定量水杨酸（与金属离子络合摩尔比1.05∶1）充分溶解于乙醇中，迅速倾倒至上述金属盐混合溶液中并在60℃下强力搅拌2h。将该溶液移入60℃下真空干燥4h（表压1.0kPa），之后再于120℃下干燥4h，得到催化剂前驱体粉末。将制得的前驱体于研钵中反复研磨直至粒度小于100目，所得粉末样品于空气中升温至170℃焙烧1h后再升至550℃焙烧3h，即制得Cu/ZrO_2催化剂。上述所得焙烧后的催化剂经破碎、过筛后选取一定粒度（0.18～0.38mm）进行加氢活性测试。

2.11 溶剂热（水热）合成法

2.11.1 原理和过程

溶剂热法是指在特制的密闭反应器（类似于高压反应釜）中，以水、乙醇、乙酸乙酯或多元溶剂等为反应介质，通过加热（100～280℃）和严格密封制造高温高压环境，使原本难溶或不溶的物质（如金属盐、氧化物、氢氧化物悬浮液以及粉体等）溶解并再结晶，最终经过分离或热处理得到产物的一种方法（图2-3）。溶剂热法可用于合成各种无机功能材料，使用非极性溶剂还可以减少或消除硬团聚现象以及制备一些在通常情况下难以制备的亚稳态结构材料。以水作为绿色溶剂的水热法广泛应用于氧化物、碳酸盐、硅酸盐、钼酸盐、钨酸盐、锗酸盐等制备方面。

水热法可细分为水热合成（通过在130～250℃之间、对应水的蒸气压0.3～4MPa等较宽范围内改变参数，使多种化合物反应重新生成氧化物或复合氧化物）、水热分解（氢氧化物、含氧酸盐等在酸性或碱性水热溶液中分解为氧化物粉体或晶体，以及氧化物粉体可在酸性或碱性水热溶液中再分散为更细的粉体）、水热氧化

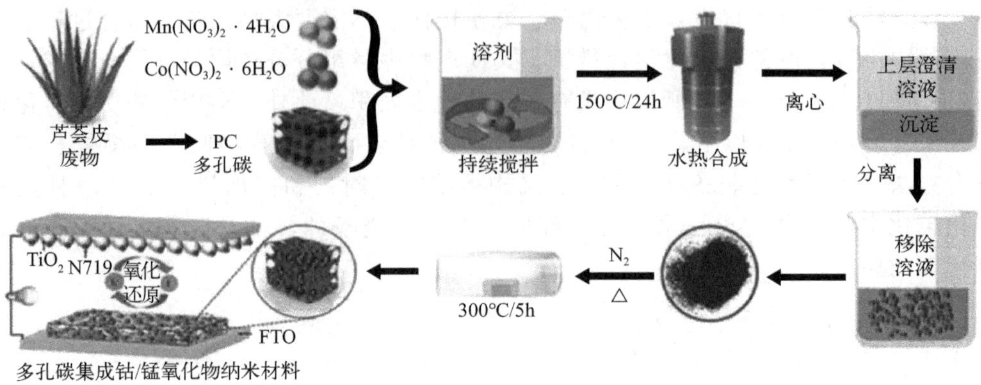

图 2-3　溶剂热法典型制备流程

（高温高压下利用水与金属直接发生氧化反应生成新的化合物，因此，在常温常压溶液中不容易被氧化的物质，可通过高温高压的水热条件加速其氧化）、水热沉淀（常温常压下非沉淀物在高温高压下形成沉淀物，或原沉淀物在水热过程中溶解并转化为新的更难溶的沉淀物，最终制得产物）和水热晶化（以非晶态氧化物、氢氧化物或水凝胶等为前驱体，在水热条件下促进其脱水并结晶为新的氧化物晶粒）。

相比浸渍法和共沉淀法等传统方法，水热法具有很多独特的优点：所用原料价廉、易得、制备能耗低、适用性广，既可制得超细粒子（100nm 甚至低至 10nm），也可制得单晶等；水热过程在密闭容器中进行，通过控制反应气氛而构建适宜的氧化还原条件，获得其他方法难以制备的亚稳相及特殊相材料；通过对温度、压力、溶液组成和 pH 值、处理时间等的调节，选择合理的前驱体、矿化剂，可控制反应强度和晶体生长程度，产物组成接近投料化学计量比；既可制备单组分材料，又可制备双组分或多组分复合氧化物；产物收率高且物相均匀、结晶度和纯度高，同时，晶体的形貌、晶形和粒径可控，颗粒团聚较轻，具有较好的分散性；不需高温处理，避免晶粒长大、晶形转变、缺陷形成和杂质引入等问题。不过，水热法同样也具有明显缺点，晶核形成和晶体生长的影响因素复杂，且一般仅限于制备氧化物；高温高压使该方法对生产设备高度依赖，重复性较差；由于过程在封闭体系中进行，加之反应周期长，难以直接观察，只能从晶体的形态变化和表面结构推测晶体生长信息。

综上所述，溶剂热（水热）合成法在制备吸附剂和催化剂方面具有显著优势，能够通过溶剂和反应条件等的变化调控吸附剂和催化剂的结构、粒径和表面特性，从而提升其在 CO_2 捕集和催化转化中的性能。

2.11.2　应用举例

以无水甲醇为溶剂，制备 MgAl 水滑石材料（Mg^{2+} 和 Al^{3+} 的摩尔比为 4∶1）：

将一定量的硝酸镁和硝酸铝溶解在 30mL 甲醇中，剧烈搅拌 30min 直至完全溶解后，得到含有 Mg^{2+}(0.02mol) 和 Al^{3+}(0.005mol) 的溶液。接下来将所得混合溶液转移到聚四氟乙烯容器中并密封在不锈钢高压釜中，之后在 150℃下保持 12h。在该封闭环境中、溶剂热条件下，甲醇和 NO_3^- 发生了相关反应。最后在空气氛围中将所得 MgAl 层状双金属氢氧化物（layered double hydroxide，LDHs）在 500℃下焙烧 4h，其脱水为 Mg-Al 层状双金属氧化物（layered double oxides，LDOs），用作催化剂载体。

多种形貌 MgO 的制备：称取 $Mg(CH_3COO)_2 \cdot 4H_2O$(8.578g) 在超声下溶解于 50mL 超纯水中，然后将 NaOH（1.000g）溶于 100mL 超纯水中。快速混合两者并搅拌 30min 后放入 180℃烘箱中水热合成 7h，所得晶化产物冷却至室温后真空抽滤并以去离子水和无水乙醇先后清洗其中残留的有机物质，100℃下干燥 12h 后，将该固体粉末放入马弗炉中在空气氛围下焙烧 6h（500℃）即得片状 MgO 载体。PVP-K30（1.245g）溶于 150mL 乙二醇中，逐滴加入 0.75mL 氨水并搅拌 5min，后向其中加入 $Mg(CH_3COO)_2 \cdot 4H_2O$(1.605g) 并超声 20min，使其完全溶解。搅拌 1h 后将该混合液进行水热合成 5h 后取出，冷却至室温后进行离心分离、清洗（如上），所得沉淀物干燥 12h（100℃）后在管式炉中于 500℃先焙烧 1h（N_2 氛围），之后在温度不变、空气气氛下再焙烧 2h，最终得到花状 MgO。

2.12 离子交换法

2.12.1 原理和过程

离子交换是一种在液-固相中离子间发生化学反应从而实现目标离子进入载体的方法。该方法通过金属离子与载体表面离子交换制备功能材料，所以在吸附剂和催化剂这些高度依赖表面特性的材料制备中具有重要应用。如通过调控离子交换条件，可以实现 Cu 物种的高分散性和均匀分布并增强金属-载体相互作用，从而优化其在 CO_2 加氢转化为甲醇等反应中的性能以及稳定性。

2.12.2 应用举例

离子交换法制备 Cu/ZSM-5 催化剂：利用 Cu^{2+} 与 ZSM-5 分子筛中的 Na^+ 进行离子交换，随后通过焙烧和还原步骤获得活性 Cu 催化剂。Cu 物种高度分散在 ZSM-5 的孔道中，利用分子筛较高的酸性和孔道限域效应，显著增强了催化剂的 CO_2 活化能力。在 CO_2 加氢制甲醇的反应中，该催化剂在 280℃和 3MPa 下表现出较高的 CO_2 转化率（23%）和甲醇选择性（75%），原因在于离子交换实现了 Cu 的高分散性和强金属-载体相互作用。

离子交换法制备 Cu/CeO_2 催化剂：将 CeO_2 与 Cu^{2+} 溶液进行离子交换，

Cu^{2+} 嵌入 CeO_2 的晶格中形成 Cu-Ce 氧化物复合物。随后通过还原处理，生成具有丰富氧空位和 Cu 活性位点的催化剂。CeO_2 的表面氧空位促进了 CO_2 的吸附和活化，同时 Cu 物种与 CeO_2 产生协同效应，在 240℃ 和 2MPa 下，CO_2 转化率为 20%，甲醇选择性为 86%。

2.13 喷雾法

2.13.1 原理和过程

喷雾法是物理和化学过程的有效结合，通过高温干燥处理雾化溶液得到超微粒子。具体过程包括含有目标组分的溶液制备，接着进行喷雾，干燥前驱体溶液后将所得物收集并完成最终的热处理。喷雾法的优势在于其制备过程快速、可控性高、操作简单，同时能够制备出具有优良分散性、比表面积大和多孔结构的材料，从而有效调控其微观结构。此外，无论物料组成单一还是复杂，喷雾法一步即可完成单组分/多组分材料的制备。所以该方法在吸附剂和催化剂的制备中表现出良好的可控性和高效性，可制备出具有均匀分布、特定粒径以及多孔结构的吸附剂和催化剂，从而优化其在 CO_2 捕集和催化转化中的性能和稳定性。

火焰喷雾热解也是喷雾法的一种，特别是最近几年来，基于火焰的合成方法已被证明是制造高度氧缺陷材料和提升其中金属-载体相互作用的高效方法，能够显著增强 CO_2 吸附和催化性能。除此之外，该方法的主要优点是只需一步制备，可以减少废物产生，并且易于规模化制备。以 La-MoO_3 合成为例，首先将乙酰丙酮钼和乙酰丙酮镧溶解于苯甲醇，之后将该前驱体溶液注入喷头中，注射速率为 5mL/min。CH_4 和 O_2 的流速分别为 0.6L/min 和 1.9L/min，分散 O_2 的流速则是 3.5L/min。最终，采用火焰喷雾热解设备收集所得催化剂粉末。

2.13.2 应用举例

喷雾法制备 La_2O_3-MgO 吸附剂[6]：所用喷雾热解系统由液滴发生器、石英反应器和颗粒收集器组成。液滴喷嘴的直径为 0.5mm，用作载气的空气流速为 50mL/min。石英反应器的长度为 1m，直径为 10cm。首先将 $La(NO_3)_3 \cdot 6H_2O$(1.29g)、$Mg(NO_3)_2 \cdot 6H_2O$(16.42g) 和 20.83g 柠檬酸溶解在 500mL 去离子水中并搅拌为透明溶液（金属盐与柠檬酸的摩尔比固定为 1∶1.5），将所得溶液喷入石英反应器中(600℃)，喷雾干燥所得固体粉末在马弗炉中于 500℃ 下焙烧 2h，以去除残留有机质、H_2O 以及其他不稳定物质，最终获得 La_2O_3-MgO 复合材料。

2.14 沉积法

沉积法主要涉及介质层与金属层的沉积，包括物理气相沉积（physical vapor

deposition，PVD）、化学气相沉积（chemical vapor deposition，CVD）和原子层沉积（atomic layer deposition，ALD）。其中，PVD通过物理机制进行薄膜沉积；CVD利用加热、等离子体或光辐射等能源，在反应器内使气态化学物质在气相或气-固界面经化学反应沉积于基底表面；ALD也称为原子层化学气相沉积，是化学气相沉积的一种特殊形式。其可以将反应材料以单原子膜形式通过循环反应逐层沉积在基底表面，实现对复杂形貌的基底表面全覆盖沉积。PVD、CVD、ALD技术在成膜效果上各有千秋。PVD为物理过程，在真空条件下采用低压、大电流电弧放电等技术，使固体材料蒸发并以薄膜的形式沉积在基底上；CVD为化学过程，一种或多种挥发性前驱体与基底一起被引入反应室，前驱体在基底表面反应或分解，形成一层薄薄的涂层；ALD也是采用化学反应方式进行沉积，但显著区别于CVD（蒸气不断通入真空室内），在ALD工艺中，不同的反应物（前驱体）以气体脉冲的形式交替送入反应室，使得其在基底表面以原子层为单位一层一层地沉积。前驱体交替通入反应室可以精确控制沉积薄膜的成分，避免有害物的污染。

ALD技术是一种特殊的真空沉积方法，主要分为热原子层沉积法、等离子辅助沉积法、空间原子层沉积法以及其他类型沉积法。热原子层沉积法是依次通入前驱体和氧源在薄膜表面反应沉积；等离子辅助沉积法利用等离子体辅助原子层沉积过程，首先利用等离子激发产生电子、—OH基团以及自由基等，待这些等离子体在膜表面被完全化学吸附后，通入惰性气体清除掉多余的杂质，之后通入前驱体溶液与基底表面的等离子体自由基反应，紧接着通入惰性气吹扫多余杂质，如此循环往复沉积；空间原子层沉积是在空间尺度上对反应进程进行控制，即将基底分成几个不同的连续区域，通过基底的移动，连续在基底表面完成前驱体化学吸附、惰性气吹扫、氧化剂化学吸附，控制每个过程的停留时间，进而完成一个ALD循环；除以上三种常见的ALD法外，目前还针对不同的应用需求开发出卷对卷原子层沉积、大气压原子层沉积、流化床原子层沉积、电化学原子层沉积、大气压等离子体增强空间原子层沉积等不同类型的原子层沉积方法。

ALD法虽然在层积速率和可选原料种类方面有一定局限性，但在沉积参数的高度可控性、沉积厚度的均匀性、薄膜密度、台阶覆盖度、界面质量、工业适用性等方面均表现优异。因此，ALD在吸附剂和催化剂的制备上具有广泛的应用潜力。例如，通过循环注入Cu前驱体（如乙酰丙酮铜）和还原性气体（如 H_2）实现了Cu均匀沉积在 TiO_2 载体上并形成了超薄Cu纳米层。由于ALD法能够精确控制Cu薄膜的厚度和分布，从而增强了活性位点的暴露和金属-载体之间的界面作用。该催化剂在 CO_2 加氢制甲醇反应中表现出显著的催化活性，在280℃和3MPa下，CO_2 转化率24%、甲醇选择性78%。又如通过ALD法将 Cu^{2+} 前驱体与 CeO_2 表面的氧空位反应，高分散的Cu纳米颗粒沉积于 CeO_2 载体上，成功制得高性能 Cu/CeO_2 催化剂。CeO_2 丰富的氧空位促进了 CO_2 吸附和活化，Cu物种与 CeO_2 界面的强相互作用有效提升了 CO_2 低温加氢活性。

2.15 其他新方法

2.15.1 快速热冲击法

快速热冲击（焦耳加热）合成法提供了一种制备金属和金属氧化物纳米颗粒的便捷途径，通过高电压焦耳加热和快速冷却，提供足够的能量克服动力学反应障碍，实现超越常规催化剂性能的非平衡态配置。

该方法的一般过程以两步快速焦耳加热法制备高熵合金纳米颗粒催化剂为例说明。

首先，采用双静电纺丝法制备碳纳米纤维基底，使用聚丙烯腈溶液在旋转漏斗形集电器上进行静电纺丝，生成纳米纤维纱线。将所得纳米纤维纱线在250℃下稳定处理后在800℃的Ar气氛中碳化，形成具有表面官能团的碳纳米纤维。

其次，将上述碳纳米纤维浸入0.1mol/L的钛酸四异丙酯溶液中1h，然后在60℃的烘箱中干燥30min，通过溶胶-凝胶反应在碳纳米纤维表面形成一层均匀的无定形TiO_2覆盖层。将所得无定形TiO_2覆盖的碳纳米纤维放置在真空室中，应用瞬时电脉冲进行快速焦耳加热，使TiO_2晶化并形成晶态覆盖层（其他金属氧化物如Al_2O_3、ZrO_2和CeO_2等也可以作为晶态覆盖层）。

接下来，将上一步所得材料浸入包含Ru、Rh、Pd、Ir和Pt五种金属前驱体的混合溶液中1h，然后在烘箱中干燥30min（60℃），以便在该金属氧化物覆盖层表面加载金属前驱体离子。将加载前驱体的样品再次进行快速焦耳加热，通过热分解金属前驱体离子生成金属原子，最终形成高熵合金纳米颗粒均匀分布于TiO_2表面。所得高熵合金纳米颗粒催化剂在RWGS、甲烷CO_2干重整、CO_2还原等反应中表现出优异性能。

2.15.2 物理吸附法

物理吸附法是一种简单而又经济的功能材料制备方法，它将基底材料与含有活性物质的气体或液体接触，使得活性物质被吸附在基底表面，经过干燥、焙烧等步骤得到最终功能材料，同时有效提高所得材料的吸附和催化等活性。该法制备过程简单、操作便捷，制备的吸附剂和催化剂比表面积大、活性组分的分散性好、效率高，但是稳定性稍差。

吸附法的具体操作步骤如下：首先根据所制备材料的性质及用途选择合适的吸附剂（含有所需活性物质），之后将基底浸泡在吸附剂溶液中，使其充分吸附在基底表面。接下来，将吸附饱和产物干燥以去除多余的溶剂和吸附剂，于高温下焙烧所得物，使基底与吸附剂复合，从而制得所需材料用于CO_2捕集和催化转化。

2.15.3 活化法

活化法是制备多孔碳和分子筛等材料常用的方法，以多孔碳的合成为例，将碳前驱体与活化剂混合后，在高温惰性气氛下在碳前驱体上发生造孔反应。活化法分为物理活化法和化学活化法，物理活化法包括两个步骤：首先利用高温（通常800℃以上）将碳前驱体碳化；接下来以水蒸气或CO_2作为活化剂与碳前驱体反应以达到造孔的目的。物理活化只发生在碳材料的表面，活化作用力较弱，因此化学活化法（利用化学试剂在高温条件下与碳前驱体反应以达到造孔的目的）效果更好，常用的活化试剂有KOH、$KHCO_3$、H_3PO_4和$ZnCl_2$等。活化法合成过程中易受到碱碳比和活化温度的影响，合成的碳材料一般孔结构不规则、不可调控。

2.15.4 模板法

同活化法类似，模板法也主要用于多孔碳和分子筛等材料的制备，此外，该法在具有特殊结构和形貌材料（核壳、中空微球等）的制备中效果极佳[7]。仍以多孔碳的合成为例，将碳前驱体填充到模板内后对其进行高温加热，使碳前驱体逐渐碳化，之后将模板去除获得多孔碳材料。其中，模板的作用主要是提供制备相应多孔碳所需的模具，同时模板与碳前驱体之间不会发生相互作用，因此所得多孔碳的孔结构与模板相似。根据两者作用力的不同，模板法可以分为硬模板法和软模板法。

硬模板法常用的模板剂有介孔SiO_2和沸石。介孔SiO_2纳米粒子在颗粒大小和孔径两个方面具有纳米尺寸，表现出高的比表面积和均匀的孔结构，通常用作硬模板剂合成多孔碳材料。但介孔SiO_2作为模板剂容易发生团聚，导致多孔碳的性能下降。沸石是一类具有微孔结构的硅铝酸盐材料，以沸石作模板时，通常要求碳前驱体体积小而且具有一定的亲水性（如丙烯和乙炔），可以进入沸石的微孔内进行沉积。若采用乙醇等作为碳源，在碳化过程中会使孔道外沉积非选择性碳。硬模板法虽可得到结构有序的材料，但是硬模板剂毒性强，后期处理还需加入酸或碱去除模板，增加了过程成本。软模板法利用碳前驱体与软模板剂通过氢键、疏水/亲水作用等进行自组装，之后经过碳化处理得到多孔碳材料。与硬模板法相比，碳前驱体与软模板剂之间的相互作用促进了多孔碳孔隙率的增加，同时模板剂可以采用更温和、更安全的方法去除。

参考文献

[1] 王美慧，刘慧敏，谢跃林，等．改性氧化镁捕集二氧化碳的研究[J]．离子交换与吸附，2021，37（4）：314-322.

[2] Ding J，Zhang C，Zhang J X，et al. Comparative study on CuO-La_2O_3/ZrO_2 catalysts prepared by amino

acid complexing-combustion in CO_2 hydrogenation [J]. Asia-Pacific Journal of Chemical Engineering, 2023, 18 (3): e2879.

[3] Ding J, Wang M H, Gao S, et al. Preparation of adsorption materials by combustion method: a new approach to the preparation of magnesia doped with trace zirconium [J]. New Journal of Chemistry, 2022, 46 (33): 15891-15900.

[4] Ding J, Zhang J X, Zhang C, et al. Effects of La-doping and preparation conditions on magnesia-based adsorption materials prepared by salicylic acid complex-combustion method for CO_2 capture [J]. Journal of Environmental Chemical Engineering, 2023, 11 (2): 109391.

[5] Ding J, Li Y T, Zhang X H, et al. Study on the homologous effects on the performance of alkali metal-doping MgO-based adsorbents for CO_2 capture [J]. Separation and Purification Technology, 2025, 355: 129673.

[6] Guo X H, Ding J, Wu Y F, et al. Feasible fabrication of highly dispersed La_2O_3 promoted MgO composites for CO_2 capture at mid-temperature [J]. Materials Chemistry and Physics, 2022, 279: 125734.

[7] 丁健. 核壳类催化剂在 CO_2 催化加氢反应中的应用研究[D]. 兰州：西北师范大学，2012.

CHAPTER 3

第3章 固体吸附剂和催化剂表征及活性评价方法

吸附剂和催化剂等固体功能材料的组成、结构和物理化学性质等是了解和认识其性能和应用稳定性的关键，尤其在 CO_2 捕集和转化过程中起到了至关重要的作用。通过多方面的表征，可以充分了解吸附剂和催化剂的结构、组分、元素分布和功能基团、活性位点的性质等，并与吸附或催化性能相联系，为 CO_2 捕集吸附剂和 CO_2 转化催化剂的高效设计/制备和工业应用提供可靠的依据。本章将简要介绍吸附剂和催化剂的物理化学性能测定及其吸附性能和催化性能的评价方法和装置。

3.1 结构表征方法

3.1.1 物理吸附

吸附剂和催化剂的比表面积、平均孔径和孔容的分析采用低温 N_2-物理吸附（除 N_2 外，也可以使用 CO_2 或 He 作为吸附探针分子），吸附温度为－196℃。在测试前，样品先在 90～120℃下真空脱气 4～24h。比表面积通过 N_2 吸附曲线的多点 Brunauer-Emmett-Teller（BET）方法进行计算，孔径和孔容采用脱附曲线的 Barrettr-Joynerr-Halenda（BJH）方法基于 Kelvin（开尔文）方程来进行计算。

3.1.2 X射线衍射分析

X射线衍射（X-ray diffraction，XRD）作为一种非破坏性、高灵敏度的表征技术，通过分析材料中晶体的衍射现象来研究其晶体结构。根据布拉格定律（$n\lambda=2d\sin\theta$），当入射X射线的波长（λ）与晶体间距（d）及入射角（θ）满足该关系时，会发生构建性干涉，从而产生衍射峰。通过记录衍射角度和强度，可以获得材料的XRD衍射图谱，用于分析材料的晶相组成、结晶度、晶粒尺寸、晶格参数等信息。例如，针对用于 CO_2 加氢转化为甲醇的 Cu 基催化剂，XRD 可用来识别 CuO、Cu_2O、ZnO 以及单质 Cu 等并进行分析。基于 XRD 衍射数据，通过谢乐公式［$D=K\lambda/(\mathrm{FW}\cos\theta)$，其中 K 为常数 0.89、λ 为入射波长、FW 为最大半峰宽、θ 为相应的出峰位置]，可由 CuO（111）晶面的半峰宽计算 CuO 晶粒的平均尺寸（D）。另外，CeO_2、ZrO_2 等载体的晶相和晶格变化、氧空位的变化以及 Cu-载体作用对晶格常数的影响等均可借助 XRD 揭示。Cu 基催化剂在还原、老化以及反应过程中的结构演变也可以通过 XRD 研究详细展示。XRD 还用于研究 Ga、Mn、Mg 等添加剂引入对 Cu 基催化剂结构和性能的影响（需注意当组分含量<2%时，XRD 无法检测到其晶相信息）。

XRD 仪器的组成包括靶材即 X 射线源（产生高强度、单色的 X 射线，如波长约为 1.54Å 的 Cu-K_α 辐射）、样品台（固定样品并允许其在测量过程中旋转或倾斜）、探测器（收集衍射后的 X 射线，记录衍射强度随角度变化的数据）以及控制和数据处理系统（控制扫描过程和记录衍射图谱数据）。常用靶材包括 Cu 靶（适用于晶面间距 0.1～1nm 测定，几乎全部标定，采用单色滤波，测试含 Cu 样品时有高的荧光背底，不适用于 Fe 系试样的测定）、Co 靶（试样的衍射线强、背底高，所以宜用单色器方法测定）、Fe 靶（背底小，适于用滤波片方法测定）、Cr 靶（X 射线波长较长）、Mo 靶（X 射线波长较短，用于奥氏体相的定量分析和通过金属箔的透射方法进行小角散射测量等）和 W 靶（发射连续 X 射线，用于单晶测定）。

如图 3-1 所示，XRD 测试步骤如下：首先将样品粉末均匀铺在样品台上，调节 X 射线的入射角和扫描范围（如 2θ 介于 10°～80°）；测试开始后，探测器在不同角度记录衍射信号，生成衍射图谱；最后，通过与标准数据库（如 JCPDS）比对，确定样品的晶相组成和结构特性等。

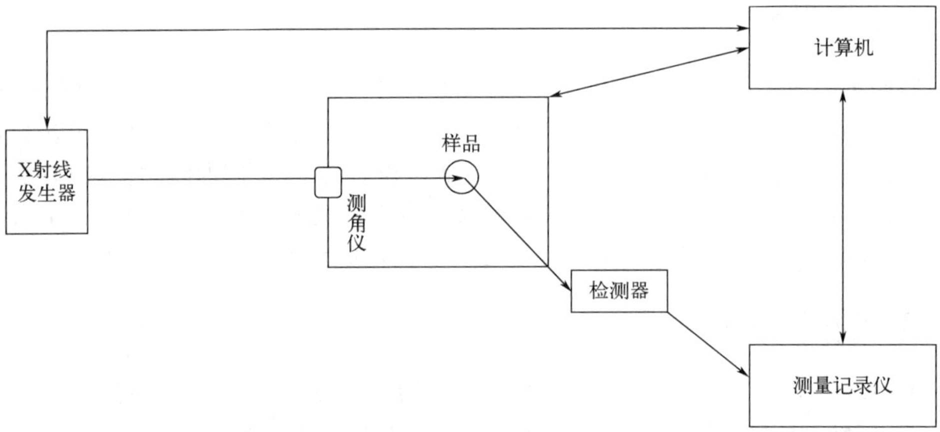

图 3-1　XRD 测试一般流程

3.1.3　X 射线吸收精细结构光谱

X 射线吸收精细结构（X-ray absorption fine structure，XAFS）光谱是一种基于 X 射线与物质相互作用的表征技术，用于研究材料中元素的局部电子结构、化学态和原子间结构。XAFS 的基本原理是通过测量样品对 X 射线的吸收随入射光子能量的变化来获得目标元素的特征信息。当入射 X 射线的光子能量与样品中原子内层电子的结合能匹配时，内层电子被激发至未占据轨道或连续态，产生特征吸收峰。该表征可分为以下两类：X 射线吸收近边结构（X-ray absorption near edge structure，XANES）对应吸收边附近，提供元素的化学态和电子结构信息；扩展 X 射线吸收精细结构（extended X-ray absorption fine structure，EXAFS），对应较高能量范围，揭示原子局部环境（如键长和配位数）。

XAFS 针对固体样品，利用同步辐射光源所提供的高强度、宽能量范围 X 射线，通常在真空或惰性气体环境下操作，记录透射或荧光模式下的吸收信号。X 射线经过样品时，一部分能量被吸收，检测器记录透射光强度或荧光强度随入射光子能量的变化并计算吸收系数。之后通过对吸收光谱进行傅里叶变换或拟合，提取目标元素的局部化学环境和电子结构等信息。

XAFS 技术以其元素选择性和环境适应性，在吸附剂和催化剂的结构和活性研究中发挥了重要作用。通过揭示其活性位的化学态、配位环境及其动态演变，为优化 CO_2 吸附和转化所需材料的设计提供关键的科学依据。例如，利用 XAFS 表征可以确定铜的化学态，通过 XANES 谱图分析，确定 Cu^{+}、Cu^{2+} 和 Cu^{0} 的比例；通过 EXAFS 谱分析 Cu 的配位数和键长变化，揭示 Cu 与助剂或载体的相互作用，提供界面协同催化信息。

3.1.4 透射电子显微镜

吸附剂和催化剂颗粒大小、外观等形貌信息和微观结构及其金属分散度、晶体信息等采用高分辨率透射电子显微镜（transmission electron microscope，TEM）进行分析。TEM 基于加速电子束与样品相互作用的原理，通过探测电子透射、衍射或散射信号，重构样品的结构与成分，因而能够达到亚纳米级分辨率。电子经过样品时，路径虽发生偏转，但能量保持不变，这种散射形成晶体的衍射图样，还可用于检测样品的化学信息，如电子能量损失谱（electron energy loss spectroscopy，EELS）和选区电子衍射（selected area electron diffraction，SAED）。其中明场成像是利用未发生衍射的电子成像，显示样品密度和厚度分布；暗场成像利用衍射电子成像，突出晶体区域或特定晶面信息。最后，数据采集与分析记录电子图像、衍射图样或光谱数据。

TEM 装置由以下几部分组成：钨丝或场发射电子枪产生加速电子束（电压通常为 100～300kV，加速电子束照射样品，增强电子与样品相互作用）；透镜系统，包括聚光镜、物镜和成像透镜，用于控制和聚焦电子束；样品台，用于固定样品并允许样品倾斜和旋转，以便于多角度观察；探测器，记录透射电子图像，如荧光屏、CCD 相机或直接电子探测器。

TEM 运行步骤包括：待测样品在玛瑙研钵中研磨后，分散于无水乙醇中并用超声分散 10～30min，之后吸取悬液滴在有碳膜支撑的铜网、钛网或钼网等材料上，经红外灯干燥后送入电镜样品室进行观察；还原态和反应后样品则保存于密封的乙醇溶液中，经超声分散后进行 TEM 测试。对选定区域物质元素组成及分布的测试通过 TEM 配备的能量色散 X 射线谱（X-ray energy dispersive spectrum，EDS）进行。注意，样品制备时样品厚度需足够薄（＜100nm），以允许电子束透过。样品常用制备方法还有离子研磨、超薄切片或电解抛光等方法。

TEM 在 CO_2 捕集和转化的研究中，为吸附剂和催化剂的形貌、结构和失活机理研究提供了重要信息，也为其设计与优化提供了重要依据。例如，结合高角环形暗场扫描（HAADF-STEM）技术，Cu/ZnO 催化剂中 Cu 与 ZnO 的界面区域具有特殊的晶格匹配，显著提高了 CO_2 的活化能力。通过 SAED 分析，Cu 的晶体结构尤其是 Cu 基催化剂的特定晶面如 Cu（111）、Cu（100）对 CO_2 加氢反应路径具有重要影响。此外，考虑到反应条件下的颗粒烧结和金属氧化是催化剂失活的主要原因，TEM 用于观察反应前后颗粒的尺寸变化和氧化物生成，结合 EELS 分析 Cu 的氧化态变化及分布，可以进行催化剂老化与失活机理研究。

3.1.5 扫描电子显微镜

扫描电子显微镜（scanning electron microscope，SEM）是一种基于电子束逐点扫描样品表面、电子束激发样品原子中壳层的电子逸出后产生二次电子，通过记录二次电子或背散射电子信号获取表面形貌和组分信息。由于其高分辨率和广泛适用性，固体吸附剂和催化剂的表面形貌观测可采用扫描电子显微镜完成。SEM 的加速电压一般为 10kV，入射电子发生弹性散射后反射出样品表面，信号强度与样品的原子序数相关，所以可用于成分对比分析。另外，入射电子激发样品原子内壳层电子逸出，外壳层电子跃迁补充空位，同时释放特征 X 射线信号，因而可用于定性和定量元素分析。

SEM 装置由以下几部分组成：发射电子束的电子枪，常用钨灯丝、六硼化镧灯丝或场发射枪；电磁透镜系统用来控制电子束的加速、聚焦与扫描，包括聚光镜和物镜；用于放置样品并调节样品位置和倾斜角度的样品室；常用二次电子探测器和背散射电子探测器以及附加的能谱仪。

SEM 测试步骤包括：样品研磨后取少量固定在导电胶上（视情况进行喷金处理以增强其导电性、避免电子积聚，非导电样品需进行导电涂覆），然后送入电镜样品室。同时，表面元素组成及分布通过该电镜配备的 EDS 测定。电子束聚焦后以栅格式扫描样品表面，探测器及时记录信号强度并与电子束位置关联，最终生成图像。

通过结合 SEM 的高分辨率成像和元素分析功能，可以观察吸附剂和催化剂的表面形态（如颗粒大小、孔结构）等，甚至进行结构演变研究，为该类材料的设计和性能优化提供强有力的支持。例如，在反应过程中，SEM 观察到 Cu 基催化剂发生烧结或表面形貌变化，CO_2 和 H_2 等的接触概率降低，导致活性降低，影响其稳定性。结合 SEM-EDS 分析，发现 Cu/ZnO 催化剂中 Cu 和 Zn 分布均匀，界面区域富含 Cu-ZnO 界面，因而有助于 CO_2 的活化。SEM 图像显示，通过优化 Cu 基催化剂的微观结构（如制成蜂窝状多孔结构以增大比表面积），可以提高甲醇选择性。失活机理分析也可以通过 SEM 观察吸附剂和催化剂是否发生烧结和其他结构变化来完成。

3.1.6 红外光谱和紫外光谱

吸附剂和催化剂表面官能团的种类和浓度的确定采用 FTIR 和紫外光谱进行分析，所使用的红外仪器有 Bruker 公司的 Vertex70，拉曼光谱仪为 Horiba 公司的 LabRAM HR800 等。此外，吡啶吸附红外光谱（Py-FTIR）用于分析样品表面酸性位点的数量和类型，所使用检测器为 Bruker 公司的 TENSOR 27 红外光谱仪，配有碲化镉汞探测器和 KBr 窗口。测试过程如下：样品压片后于 350℃、真空下在仪器原位池中预处理（脱气、表面清扫等）1～2h，随后暴露于吡啶蒸气下进行吡啶吸附（35℃）。经真空下再度预处理 30～60min 后，将样品加热至 150℃、250℃和 350℃或其他温度并记录所观测到的谱图，最终完成对样品的 Py-FTIR 测试。

3.2 元素分析方法

3.2.1 X 射线光电子能谱

X 射线光电子能谱（X-ray photo-electron spectroscopy，XPS）是一种表面分析技术，用于探测样品表面的元素组成、化学状态及电子结构等。其基本原理是利用单色 X 射线（如 Al-K_α，1486.6eV）照射样品，激发出样品原子的核心电子。随后，被激发的光电子的动能可以通过光电子探测器测量，而其结合能可通过相关公式计算。通过结合能信息与标准数据库比对，可确定样品中元素的种类及其化学状态。

XPS 仪器的组成包括：产生单色 X 射线（如 Al-K_α 或 Mg-K_α）的 X 射线源，用于激发样品表面；在超高真空（10^{-6}Pa 或更低）下维持样品环境的样品室，防止电子散射；用于测量发射电子的动能和生成结合能谱图的电子能量分析器；探测器和数据系统记录电子信号并分析结合能信息。

XPS 测试步骤包括：首先，在超高真空条件下，将样品放置于样品室，X 射线照射样品以激发光电子；其次，测量光电子动能并生成结合能谱图；接下来进行数据处理，用于定性和定量分析样品表面的元素及其化学状态。

XPS 以其高灵敏度和表面专属性，为研究吸附剂和催化剂在 CO_2 吸附和转化中的活性中心、界面作用及表面化学变化提供了重要信息，其定量与定性分析能力为优化其设计提供了重要指导。例如，利用 XPS 可以实现表面元素组成与价态分析、表面氧物种与氧空位浓度分析、杂质与掺杂效应分析、反应前后表面变化分析以及金属-载体界面作用分析等。

3.2.2 电感耦合等离子体-发射光谱

电感耦合等离子体-发射光谱（inductively coupled plasma-optical emission spectroscopy，ICP-OES）是一种利用元素特有的发射光谱来进行定量分析的技术。该技术的核心在于通过射频电源产生高温（5000～10000℃）等离子体（通常是氩气等离子体）来激发样品中的元素，使元素完全离子化且其电子发生能级跃迁并释放出特定的光谱。由于每种元素都有其独特的光谱波长，而且这些波长的光强度与元素在样品中的含量成正比关系，通过测量这些光谱的波长和强度，不仅可以识别出样品中的元素，还能准确测定它们的含量。

ICP-OES 测试步骤如下：固体样品经酸碱溶解后，所得液体样品通过泵送至雾化器并被转换成细小的气溶胶颗粒。随后气溶胶颗粒被引入高温等离子体中，样品中的元素被激发并产生电子能级跃迁，从而发射出特定的光谱。分光系统（光栅或棱镜）随后将光谱分解，利用光电倍增管等提取出对应于目标元素的特征光谱。最后，检测器捕捉光谱强度并将其与预先设定的标准曲线进行比较，从而实现对样品中元素浓度的定量分析。仪器的工作条件一般设置如下：高频发射功率 1.0kW、等离子体流量 15.0L/min、辅助气体流量 1.50L/min、进样时间 30s 及测试稳定时间 10s。

ICP-OES 作为一种高精度的元素分析技术，在 CO_2 吸附和转化研究中具有重要应用，尤其是在吸附剂和催化剂组成验证、助剂优化及失活机理分析等方面。通过与其他表征手段结合，ICP-OES 为提升该类材料的性能提供了关键数据支撑。例如，Cu 基催化剂的性能很大程度上取决于 Cu 含量，因此准确测量其含量对评估催化剂的制备至关重要；Zr、Ce、Mn 等助剂的添加对 Cu 基催化剂的性能有重要影响；吸附剂和催化剂在应用过程中会因活性组分的迁移或聚集（烧结）而失活。针对该类问题，ICP-OES 技术可用于揭示活性组分的分布变化、分析助剂元素的添加量和均匀性以及检测反应后材料中组分的流失情况等。

3.2.3 X 射线荧光光谱

X 射线荧光光谱（X-ray fluorescence spectroscopy，XRF）是一种非破坏性的元素分析方法，能够迅速测定样品中的元素成分和含量。这种方法因其广泛的检测范围和高灵敏度而在材料研究领域得到广泛应用。XRF 的工作原理是利用物质与高能 X 射线相互作用时产生的二次 X 射线（即荧光）来分析样品。具体包括：首先是激发阶段，即高能 X 射线照射样品时，会使其中原子的内层电子（例如 K 层或 L 层）被激发到更高的能级，或者被电离出去从而在内层留下空位；接下来是荧光辐射阶段，原子的外层电子会跃迁到这些内层空位上，同时释放出特征性的 X 射线，这些 X 射线的波长或能量与特定元素的特性紧密相关；最后确定强度与浓度的关系，即释放出的特征 X 射线的强度与样品中相应元素的含量成正比。

XRF 仪器的组成包括：提供高能 X 射线以激发样品的 X 射线源，通常为 X 射线管或放射源（如钼靶、银靶）；对样品进行固定并在真空或空气条件下检测的样品室；通过分光系统（如晶体光栅或滤波器）分离特征 X 射线的光谱仪；用于记录特征 X 射线的能量和强度的检测器，将信号转化为光谱并进行定量分析。

XRF 测试步骤如下：首先将样品压片或制成粉末、薄膜以提高分析准确性。之后，样品受到高能 X 射线照射，产生荧光辐射。光谱仪分离并检测荧光 X 射线，生成光谱图。通过校准曲线，将特征 X 射线的强度与元素浓度对应起来。

XRF 是一种高效、多功能的元素分析技术，为吸附剂和催化剂的组成分析、助剂优化以及失活机理研究提供了重要数据支持。在 CO_2 捕集和转化的研究中，XRF 结合其他表征技术，为多功能材料的设计与优化奠定了基础。例如，XRF 技术能够迅速且精确地测量催化剂在反应前后组成的含量变化与元素迁移，从而加大对催化剂失活机理的研究力度。

3.2.4 化学吸附

化学吸附用于材料表面吸附位和催化活性位的物理和化学性质表征，通过自建或者购买的化学吸附装置来完成，一般流程如图 3-2 所示。本表征中所使用的高纯 N_2、H_2、Ar、N_2O、He、CO_2、NH_3 等在通入相应的反应器前经硅胶干燥剂、5Å 分子筛和银分子筛（除 H_2 外）预处理（脱水、脱氧、除杂等）。

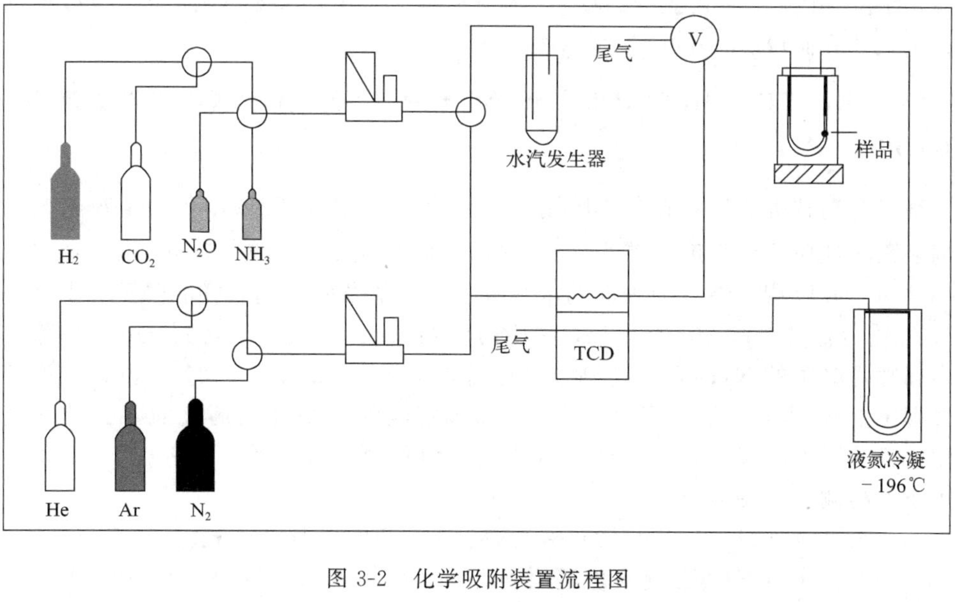

图 3-2 化学吸附装置流程图

(1) 程序升温还原（H_2-TPR）

催化剂的还原性由氢气程序升温还原来表征，此外，部分结构信息（如金属Cu等的分散度、定量计算粒径分布、金属-载体之间的作用强度等）通过XRD和ICP等难以充分说明，因此辅之以H_2-TPR表征来进一步证明。称取10～20mg新鲜催化剂置于耐高温玻璃棉中间并装填于石英管中。其后，样品在Ar气氛下100℃吹扫一定时间以除去表面吸附的杂质，接着冷却到室温后切换至H_2和N_2混合气（H_2体积含量为5%～10%，流速为50mL/min）。待色谱基线走稳后，以固定的升温速率（如10℃/min）加热到650～800℃。测试过程中H_2消耗量用热导检测器（TCD）检测，产生的水经5Å分子筛除去。仪器及耗氢量的校准通过测定标准氧化铜样品的H_2-TPR进行。

(2) N_2O化学滴定

由于N_2O具有弱氧化性，可以将金属Cu氧化为Cu^+，同时有效避免过度氧化为Cu^{2+}，铜基催化剂表面上Cu的分散度（D_{Cu}）和比表面积（S_{Cu}）由N_2O化学吸附及随后的H_2滴定来测定[1]。测试在化学吸附装置上完成。所使用的测试和计算方法类似于Van Der Grift等所描述[2-3]。

首先，催化剂（30～60mg）在H_2和N_2混合气（H_2含量5%～10%，流速50mL/min）中以10℃/min的速率程序升温到350℃并在该温度下保持一定时间，记录该过程（TPR1）耗氢量。接下来，以Ar吹扫反应器并降至50℃，此时注入N_2O（50mL/min）吹扫15min后将表面铜原子完全氧化为Cu_2O。随后再以Ar吹扫反应器除去残留的N_2O。最后，再次进行TPR实验（TPR2）以H_2滴定表面Cu_2O的量，记录此时耗氢量。D_{Cu}、S_{Cu}和铜原子平均体积-表面积直径可根据相关关系式计算而得。

(3) NH_3、CO_2、H_2和H_2O程序升温解吸（NH_3-TPD、CO_2-TPD、H_2-TPD、H_2O-TPD）

程序升温解吸测试均在化学吸附装置上完成。NH_3-TPD用于滴定吸附剂和催化剂表面酸性质及酸强度。首先，约120mg样品在He（10～50mL/min）中升至350℃吹扫1h以清除催化剂表面的水和吸附的其他杂质，随后样品降至室温并进行NH_3吸附（流速10～30mL/min，吸附时间约0.5h）。之后，经过He吹扫除去样品表面物理吸附的NH_3后，待基线走稳后以15℃/min升温至600℃并以质谱记录该过程中NH_3脱附信号。CO_2-TPD可以确定吸附剂和催化剂表面碱位的浓度和强度，其测定方法和NH_3-TPD测试相同，但所测样品量为200mg，CO_2脱附信号用质谱检测（$m/z=44$）。

催化剂表面对H_2的吸附/活化特性通过H_2-TPD表征。首先，将120mg样品在H_2（30mL/min）中升至预定温度还原4h。随后切换为Ar并在350℃下吹扫1h以清除催化剂表面产生的水和吸附的其他杂质。为便于氢气吸附，用Ar（30mL/min）吹扫下降至室温并进行 H_2 吸附（50mL/min，0.5～1h）。之后，经过 Ar 吹扫除去样品表面物理吸附的 H_2 后，以 15℃/min 升温至 600～800℃并由 TCD 或质谱记录该过程中 H_2 脱附的信号，此过程中 Ar 作为载气（30mL/min）。解吸阶段所产生的水和其他杂质通过硅胶干燥剂和 5Å 分子筛除去。

H_2O-TPD 测试用来考察吸附剂和还原态催化剂对于水汽的吸附/脱附性能。测量前，100mg 催化剂经 H_2（50mL/min）还原 4h 之后，原位吸附水汽至饱和。之后，经过 He 吹扫除去样品表面物理吸附的 H_2O 后，以 15℃/min 的升温速率由 50℃升温至 700℃并记录该过程中 H_2O 脱附产生的 TCD 信号，此过程中 He 作为载气（30mL/min）。

3.2.5 核磁共振谱

核磁共振（nuclear magnetic resonance，NMR）谱尤其是固体核磁共振（solid-state NMR）谱是一种无损、非侵入性并且有选择性的分析技术，用于研究固体样品内部的结构信息如分子中不同原子核环境，还能对不同化学环境的物种进行定量。现以 ^{27}Al 固体核磁共振谱（^{27}Al MAS NMR）为例，其用来表征含有 Al 的固体材料如 Cu/Al_2O_3 催化剂中 Al 原子的配位环境的改变。所得光谱均在样品旋转速率为 13kHz 时获得，使用的脉冲宽度为 15°，总扫描数 2000，延迟时间 0.5s，信号获取时长 0.018s。测定时以 1mol/L 的 $Al(NO_3)_3$ 水溶液作为参考，所获取原始光谱数据根据样品重量进行归一化处理。

3.2.6 电子顺磁共振谱

电子顺磁共振（electron paramagnetic resonance，EPR）谱是检测和表征材料中空位的一种直接而先进的技术。它提供了材料表面和大部分材料上未配对电子的指纹信息，可定性和定量分析原子或分子中所含的未配对电子，并探索其周围环境的结构特性。EPR 是一种常见识别单电子捕获的方法，具有较高的灵敏度。EPR 光谱基于顺磁样品（带有一个未配对的电子），当 $h\nu=gbB$ 时（其中 h 是普朗克常数，ν 是频率，g 是常数，b 是玻尔磁子，B 是外加磁场强度），样品在合适的磁场下能吸收电磁辐射而产生共振。也就是说，这种现象可能发生在特定的频率上。在 CO_2 吸附剂和催化剂的表征中，EPR 主要用于测定材料表面的氧空位、氮空位等缺陷的分布及浓度。

3.2.7 拉曼光谱

拉曼（Raman）光谱是一种基于拉曼散射效应的分子振动光谱技术，主要用于分析物质的化学成分和分子结构。当一束单色光照射到样品上时，大部分光会被弹性散射，频率不变，形成瑞利散射光；而少数光子会因样品分子的振动模式发生非弹性散射，导致光子的能量发生变化，形成拉曼散射光。拉曼散射光的频率变化与分子振动的特征频率相对应，因此通过测量拉曼散射光的频率变化，可以获得分子振动的特征信息，从而推断出分子中的元素种类、化学键类型、对称性等结构信息。拉曼光谱具有非破坏性、无须预先制备样品、可检测多种状态样品（固体、液体、气体等）、对水分子不敏感等优点。此外，其还具有快速、灵敏、可原位分析等优点。这些特点使拉曼光谱在材料科学、反应分析等领域得到了广泛应用。

在 CO_2 吸附和转化研究中，拉曼光谱能够用于研究材料的结构和缺陷，还可以实时监测 CO_2 等气体分子在吸附过程中的分子振动模式和化学键变化，以及鉴定吸附剂和催化剂的成分和纯度、监测反应过程等。例如，原位拉曼光谱可以用于识别 CO_2 吸附在材料表面时形成的中间物种，如 $^*COOH$ 和 $^*OCO^-$ 等。这些中间物种的特征振动峰能够揭示 CO_2 吸附和转化的反应机理。在 CO_2 催化转化反应中，拉曼光谱可以监测不同催化剂表面的中间产物变化，从而理解催化剂活性和选择性的变化。此外，拉曼光谱还可以用于研究 CO_2 在多孔材料中的吸附行为，如金属有机骨架（metal organic frameworks，MOFs）和共价有机骨架（covalent organic frameworks，COFs）等。通过分析这些材料在 CO_2 吸附前后的拉曼光谱变化，可以了解其孔隙结构和表面化学性质的变化，进而优化材料的设计以提高 CO_2 吸附性能。

3.3 CO_2 捕集性能评价

对制备好的 CO_2 吸附剂使用热重分析仪进行 CO_2 吸附和脱附测试实验（图 3-3）。首先称取样品平铺到坩埚内，将坩埚放入热重分析仪中。之后将温度以 10℃/min 的升温速率从室温升至 500℃进行吸附剂的表面处理（除去表面吸附的水汽和有机物种），恒温 30min 后再将温度由 500℃降至 200℃，以上升温和恒温过程都是在 N_2 气氛下进行的。然后在吸附温度（如 200℃）下恒温 1h 进行吸附，气体切换为 CO_2。最后将气体切换为 N_2，同时将温度从 200℃升温至脱附温度（如 500℃）后恒温 30min。以上性能测试过程可测试出实验所制备的 MgO 样品的一次 CO_2 吸附容量。如果想检测 MgO 吸附剂的 CO_2 循环吸附和脱附的稳定性，重复上述性能测试步骤即可。材料的吸附量可按照下式计算：$V_a=\frac{m_1-m_0}{m_0}\times1000/44$。其中，$V_a$ 为 MgO 样品的 CO_2 吸附容量（mmol/g）；m_1 为样品吸附后的质量（mg）；m_0 为样品吸附前的质量（mg）。

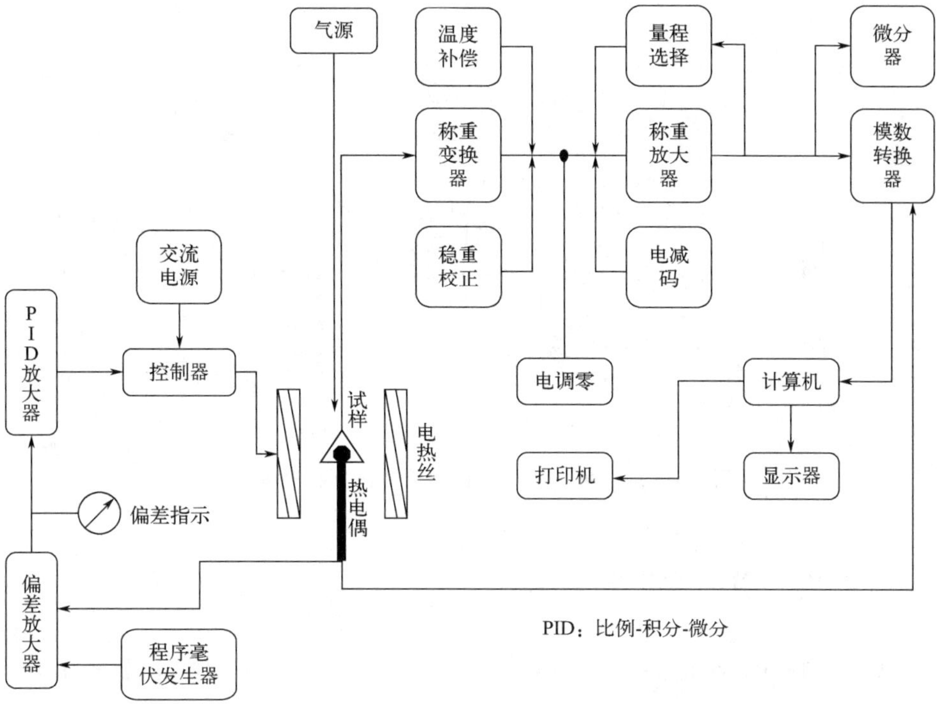

图 3-3　热重原理 CO_2 吸附性能评价装置结构图

3.4　CO_2 催化转化反应评价

3.4.1　固定床

以 CO_2 加氢制甲醇、乙醇和其他碳氢化合物为例，催化剂活性评价在连续流固定床反应器中进行（图 3-4）。具体操作步骤如下：先装填催化剂于反应管底部并铺一层石英棉，防止固体颗粒进入管路，后倒入石英砂至不锈钢反应管的中部，再铺一层石英棉，目的是将催化剂与石英砂分开，方便后续检测回收及利用。倒入 0.5～2g 催化剂。后加入石英棉，再倒入石英砂。催化剂在 10mL/min H_2 环境中原位还原 1～6h。之后将压力调节为反应压力（如 2.4MPa）、温度调整为反应温度考察催化剂的活性。反应气为 H_2（20mL/min）和 CO_2（10mL/min），冷凝后所得液体产物用 TCD 检测，尾气通入气相色谱中在线分析并通过六通阀分流，使尾气分别进入氢火焰离子检测器（FID）和热导检测器（TCD）。计算公式如下：

① CO_2 的转化率：$X_{CO_2}=\dfrac{n_{CO_2入口}-n_{CO_2出口}}{n_{CO_2入口}}\times100\%$，其中 $n_{CO_2入口}$ 为进入管路总的 CO_2 的物质的量，$n_{CO_2出口}$ 为未参与反应的 CO_2 流出的物质的量。

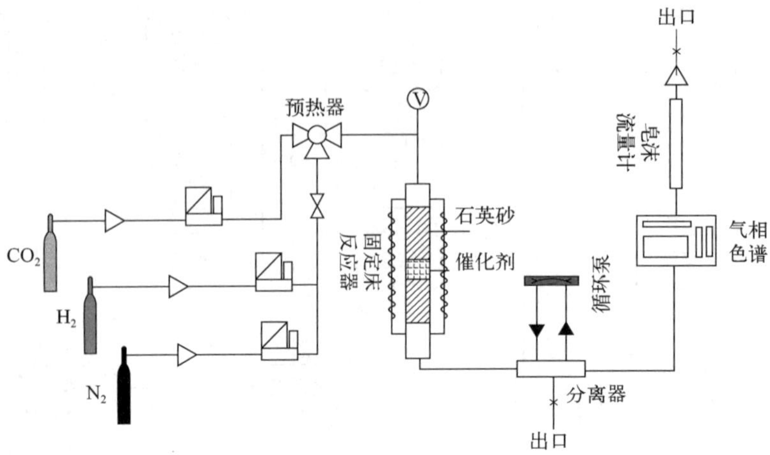

图 3-4　CO_2 加氢反应催化剂活性评价装置流程图

② 甲醇（MeOH）选择性：$Sel_{MeOH}=\frac{M_{MeOH}}{n_{CO_{2入口}}-n_{CO_{2出口}}}\times100\%$

③ CO 选择性：$Sel_{CO}=\frac{n_{CO_{2出口}}}{n_{CO_{2入口}}-n_{CO_{2出口}}}\times100\%$，其中 M_{MeOH} 表示甲醇的总的物质的量（由外标法测得固定床尾气及液相产物中甲醇的产量之和），$n_{CO_{2出口}}$ 表示尾气中 CO 的物质的量。

④ MeOH 时空产率：$STY_{MeOH}=\frac{X_{CO_2}Sel_{MeOH}GHSV\times32}{22.4}$，其中 GHSV（gas hourly space velocity）为气时空速［mL/(g_{cat}·h)］。

3.4.2 浆态床

部分催化剂在 CO_2 催化转化中的性能评价实验在连续搅拌浆态床反应器上进行。反应器系统的气路流程如图 3-5 所示。催化剂的还原通常在浆态床反应器上原位进行，取一定催化剂混于溶剂后置于浆态床反应釜中；反应釜密封后设定转速并开启磁力搅拌。根据实验设计的还原空速设定还原气体的进气流量，还原压力设定为常压（0.1MPa 左右），由室温以 1～5℃/min 的升温速率升温至还原温度后并恒温一定时间，然后继续以该升温速率升温至预设还原温度并恒温一定时间。之后将热阱中蒸馏出的溶剂进行回收，降温，结束还原过程。

催化剂在还原结束后，可将进气直接切换至反应原料气，开始进行性能评价实验。性能评价实验的具体操作步骤如下：

① 根据催化剂的投料量和预设进气空速，通过气体质量流量计设定原料气的进气流量；

② 将反应系统压力升至预定压力（如 2.0MPa）；

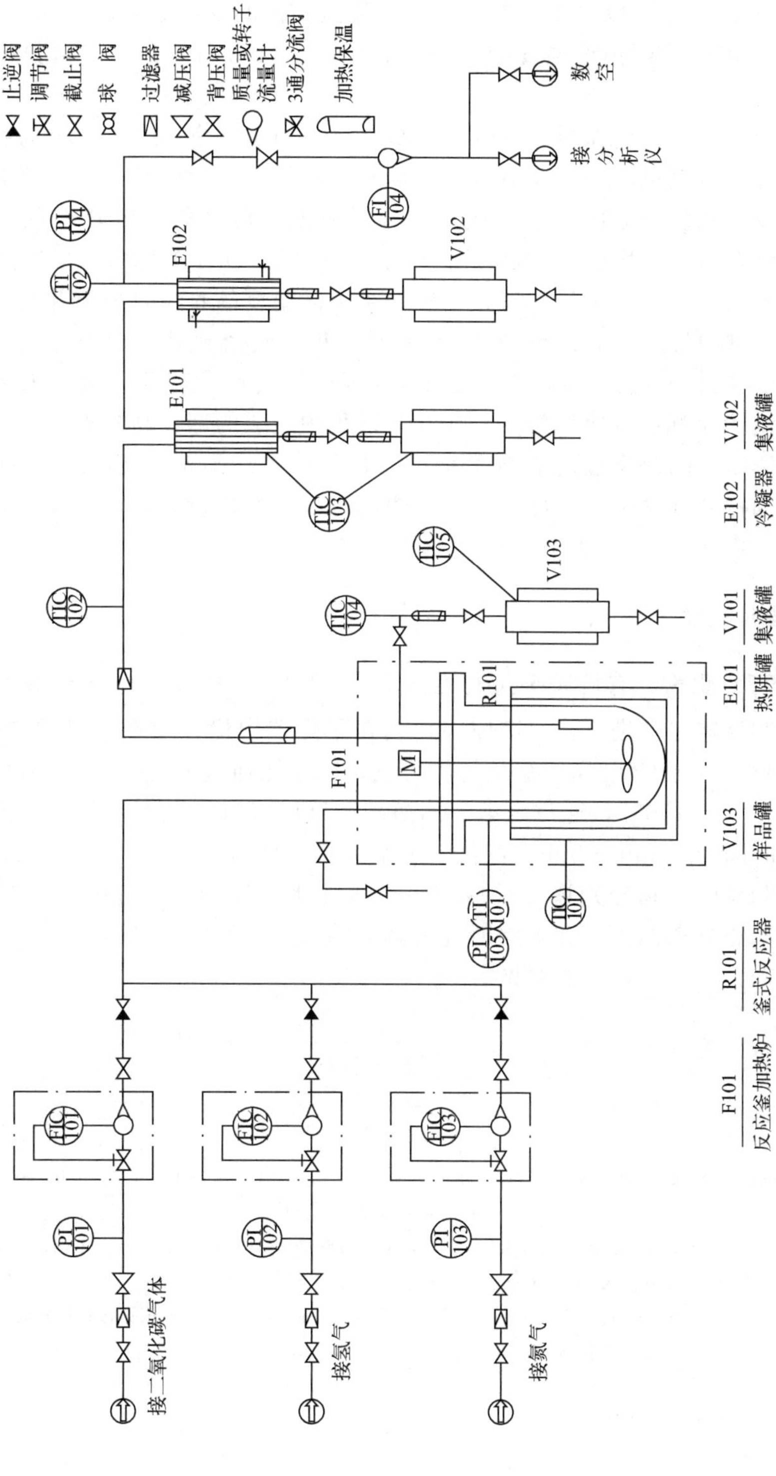

图 3-5 浆态床反应系统流程图

③ 设置升温程序，以一定的升温速率升温至预设的反应温度；

④ 以反应温度达到预设温度的时刻作为反应起始时间，开始实验数据的记录和计算。

需要说明的是，反应原料气（气体组成为 H_2、CO_2 等）经减压净化后，经气体质量流量计调节流量后通入反应釜。反应釜体积为 0.1～1.0L，搅拌转速为 0～800r/min。反应系统压力由后定压阀控制，反应釜温度由釜内的热电偶经厂商自带的温控系统调节。常用的反应启动介质为聚 α-烯烃（PAO-164）。反应过程中生成的部分轻质烃经气相带出反应器，并经 2 个不同温度的收集阱分离并收集，图中 E101 为热阱，控制温度为 50～130℃，主要收集反应釜蒸出气相中较重的组分；E102 为冷阱，控制温度为 10℃，主要收集未经热阱冷凝的轻质组分，未冷凝反应尾气经皂膜流量计测量流速后放空。在实验过程中生成的部分高沸点烃产物无法在反应条件下蒸出，因此反应的物料平衡，尤其是碳质量平衡小于 95%。在反应过程中，催化剂样品（含釜液）可由进气口边的取样旁路进行抽取，每次的取样量在 10mL 左右。

3.4.3 间歇反应釜

CO_2 与环氧化物、有机胺等进行的羧基化/羰基化/环化反应在含聚四氟乙烯内衬的不锈钢反应釜中进行。反应前催化剂在干燥器中保存或在干燥炉中预处理。反应物中原料以气态 CO_2 和环氧化物等为主，摩尔比通过 CO_2 进气压力控制，反应温度设定为 30～150℃，通过水浴、油浴甚至反应釜自带温度加热系统控制反应温度，反应时间为 15min～60h，催化剂用量为总反应物的 0%～5%。反应后将产品、催化剂和反应产物分别取出反应釜，放入冷水中淬冷 10～30min 并置于离心机中，借助离心分离催化剂和上层混合溶液，随后称取溶液质量并加入一定量的内标物后，摇动混合均匀，分析测试。

参考文献

[1] Sato S, Takahashi R, Sodesawa T, et al. Distinction between surface and bulk oxidation of Cu through N_2O decomposition[J]. Journal of Catalysis, 2000, 196 (1): 195-199.

[2] Van Der Grift C J G, Wielers A F H, Jogh B P J, et al. Effect of the reduction treatment on the structure and reactivity of silica-supported copper particles[J]. Journal of Catalysis, 1991, 131 (1): 178-189.

[3] Yuan Z L, Wang L N, Wang J H, et al. Hydrogenolysis of glycerol over homogenously dispersed copper on solid base catalysts[J]. Applied Catalysis B: Environmental and Energy, 2011, 101 (3-4): 431-440.

CHAPTER 4

第4章

气-固模式下 CO_2 捕集

从本质来说，固体由于不具有流动性，表面原子无法自由移动，力场极不平衡，表面张力相对于液体就更大。虽然任意表面都有自发降低表面能的趋势，但固体无法收缩或变形，所以降低表面能的唯一方式就是降低表面张力[1]，因此，固体表面通过与 CO_2 分子相互作用，从而实现对其表面力场的平衡并显著降低表面能，同时形成气-固界面并完成了对 CO_2 的有效吸附。具体来说，CO_2 的最高占据分子轨道（HOMO）1πg 轨道和最低未占据分子轨道（LUMO）2πu 轨道分别靠近 CO_2 分子中的 O 原子和 C 原子，O 是弱电子给体（Lewis 碱），C 则是弱电子受体（Lewis 酸）。因此，其能够与酸碱性位点产生作用，也因具有亲核或亲电性可以在电场作用下与固体形成静电吸引力甚至极化作用。于是当 CO_2 与多孔固体接触时，在浓度梯度的作用下，其组分通过气-固界面传递到固体外表面和孔道内表面，在物理或/和化学力的驱动下，附着在其上，形成多分子层物理吸附或单分子层化学吸附[2]。

但从原子水平上看，固体表面的不均匀使得台阶附加原子、平台、空位、扭结原子等配位情况各异，在吸附过程中所表现出的行为也不同，吸附热差异很大。一般来说，吸附热的大小可以衡量吸附驱动力的强弱，对于物理驱动吸附，吸附热在 20～40kJ/mol；化学驱动吸附热较物理驱动大，甚至接近化学反应热（84～417kJ/mol）。另外，多孔固体尤其是由多种元素组成的固体表面层的表面化学组成、原子排布及电子能级与体相内部明显不同。加之固体的种类及所暴露出的晶面不同，由于趋向最小表面自由能，在 CO_2 等吸附质的作用下，某些元素从体相向表层迁移，从而使它在表层的含量高于在体相中的含量（表面偏析），进一步加剧了表面不均匀性。这种表面原子力场的不均匀，导致不同固体乃至同一固体不同区域的表面张力和表面能存在极大差别，对 CO_2 分子的吸附就表现出了不同的性能。针对这些问题，本章详细介绍了气-固界面模式下，通过物理/化学驱动实现 CO_2 捕集的相关研究内容及重要进展，并对近年来 CO_2 捕集所用固体吸附剂的研究进行了详细探讨，主要着眼于对气-固界面模式下吸附体系改进的研究，期望为 CO_2

捕集乃至后续的高效利用提供参考。

4.1 物理驱动

非极性 CO_2 分子与固体表面的吸附位以色散力（主要的物理力）、静电力和诱导力等范德华力结合，由此导致气-固相互作用而产生物理吸附。范德华力存在于任何具有质量的物质间，所以 CO_2 分子可以物理吸附在任何固体表面上，但吸附强度和吸附容量存在较大差别。当然，若温度、压力或其他诱导因素（如等离子体作用等）使 CO_2 出现极化，而此时固体表面带净电荷，或因 CO_2 与固体表面吸附位点作用而使二者的电子结构发生变化产生偶极矩时，气-固相互作用更多是在静电力和诱导力的驱动下进行，且吸附强度显著增大。以多孔材料（沸石分子筛）在物理驱动力的作用下对 CO_2 的吸附为例，CO_2 虽然是一种非极性分子，但具有较大的四极矩和极化性，在沸石表面的电场梯度作用下可产生静电相互作用，因此会优先吸附于沸石表面。如图 4-1 所示，这种基于与吸附剂静电相互作用实现的 CO_2 吸附分离称为平衡分离。平衡分离是利用中孔和大孔材料从混合气体中分离 CO_2。不过，CO_2 与沸石表面的静电相互作用取决于沸石表面的电场梯度以及所产生的极性强度和极化率，例如，分子筛表面电场梯度大小会随着 Al 含量的增加而提高。另外，当孔径较小时，以微孔为例，CO_2 的分离选择性受其进入孔内扩散速率的影响。由于 CO_2 的动力学直径小于 CH_4 和 N_2 等，相比于静电相互作用，动力学直径的大小更能影响气体分子通过微孔（小于 2nm）的扩散，特别是对于因 Al 含量低而具有较小电场梯度的沸石等材料。这种因不同分子通过微孔的扩散率存在显著差异而产生选择性吸附的分离称为动力学分离。动力学分离的极限情况是分子筛分离，即吸附材料的孔径允许 CO_2 进入其中，但阻止 N_2 和 CH_4 等其他气体分子进入，可以实现分子筛分离。

图 4-1　多孔材料上不同类型的 CO_2 分离

如果固体吸附剂存在表面羟基等功能基团，CO_2 分子与其形成氢键后也会加大物理吸附强度。这是因为氢键不同于范德华力，它具有饱和性和方向性，通过氢键结合，可以显著增加 CO_2 分子和固体表面氧原子之间的键合强度，从而稳定吸附结构，提高吸附强度。由于吸附的 CO_2 分子与固体未产生化学反应，该过程通常发生在接近气体液化温度（一般是多层吸附）处，特点是吸附热小、吸附速率快、对 CO_2 分子的吸附无选择性且吸附过程可逆，通过升温、降压甚至抽真空等方式将被吸附的 CO_2 顺利脱附，从而实现对 CO_2 的捕集，同时固体吸附剂再生。影响在物理力驱动下气-固界面 CO_2 吸附的主要因素有温度、压力以及固体吸附剂的性质和烟道气组分。物理驱动下 CO_2 的捕集的优点是通常需要更少的能量来完成吸附和脱附 CO_2 的循环，使其成为低温应用的一个极有吸引力的选择。

4.1.1 碳基吸附剂

碳材料如活性炭、碳纤维、石墨烯等是应用广泛的固体功能材料[3]，可通过多种方法制备。多孔碳材料常用的制备方法有活化法、模板法和溶胶-凝胶法。活化法操作方便，但合成的多孔碳材料孔道不均匀；模板法可利用模板的有序结构对孔道进行调节；溶胶-凝胶法操作简便、反应条件温和，但反应过程中易出现孔道坍塌的现象，溶胶-凝胶法辅助模板法恰好弥补了这一缺陷。所合成的多孔碳材料具有较大的比表面积和丰富的孔道结构，通过在合成过程中引入活性位点，所得材料可应用在吸附领域。以多孔碳材料进行气相 CO_2 捕集在理论和实践中都具有可行性，这要归功于其独特的结构特性[4]。由于具有高度发达的孔隙构造，碳材料比表面积通常较大（$>800m^2/g$），因此能与气体充分接触。借此，碳材料孔壁表面大量的分子和官能团在范德华力等物理力的驱动下，达到将 CO_2 分子吸附于孔道中的目的。现就主要的碳基吸附剂介绍如下。

(1) 活性炭

生物组织的结构具有多样性，因此可以得到不同结构和形貌的碳材料。Li 等人[5] 以椰壳基和稻壳基活性炭作为研究对象，探究两种活性炭对 CO_2 的吸附，发现相较未压缩活性炭，经过压缩后两种活性炭对 CO_2 的吸附量得到提升。同时，压缩处理提高了活性炭基于体积的低压 CO_2 吸附量（高达 53.8%）和常压 CO_2 吸附量（43.2%）。以甘蔗渣为原料，采用不同的活化剂（空气、CO_2、H_3PO_4 和 NaOH）制备多孔活性炭。与物理活化相比，化学活化多孔炭表现出更好的物理化学性质，其中，NaOH 活化的活性炭具有较高的比表面积（$1149m^2/g$）和较大的孔容（$1.73cm^3/g$），在 0℃和 25℃时均表现出较好的 CO_2 吸附量（5.50mmol/g 和 4.28mmol/g）。Hong 等人[6] 以陈旧花生为原料，采用本体炭化-活化法制备了具有高孔隙率的炭微片材料，并将其应用于 CO_2 捕集。采用 CO_2 物理活化或 KOH 化学活化所制备多孔炭微片的吸附效果有极大的差别，KOH/C（摩尔比）为 3 时所得材料显示了最高的 CO_2 吸附量，如 0℃时吸附容量高达 6.51mmol/g、25℃时为 4.07mmol/g。对吸附机理进行研究后发现，CO_2 吸附主要取决于孔径小于 0.8nm 的狭窄微孔的体积，而与比表面积或总孔容无关。Ding 等人[7] 利用马尾藻和浒苔，采用一步 KOH 活化法制备出两种海藻多孔生物炭，KOH 活化明显改善海藻生物炭的质构特性及表面官能团种类，25℃时 CO_2 最大吸附量达 1.05mmol/g。此外，动力学研究发现传质扩散尤其是外扩散在 CO_2 吸附过程中起主导作用。以蔗糖、乳糖和麦芽糖等多种双糖制备碳颗粒，同时以 SiO_2 颗粒包埋所得碳颗粒作为成孔牺牲剂，之后以 NaOH 处理去除 SiO_2 颗粒从而获得多孔形态，该碳颗粒在 CO_2 捕集中显示出较好的吸附性能，其中蔗糖制备的多孔碳颗粒在 0℃和 25℃时的吸附能力分别可达 3.58mmol/g 和 2.48mmol/g，比其他碳基颗粒的吸附能力要好得多。

碳结构中的高 π 电子迁移率增加了其电导率，所以碳材料是一种高效微波吸收剂。加之使用 KOH 浸渍的生物质原料具有更高介电常数，更适用微波一步法制备碳材料吸附剂。例如以松木、橄榄核、山核桃壳等纤维素生物质作为原料，利用 KOH 微波一步法制备活性炭[8]。测试后发现，松木所制碳材料在 0℃下 CO_2 的吸附量达到了 6.2mmol/g；当吸附温度提高至 25℃时，CO_2 的吸附量仍可以保持在 4.2mmol/g，对 CO_2 的选择性也高达 12.5，且 CO_2 吸附容量在 15 次循环后仍能保持在初始吸附量的 98%以上。这充分表明，借助微波处理所得碳材料较常规加热制备的碳材料具有更高的 CO_2 吸附性能，而且该制备方法能耗低，所需的制备时间短（<8min）。通过一系列表征可知，该材料卓越的 CO_2 捕集能力源于其超高的比表面积（$1340m^2/g$）和微孔体积（$0.48cm^3/g$）。其次，分级碳结构（中孔、微孔和超微孔共存）有效增强了 CO_2 吸附容量，表面含氮官能团和碳芳环中 π 电子共振引起的碱性性质进一步提高了其 CO_2 选择性和疏水性质。Wei 等人[9] 以成本低廉的竹材通过 KOH 活化法制备活性炭，所得竹基活性炭因结构的优异性，表现出较高的 CO_2 吸收量（在 0℃、常压下，吸附量高达 7.2mmol/g）。进一步研究发现，CO_2 在多孔炭上的吸附主要来自狭窄的微孔（直径<1nm）。Du 等人[10] 在弱酸性条件下，由三聚氰酸生成的间苯二酚和甲醛聚合，再加入适量六亚甲基四胺作为交联剂，炭化处理后得到了具有多级孔和含氮骨架的机械坚固炭块体材料。该多孔炭块比表面积高达 $683m^2/g$，在 0℃和 25℃下，CO_2 吸附容量分别为 3.1～4.0mmol/g 和 2.3～3.0mmol/g，且对 CO_2 体积含量为 16.7%的气流表现出较高的 CO_2 选择性。经多次循环实验后，该吸附剂与新鲜的吸附剂相比没有质量损失。

(2) 石墨烯

石墨烯材料具有较大的表面积、高气体吸附倾向和良好的机械和热稳定性等优点，可以作为优异的碳材料，在应用于 CO_2 捕集方面极具吸引力。Nagarajan 等人[11] 采用改进 Hummer 法，利用太阳能还原合成氧化石墨烯，考察接触时间、吸附剂质量、CO_2 浓度、吸附热力学和温度等参数对所得材料 CO_2 吸附性能的影响。动力学研究发现吸附过程与 Fruendlich 等温线拟合度高，CO_2 吸附容量可达 1.8mmol/g 且在 60min 时达到吸附平衡。

物理驱动是碳材料吸附 CO_2 的主要驱动力，CO_2 吸附能力随吸附温度的升高和压力的降低而降低，且在相对较低的温度下吸附剂易于再生，同时使所吸附的 CO_2 脱附。因此，针对中高温烟道气中低浓度 CO_2 的吸附分离，其效果较差。所以，提高中高温、低分压下碳材料的吸附量和选择性是未来研究的重点。

4.1.2 硅酸盐基吸附剂

沸石分子筛是一类典型的铝硅酸盐晶体，有较大的比表面积和丰富的介/微孔结构且孔径分布均一。在物理驱动下（包括范德华力和静电作用力等），直径较分子筛孔道小的 CO_2 分子能够吸附到孔腔内部，其与分子筛之间以直线型的离子偶极相互作用，或与吸附形成的碳酸盐存在较强的偶极作用，所以分子筛对 CO_2 的吸附有着较好的效果[12]。尤其是 CO_2 与分子筛中的 K^+、Na^+ 等形成的电场之间产生了库仑力，增大了两者的作用，进一步提高了 CO_2 吸附性能（1～7mmol/g）。由于吸附过程是在物理驱动下进行的，吸附剂再生相对更加容易，再生能耗低。加之沸石具有优良的结构稳定性，制造工艺成熟且生产成本低，所以是一种优良的 CO_2 吸附剂。如沸石传统的生产过程依赖能耗较大的焙烧过程及大量 CO_2 排放，利用太阳能煅烧埃洛石和高岭石黏土，之后通过水热法合成了“绿色沸石”（4A 和 13X），由于产生的次级中孔与微孔相结合后形成了复合孔结构，所得吸附剂尤其是 4A 沸石在环境条件下（25℃和 1bar，$1bar=10^5Pa$）展现出较高的 CO_2 捕集能力（2.15mmol/g）。Zhou 等人[13] 通过在沸石孔道中引入铁氧物种（几百个结构单元中只引入一个铁氧物种），合成了无黏结剂自成型的含铁丝光沸石。这种“小孔口、大孔腔”的吸附通道，使其在 CO_2 捕集中表现出了极高的 CO_2 吸附量，同时具备最高的 $CO_2/N_2/CH_4$ 分离选择性。最为突出的是，该材料表现出优异的抗水汽能力，即使水汽存在条件下亦表现出良好的循环稳定性。但一般来讲，硅酸盐基吸附材料的高亲水性使得其在水汽存在下对 CO_2 的吸附选择性较低，且吸附能力在温度高于 30℃时会随着温度的升高而急剧下降，所以对吸附温度要求十分严格。

除此之外，利用其他硅酸盐矿物制备吸附剂的研究报道也较多。Wu 等人[14] 以煤矸石中的 SiO_3^{2-} 为硅源，采用水热法制备了高比表面积、高热稳定性的硅酸镁、硅酸锰、硅酸铜和硅酸锆四种硅酸盐。所得材料均表现出优异的 CO_2 捕集和循环性能。Zheng 等人[15] 以粉煤灰为唯一硅源，合成了微孔硅酸钛分子筛，所得吸附剂在 120℃高温下仍具有一定的 CO_2 吸附能力（1.35mmol/g），且快速达到了吸附平衡。在 CO_2/H_2O 吸附实验中，该材料在 50℃时仍保持了优异的水汽吸咐能力，CO_2 吸附量接近 0.81mmol/g。Carchini 等人[16] 使用密度泛函理论（DFT）研究 CO_2 在方解石上的吸附行为，得出吸附剂表面性质和 CO_2 几何构型均不因吸附而受影响，验证了该过程在物理驱动下进行。有研究者利用垃圾焚烧飞灰为原料制备地质聚合物（一类具有类沸石三维网络结构的新型绿色胶凝材料），并通过水热法将其进一步转化为地质聚合物-沸石复合材料。球状地质聚合物作为前驱体，在水热合成时为沸石提供生长位点，新生成的沸石结构则提高了吸附剂的整体孔隙率，如比表面积可达 252.0m^2/g，孔容达到 0.54cm^3/g。在 25℃和 1atm（1atm＝101 325Pa）下，其 CO_2 吸附量高达 2.06mmol/g。

4.1.3 MOFs 吸附剂

金属或金属簇节点与有机桥键配位自组装所得材料称为金属有机骨架材料，该材料可对孔尺寸和功能结构进行自由调节，其具有极高的比表面积（最高可达 7140m^2/g）和孔隙率，因此 MOFs 对 CO_2 有很强的吸附能力[17]。值得注意的是，MgO、CaO 等与 CO_2 结合形成碳酸盐过程中体积变化较大（体积膨胀 3～5 倍），导致颗粒烧结而大大降低 CO_2 吸附容量，因此这类金属氧化物吸附材料在长期循环使用过程中会很快失活。与此相反，MOFs 在 CO_2 捕集中表现出快速的吸附动力学和长期循环稳定性，这是因为该类高度结晶固体材料的化学稳定性高，本质上为多孔的骨架结构，在吸附后未发生结构改变。

Adhikari 等人[18] 成功合成出 MoF-74(Zn)和 MoF-74(Cu)。两吸附剂的孔宽分别为 8.58Å 和 8.04Å，比表面积高达 1474m^2/g 和 1345m^2/g。在 0℃和 1.1bar 下 CO_2 吸附容量分别为 4.1mmol/g 和 3.38mmol/g。2021 年，Lin 等[19] 合成出一种新的基于锌-三唑的 MOFs 材料——CALF-20，在常压和室温条件下，CO_2 吸附容量高达 4.07mmol/g，且耐受蒸汽和酸性气体，实现了公斤级量产和工业示范。不过，当相对湿度过高时（如超过 40%），CALF-20 的吸附容量显著降低，并且对水的吸附超过对 CO_2 的吸附。因此，该吸附剂不适合在水含量较高例如潮湿的烟道气条件下使用，除非对烟道气进行预处理（例如，压缩机级间冷却、固体干燥和液体干燥），这显著增加了整体工艺复杂性并降低了效率。针对该问题，将疏水基团（如甲基等）引入 CALF-20 的三唑连接体中，将提高其在高湿度下的 CO_2 吸附性能。比如，在 70% 的高相对湿度下，疏水改性吸附剂能够保持约 0.6mmol/g 的吸附容量，而 CALF-20 则完全丧失了 CO_2 能力。这是因为在三唑连接体中引入大体积甲基基团进一步阻碍了水接近 Zn—N 键，从而避免了水通过取代作用破坏 Zn—N 键，将骨架的坚固性提升到更高水平。

富氮配合物与金属配合所得 MOFs 也是提高该类材料吸附性能的有效手段。通过将 Zn（Ⅱ）与胍唑配体配位制备 CO_2 吸附剂，以 FTIR、XRD、热重分析、N_2 吸附/解吸、SEM 和 XPS 等分析技术对其进行了仔细表征。该胍唑配合物的表面积约为 407.50m^2/g，孔径和孔体积分别为 1.84nm 和 0.187cm^3/g。尤为显著的是，胍唑配合物中微孔的出现显著提高了其对 CO_2 的吸附能力。例如，在 0℃、25℃和 40℃下，该吸附剂的最大 CO_2 吸附容量分别为 3.18mmol/g、2.08mmol/g 和 1.51mmol/g。京都大学和江苏师范大学等联合研发了一种由锌金属离子构成的金属有机骨架材料，对 CO_2 分子有高度的亲和力，可以选择性地捕集 CO_2。测试后发现，这种材料含有螺旋桨状分子结构的有机配体，会在 CO_2 分子接近时旋转并重新排列，从而导致该材料内的孔道结构发生轻微变化。产生类似于分子筛孔道的择形作用，可以根据分子大小和形状识别或选择性令其通过，从而实现对 CO_2 的选择性吸附。同时，该吸附剂经过 10 次吸附-解吸后，吸附效率未发生显著下降。

尽管 MOFs 具有优异的低温 CO_2 吸附性能，但由于物理吸附为放热过程，MOFs 材料的吸附量随着温度升高而大幅下降。另外，其对混合气体的 CO_2 吸附选择性也较差，如 CO_2/CH_4 分离因子只有约 1.5。MOFs 材料因其结构的多样性，与水的相互作用机理比较复杂，水蒸气可以通过配体置换或水解作用破坏 MOFs 材料的结构，致使该类材料的疏水性或水热稳定性仍然无法满足工况要求。尤其当温度高于 400℃后会造成 MOFs 材料骨架中有机配体的分解，继而引发骨架网络结构的塌陷甚至解体，所以 MOFs 材料的热稳定性较差。过于高昂的制备成本和繁琐的操作流程，也让 MOFs 的广泛应用大为受限。针对这些问题，一些创新性的工作也在开展并取得了一定的成果。例如，有研究者寻求开发具有适当孔隙空间的 MOFs，以在潮湿条件下有效捕集和分离烟道气中的 CO_2。基于此，其开发了以腺嘌呤为骨架的微孔 MOFs 吸附剂（Cu-AD-SA）。得益于 Cu-AD-SA 有限的孔纳米空间（包括小孔径孔道和烷基/氨基修饰的功能化孔表面），加之 C—H—O_2C、O—CO_2、N—CO_2 和 π—CO_2 等相互作用的形成导致了更强的骨架和 CO_2 相互作用，该吸附剂在高温、高湿条件下具有良好的 CO_2/N_2 分离性能。此外，由于烷基官能团的引入，Cu-AD-SA 具有较高的化学稳定性。MOFs 掺杂碳复合材料因其合成简单、热稳定性高和传质阻力低而在 CO_2 吸附中具有一定的潜力。通过向 MOFs 中添加氧化石墨烯并优化其掺杂量，成功合成了 MOF-801/氧化石墨烯复合材料，成功提高了原 MOF-801 的 CO_2 吸附性能、CO_2/N_2 分离能力和吸附稳定性。如在 1bar 下、25℃和 0℃时，该吸附剂（氧化石墨烯含量为 2.0%）的吸附量分别达到 3.00mmol/g 和 3.75mmol/g，比 MOF-801 分别提高了 42% 和 19%。不过，氧化石墨烯的加入并未改变 MOF-801 的晶体结构，但显著提高了其比表面积和孔隙体积，从而增大了 CO_2 吸附能力。此外，其表面含氧官能团（如羟基和羧基）通过氢键和 π-π 相互作用进一步增强了 CO_2 吸附。

4.1.4 气凝胶基吸附剂

气凝胶具有丰富的多孔结构，比表面积通常高于 $100m^2/g$ 甚至在 $300m^2/g$ 之上，因而在常温常压下表现出良好的 CO_2 吸附能力，吸附量在 1.96～11.78mmol/g 之间。若气凝胶表面积和孔容降低，其对 CO_2 吸附选择性降低，吸附量减小，充分说明该材料的 CO_2 吸附性能严重依赖于气凝胶的结构特性。Miao 等人[20] 以废旧瓦楞纸箱为原料，浸渍在 NaOH/尿素溶液中，采用冷冻干燥工艺合成一系列不同纤维素浓度的气凝胶。纤维素含量 2%时所得气凝胶的 CO_2 吸附容量较高，且表现出较高的循环稳定性。由于大量的结构缺陷、无序微结构和含氧官能团，低密度碳气凝胶

(CA)在 CO_2 捕集领域显示出巨大的应用潜力。Vazhayal 等人[21] 开发出一种以废纸和聚乙烯醇为基本原料制备 CA 的方法。该材料具有高度互联三维多孔结构，密度低（$0.057g/cm^3$）、比表面积高（$1384m^2/g$）且孔隙率高（约 97%），还具有优异的力学性能和热稳定性。所得材料无须化学活化、官能化或杂原子掺杂，0℃时其对 CO_2 吸附量可达 5.14mmol/g，同时拥有良好选择性和再生能力。通过结合芳纶纳米纤维和 HKUST-1(1,3,5-均苯三羧酸铜，一种 MOFs 材料)，从而制备出具有分级孔结构的纳米多孔气凝胶并促进 CO_2 的吸附。所得气凝胶密度低至 $5.86mg/cm^3$、比表面积高达 $636.62m^2/g$、分级孔隙率达到 99.33%。该气凝胶的中孔/大孔可以作为气体传递通道，促进 CO_2 进入，而发达的微孔表面则为 CO_2 吸附提供活性位点。最终得益于分级孔结构的协同作用，该高效气凝胶对 CO_2 的吸附量高达 7.29mmol/g，对 CO_2/N_2 吸附选择性为 39。

4.1.5 多孔有机骨架吸附剂

多孔有机骨架（porous organic frameworks，POFs）的构筑单元为来源广泛且种类丰富的有机小分子，易于通过构筑单元来调控材料的结构和功能。其结构单元间以共价键连接形成空间网络结构，所以具有较好的热稳定性和化学稳定性。在元素组成上，其由 C、H、O、N 和/或 B 等构成，具有低密度特性。POFs 由于其独特的性质和组成，在物理驱动下，表现出了一定的 CO_2 捕集能力。如超高交联聚合物通过聚合物链的高度交联支化构造出多孔结构，创造了 CO_2 吸附环境。7-氮杂吲哚被视为具有互补 N—H—N 氢键位点的构建单元，将其用于合成四面体分子四（α-咔啉-6-基）甲烷并自组装形成了三维氢键有机骨架微孔晶体材料[22]。这种超分子四面体结构具有优异的热和化学稳定性（$T_d>515℃$）。单晶 X 射线衍射和透射电子显微镜揭示形成了以氢键和 π-π 相互作用稳定的五重金刚石 3D（三维）互穿系统，因而产生了具有一维单向通道的孔道或空隙。此外，在不同压力下进行的气体吸附（N_2、CO_2、CH_4 和 H_2）实验揭示了该超分子有机骨架材料对 CO_2 具有选择性吸附和较高的吸附能力，尤其在低压下具有快速的气体吸附性能。赵等人[23] 使用聚乙烯亚胺浸渍大孔甲基丙烯酸酯吸附树脂后发现，当树脂负载量为 50%时，所得吸附剂对低浓度 CO_2 吸附性能最佳（3.98mmol/g）。通过阻碍分子链所占据自由体积而获得孔隙的微孔聚合物和通过大共轭体系撑出孔道结构的共轭微孔聚合物在 CO_2 吸附中应用的研究也开始涌现。Jena 等人[24] 通过类似于积木变换的方法，合成出骨架由共轭刚性结构（吡唑和异噁唑基）组成的共价三嗪骨架材料。该材料具有两个杂芳基，在 0℃和 25℃时，CO_2 吸附量可达 4.92mmol/g 和 2.98mmol/g。

具有“有机沸石”之称的 COFs，因晶型有序、孔尺寸均一，在 CO_2 吸附中有着巨大优势。如果能从空气中捕集 CO_2，将大幅提升其再利用的可能性。然而，要从低浓度（CO_2 体积含量约 0.04%）的空气中高效捕集 CO_2，所用捕集材料必须表现出相当高的适用性和吸附性能，越来越多的研究发现 COFs 材料在该领域中显示出极大的应用前景。有研究者通过 P—O—P 键构建了结构稳定的微孔聚膦酸酯 COFs，其狭窄的孔隙可以有效地捕集 CO_2[25]。从原理上来说，该 COFs 通过电荷辅助氢键有机骨架的单步缩合反应合成，骨架由苯基膦酸和 5,10,15,20-四［对苯基膦酸］卟啉构成，并通过简单加热其氢键前驱体而形成，无须使用任何化学试剂。在温度高于 210℃时，由于 P—O—P 键的低聚化，该吸附剂最终变成了无定形微孔聚合物结构。所得聚膦酸酯 COFs 在 CO_2 吸附过程中表现出良好的稳定性和耐水性。某课题组设计并合成了一种新的多孔结晶共价有机骨架材料——COF-999[26]，仅 200g 该材料一年就能捕集相当于一棵树用于光合作用等吸收的 CO_2（约 20kgCO_2）。如图 4-2 所示，通过将前驱体 COF-999-N_3 中的叠氮基团还原为胺，得到 COF-999-NH_2，随后其与叠氮乙烯反应生成聚胺并得到 COF-999，每条胺侧链平均增加 4.6 个 CH_2CH_2NH 单元。所得 COF-999 为多孔球形颗粒（平均粒径约 5μm），通过在孔道内引入聚胺官能团，COF-999 能够在空气中有效捕集和富集 CO_2，表现出优异的稳定性和耐湿性。在干燥空气条件下，1g 该材料可从含 0.04％CO_2 的模拟空气中吸附 0.96mmol 的 CO_2；在相对湿度 50％时，CO_2 吸附量提升至 2.05mmol/g。此外，COF-999 具有低再生温度，加热至 60℃即可释放已捕集的 CO_2。COF-999 还具有良好的循环稳定性和低温可再生能力，经连续 10 次吸-脱附循环后，CO_2 的吸附容量几乎不变。理论计算和 ^{13}C 固态核磁共振光谱均证实，氢键能够增强氨基甲酸及其盐类的稳定性。因此，湿度的增加促进了孔内碳酸盐和碳酸氢盐的形成，从而提高了 CO_2 的吸附量。结合其他表征也发现，该 COFs 中的疏水组分提供了疏水孔道，从而减少了水的吸附，并因此降低了 CO_2 的再生温度。此外，引发剂通过共价键结合在骨架上，防止聚胺结构在循环过程中降解，且孔道尺寸经过精心设计，可以容纳聚胺并促进 CO_2 的扩散，这些是实现高容量和快速循环的必要条件。最后，骨架中的烯烃连接提高了结构的整体热稳定性和化学稳定性，改善了类似材料循环稳定性差的问题。

该课题组还合成了 COF-709 吸附剂[27]，即通过在 COFs 孔壁上进行芳香亲核取代，成功地将硫醇改性的支链聚乙烯亚胺通过化学稳定的 C—S 共价键安装在 COF-709 的孔内，避免了范德华力和氢键等弱相互作用使得胺在水存在下损失，以及胺功能化吸附剂的亲水性会导致其表面和孔结构在高相对湿度下退化，从而导致循环过程中的性能下降。所得吸附剂在 25℃下从干燥的模拟空气中展现出 0.48mmol/g 的 CO_2 吸附容量，提高相对湿度至 75％后，CO_2 捕集容量可升至 1.24mmol/g，充分说明 COF-709 的 CO_2 吸附容量与空气的相对湿度呈正相关。尤其显著的是，多胺和有机骨架之间的强共价键以及吸附剂的疏水性使 COF-709 具有优异的循环稳定性，如 10 次 CO_2 吸附-解吸变温循环（25～95℃）后，其 CO_2 吸附容量未发生损失。

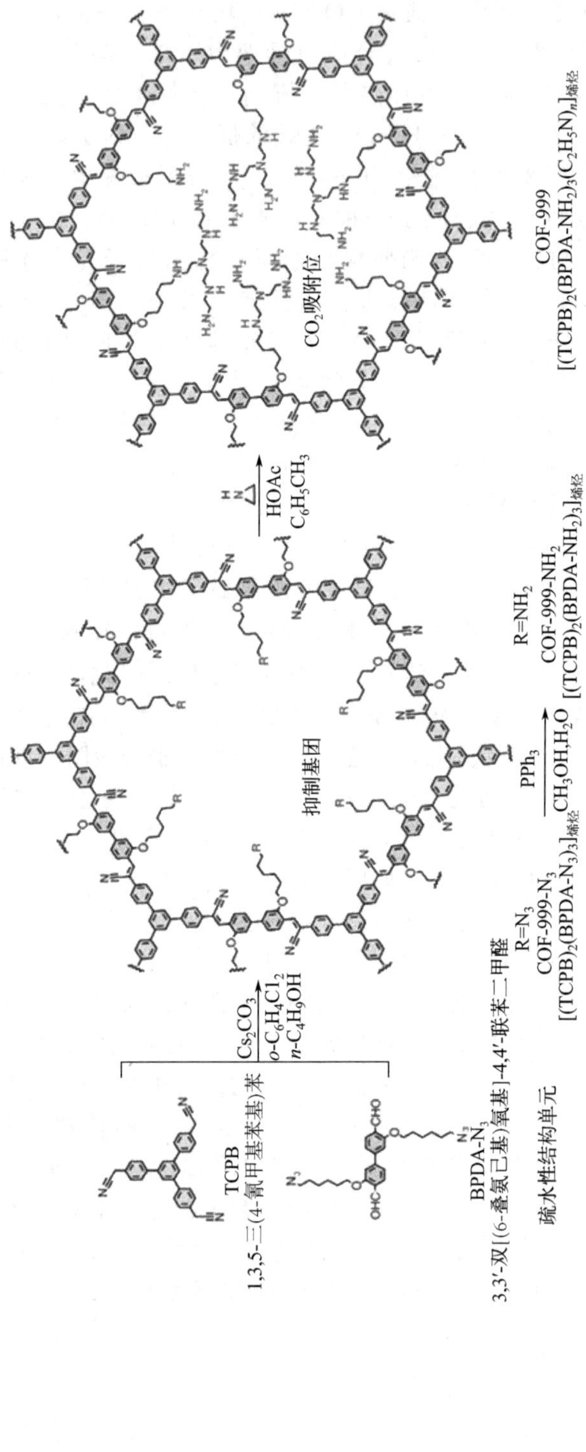

图 4-2 COF-999 的设计策略

4.1.6 小结

以上吸附剂具有很多结构和组成的优势，使其具有吸附热低、吸-脱附速率快和达到平衡快等优点，且吸附量与比表面积或孔参数存在函数关系。但对于物理驱动 CO_2 吸附来说，过程不涉及化学吸附，CO_2 选择性吸附实质上是由于孔径尺寸对 CO_2 分子的筛分作用，因此吸附性能除受到本身结构尤其是孔性质的变化影响外，还受到温度、压力和水汽的严重影响。若所处理气体中含有 NO_x、SO_x 等，吸附选择性大为降低。最为致命的是，当温度高于常温后，该类吸附剂将不再适用。所以，在中/高温烟道气处理中，该类吸附剂的吸附量很低。部分物理吸附剂虽然受湿度影响较小，但制备成本过高，且需对烟道气进行冷却、去湿以及 CO_2 富集等预处理，极大增加了操作成本，严重阻碍了其开发和应用。

4.2 化学驱动

由于 CO_2 分子中缺电子的 C 原子是弱电子受体（Lewis 酸），而富电子的 O 原子是弱电子给体（Lewis 碱），因此可以与碱性物种或者电子供体发生作用，产生类似化学反应，从而将 CO_2 捕集。例如，在吸附过程中，CO_2 分子能够可逆地插入金属所形成的氢化物、烷基化合物、酰胺化合物或氢氧化物的 σ 键中，利用 H^- 等富电子物种中的孤对电子对 CO_2 进行亲核进攻，随后通过重排转变为甲酸盐，最终实现对 CO_2 的高效固定（图 4-3）。

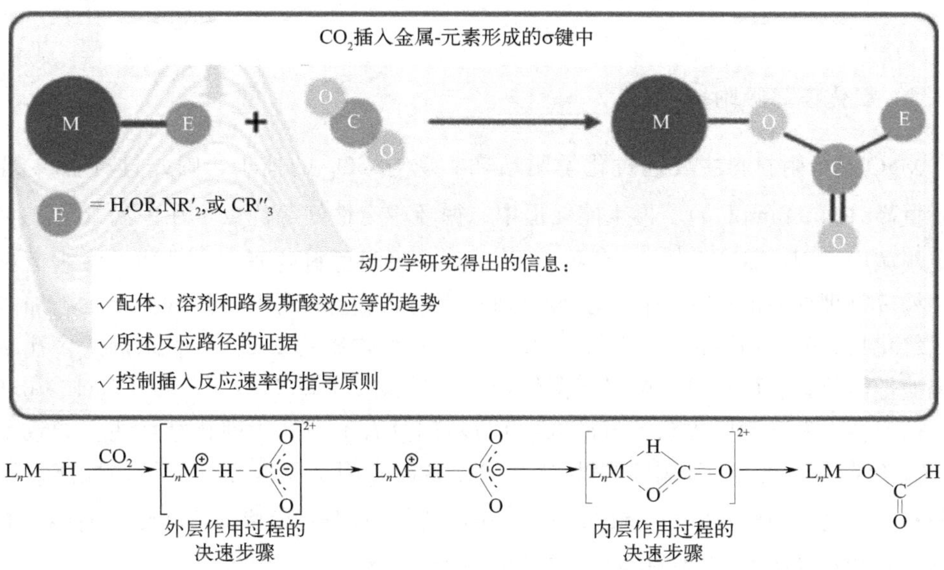

图 4-3 CO_2 可逆地插入金属氢化物的 σ 键中重排为甲酸盐[28]

换句话说，固体吸附剂与 CO_2 分子之间产生化学作用，即通过化学驱动力来实现对 CO_2 的捕集。这种情况中，在形成化学键的驱动下，所涉及的力与化学键力相当，比范德华力等要强多个数量级，所以，传质推动力相较物理驱动时大大提高，甚至可以耦合 CO_2 分子协同或逆向传输，客观上促进了 CO_2 分子的主动传输和定向固定，因此可以在复杂组分中实现对 CO_2 的高选择吸附。此时仅发生单分子层吸附，且吸附过程对温度和压力不可逆。吸附完成后，所形成的吸附层能在较高温度下保持稳定，即与固体材料共同创造动态且稳定、活跃的气-固界面，尤其适用于温度较高工况下如烟道气 CO_2 捕集（图 4-4）。化学驱动下的 CO_2 吸附对活化能的需求不同，导致吸附速率大小和到达吸附平衡快慢不同。

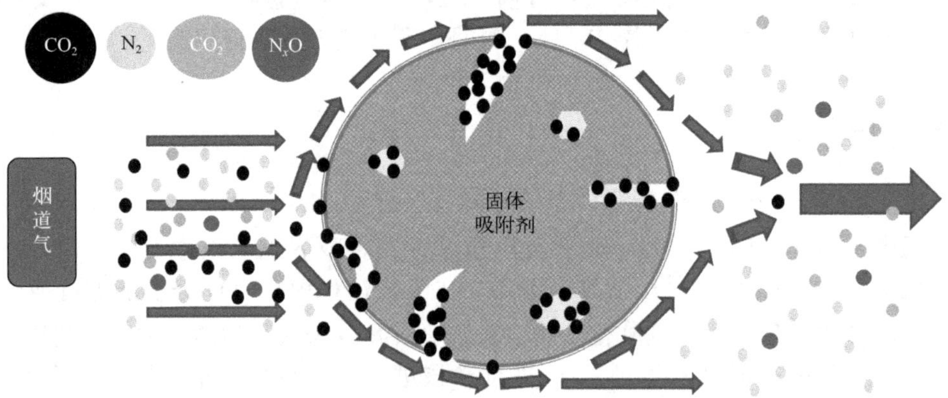

图 4-4　化学驱动低浓度烟道气中 CO_2 捕集流程示意图

4.2.1　氧化镁基吸附剂

MgO 基吸附材料主要通过化学驱动来实现对 CO_2 的捕集，因此具有 CO_2 理论吸附量高（24.8mmol/g）、再生能耗适中、循环稳定性好等优点，在中温烟道气 CO_2 捕集领域中应用前景广阔[29]。传统上优化 CO_2 吸附材料的研究，主要关注表面积和孔结构等物理性质的调整和优化。较多研究者将 MgO 负载于多孔载体上、添加多种金属氧化物、变换前驱体种类[30] 以及制备方法等均影响 MgO 基吸附剂的多孔结构和表面性能等，从而直接影响其吸附性能[31]。例如，Guo 等人[32] 以 $MgCl_2 \cdot 6H_2O$ 为镁前驱体，发现不同方法制备的 MgO 吸附剂具有不同的物理化学性质，导致了其对 CO_2 吸附能力各异。其中，固相化学法制备的吸附剂具有良好的结构性能（比表面积和孔容高达 $100.03m^2/g$ 和 $0.67cm^3/g$）、较好的表面形貌（片状结构使层扩散阻力降低）和较高的 CO_2 吸附容量（2.39mmol/g）。

本书作者以络合-燃烧方法制备了大量氧化镁基吸附剂，如使用氨基酸制备不同形貌的 MgO 吸附剂，与尿素或氢氧化钠制备的 MgO 吸附剂相比，MgO 的晶粒尺寸降低，且暴露出更多的碱性吸附活性位点，有利于 CO_2 吸附。其中，以谷氨酸为络合-燃烧助剂所得吸附剂的吸附效果最好（0.68mmol/g），经 12 个吸-脱附循环后吸附容量仍可保持在 0.50mmol/g[33]。之后采用水杨酸络合-燃烧法合成 ZrO_2 掺杂量为 1%～4%的 MgO 基吸附剂，以提高 MgO 基吸附剂的比表面积和表面碱性位密度。其中，ZrO_2 掺杂量为 2%时所得材料的 CO_2 吸附量可达 1.0mmol/g，且经过 16 个吸-脱附循环后，仍能保持初次吸附性能的 61%[34]。以同样方法制备了 La_2O_3 掺杂 MgO 基复合材料，研究了 La_2O_3 掺杂量、焙烧时间和温度、水杨酸添加量等因素对 MgO 基材料 CO_2 吸附性能的影响。该方法制备的复合材料除具有较高的比表面积和碱性位外，氧空位浓度显著提高。因此，材料具有较高的 CO_2 吸附容量及吸-脱附循环稳定性[35]。此外，本课题组采用喷雾热解法制备了高分散 La_2O_3/MgO 复合氧化物用于中温 CO_2 捕集。柠檬酸的加入有利于提高材料比表面积；La_2O_3 对材料微观结构和物理化学特性有促进作用，使所得复合氧化物表现出优异的 CO_2 吸附性能。此外，碳酸盐层的形成并未遮蔽空心颗粒的薄壁孔隙，反而提供了柔性骨架，支撑空心结构以承受高温下 CO_2 脱附。该柔性结构优异的热稳定性，为高温反应中脆弱材料的设计提供了思路[36]。通过热处理含镁和碱金属的胶体前驱体制备了具有不同结构和表面性质的 MgO 基吸附剂。引入锂、钠和钾可以减小 MgO 的晶粒尺寸，提高碱度，特别是增加 MgO 表面氧空位的浓度。而氧空位是从规则晶格中移除一个氧原子后所产生的位置，该缺陷位呈路易斯碱性（去除氧原子会释放出电子留在空位），从而使它们与路易斯酸（被吸附物种 CO_2）发生相互作用。这样，更多的碱性吸附活性位点得以暴露，更有利于吸附酸性 CO_2 分子。借助 N_2-物理吸附、ICP-OES、XRD、SEM、XPS、EPR 和化学吸附等表征技术，揭示了 MgO 基吸附剂的 CO_2 吸附容量与碱金属同系效应之间的关系。CO_2 吸附容量随着所掺杂碱金属电子层数的增加而增加，而这种构型有利于 s 轨道的供电子效应，削弱了 Mg—O 键强度，从而促进了晶格氧的迁移并形成氧空位（图 4-5）。归根结底，虽然 CO_2 自由分子是惰性的，但其与能够破坏对称性的位点相互作用可引起 CO_2 电子云密度的变化，容易发生类似化学反应等作用。因此，氧空位作为点缺陷可为吸附剂表面提供捕集惰性 CO_2 分子所需的性能和结构。

由于 MgO 吸附剂对 CO_2 的捕集实际上是从其表面与 CO_2 分子之间的相互作用开始。因此，准确认识 CO_2 在材料表面的化学吸附过程，对于优化 CO_2 捕集材料也显得同样重要。其中，水汽分子对于 CO_2 在 MgO 吸附剂上的吸附行为影响研究较多，其影响也较大。例如，通过理论模拟，发现 MgO 吸附材料在湿润条件下对 CO_2 捕集有较大影响。在湿润条件下对不同 MgO 晶面的 CO_2 捕集研究发现，由于水分子解离吸附的竞争性作用，MgO 表面活性位点无法有效捕集 CO_2。也就是说，在羟基化的 MgO 表面，H_2O 的吸附自由能显著高于 CO_2，从而抑制了 CO_2 的吸附行为。从原子层面上看，在羟基化的 MgO(111)等晶面上，路易斯酸和路易斯碱位点倾向于相互聚集，而这种排列促进了 H_2O 的解离吸附。但是，湿润环

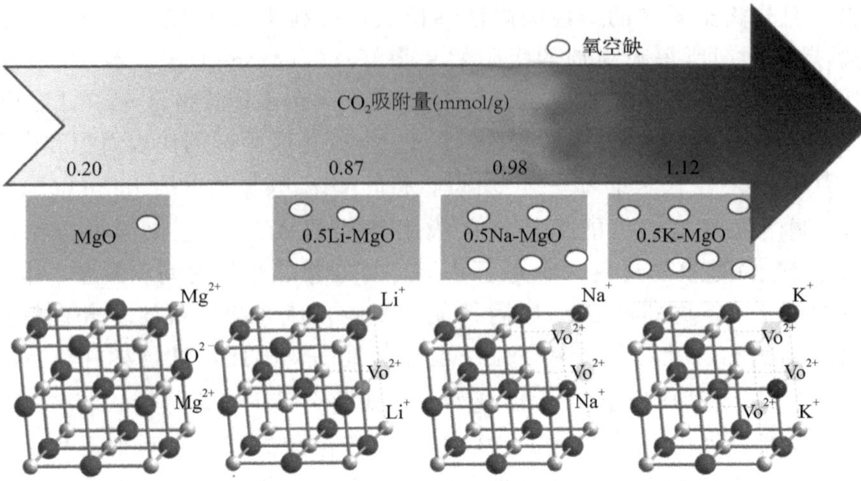

图 4-5　碱金属同系效应对 MgO 吸附剂 CO_2 吸附性能的影响

境下生成了层状 $Mg(OH)_2$，对于该层状结构 $Mg(OH)_2$ 来说，不但有效地抑制了水分子的解离，而且部分脱水 $Mg(OH)_2$ 的(001)面成为具有更高活性的吸附相。与 MgO 表面相比，路易斯酸和路易斯碱位点同样以同侧聚集的形式分布于层状结构的两侧，不但有效避免了 H_2O 的解离吸附，而且 CO_2 能够很好地吸附在路易斯碱位点，体现了优越的吸附选择性。

MgO 吸附剂具有来源广泛、成本低廉且再生能耗低、操作简便等优点，尤其适用于流量大、温度高（150℃以上）、CO_2 浓度低（小于 15%）且包含水蒸气、SO_x 和 NO_x 等杂质气体的烟道气中的 CO_2 捕集。但 MgO 比表面积小、碱性位点暴露少，加之 MgO 与 CO_2 反应生成致密的碳酸盐层覆盖吸附剂表面碱性位及其他吸附活性位，导致了较低的 CO_2 吸附量。而且，从动力学和热力学角度来看，MgO 的强晶格焓和来自碳酸盐层的扩散阻力所导致的高反应势垒使碳酸化反应变缓，从而使 CO_2 吸收量进一步降低。以上仍然是未来需要重点解决的难题。国内外学者对多孔载体负载和掺杂多种组分如碱金属硝酸盐和碳酸盐等制备多种形态 MgO 基吸附剂的研究也较多，虽然取得了长足进步，但也产生了一些新的问题，例如熔盐改性 MgO 基吸附剂虽可以大大提高其吸附量，但是也使得吸附温度提高到 300℃甚至 400℃以上才可以发挥最佳吸附功效。

4.2.2　氧化钙基吸附剂

CaO 廉价、易得，且对 CO_2 的化学反应活性强，在较高的化学驱动下使得 CO_2 吸附量增大且吸附成本较低[37]。但是，对于 CaO 基吸附剂来说，从 CaO 变为 $CaCO_3$ 过程中体积骤然增大（$16.9cm^3/mol$ 变为 $34.1cm^3/mol$），再加之该反应为强放热过程，而 $CaCO_3$ 的塔曼温度仅为 553℃，所以 CaO 基吸附剂结焦或粉化严重，从而导致其不可逆地失活。由于 CaO 基吸附剂在烧结和循环稳定性方面存在缺点，有必要寻找多种方法对其进行性能的调整，以提高 CaO 基吸附剂的稳定性，实现广泛应用于烟道气捕集的目的。对于 CaO 基吸附剂，改性思路主要分为三类：一是通过 Ca 前驱体的选取来优化所得 CaO 基吸附剂的表面性质和孔隙结构，二是对制备条件和操作条件进行筛选，三是通过掺杂具有较高塔曼温度的惰性材料如 MgO、TiO_2、ZrO_2 和 La_2O_3 等来提高 CaO 基吸附剂的骨架稳定性。

对于第一种思路，采用不同的前驱体所制备的吸附剂对 CO_2 的吸附性能和循环稳定性也不尽相同。通常，用作 CaO 基吸附剂制备的前驱体钙源有天然或人工合成两类。前者具有价格低廉、储量巨大、钙含量高且易于运输和使用等优点，主要有石灰石、白云石、电石渣等。虽然其被广泛用于制备 CaO 基吸附剂，但经多次吸附/脱附循环后，CaO 基吸附剂在抗烧结性能和循环稳定性方面表现各异，其中以白云石为前驱体制备的吸附剂的性能更好，这要归因于白云石中 MgO 对吸附剂烧结起到的抑制作用。天然矿物的比表面积低、孔容小且杂质较多导致组成极其复杂，用于 CaO 基吸附剂制备时，所得吸附剂在多次吸附/脱附循环后的稳定性仍存在明显降低的问题。所以，寻找杂质含量较低且矿物组成更简单的前驱体，制备具有更大比表面积和更好孔隙结构且具有纳米级颗粒表面的吸附剂是解决这一难题的合理选择。由于形成了具有较强捕集能力的钙氧化铝（$Ca_{12}Al_{14}O_{33}$）组分，电石渣在 CO_2 吸附方面优于其他天然钙前驱体。但是，在燃煤烟道气处理时，若烟道气中 SO_2 含量较高，电石渣会首先吸附 SO_2 并形成较厚的 $CaSO_4$ 层，从而覆盖表面吸附活性位，导致 CO_2 吸附能力急剧下降。针对天然矿物作为前驱体所导致的缺点，对天然钙矿物进行改性以提高 CaO 基吸附剂的性能和循环稳定性越来越受到人们的重视。与天然钙相比，合成钙因其杂质少、易于调控等优点在制备钙基吸附剂中得到了广泛的研究。一般来说，合成钙源可以归为无机钙盐（氢氧化钙、硝酸钙、碳酸钙等）和有机钙盐（乙酸钙、草酸钙和葡萄糖酸钙等）两类。其中，因具有较高的比表面积和更大的孔容，有机钙盐作为前驱体所制备的吸附剂在 CO_2 吸附方面超过了无机钙盐。如通过煅烧具有较高比表面积和孔容的乙酸钙和葡萄糖酸钙等多种合成钙前驱体，制得具有较强的 CO_2 捕集能力和循环稳定性的 CaO 基吸附剂。遗憾的是，这些有机钙盐衍生的 CaO 基吸附剂在经历多次吸附/脱附循环后，仍然无法彻底解决烧结和孔隙减少等结构塌陷的问题。

对于第二种思路，制备方法和条件的优化往往能取得较好的效果。如采用沉淀法结合不同干燥工艺制备具有多孔结构的双峰钙基材料，干燥方式如冷冻干燥和气凝胶干燥的合理使用会在材料中形成多级孔结构和形貌各异的 CaO 和 $Ca(OH)_2$。性能测试发现，CO_2 吸附性能显著变优，650℃ 时 CO_2 吸附容量可达 5.93mmol/g，且吸附速率变快[38]。通过水合作用活化 CaO 基吸附材料可以提高 CaO 基吸附剂的 CO_2 吸附能力和循环稳定性，而将吸附剂粒径降低至纳米级后，其在稳定性和抗烧结性方面明显更好。如有报道证实，粒径约为 20nm 的纳米 $CaCO_3$ 具有更大的比表面积和孔容，其分解温度比普通 $CaCO_3$ 低约 200℃。较低的煅烧温度不仅减少了 CaO 基吸附剂的烧结可能，而且降低了工艺操作能耗。当然，粒径过小会使颗粒表面能过剩，在多个吸附/脱附循环中仍会加速烧结的发生。此外，操作条件的优化和特殊操作方式的运用，亦可以达到提升 CaO 基吸附剂循环稳定性的目的。如以水化或添加有机酸的方式来再生已经烧结的吸附剂，可以在一定程度上延长其使用寿命，增加使用次数。然而，水化后吸附剂的机械稳定性变差，容易在气流冲击和颗粒堆积压迫下发生颗粒破碎和粉化；而有机酸的使用则使处理成本显著增加。

与其他材料复合是提高氧化钙基吸附材料循环稳定性的第三种思路[37]。例如，采用挤压-滚圆法制备了不同含量粉煤灰掺混的石灰石衍生吸附剂球团。石灰石中的活性 CaO 与粉煤灰中的硅铝组分相互作用导致了 Ca-Al-O 和 Ca-Si-O 三元相的生成，该三元相具有较高的熔融温度和耐高温性能，在多次碳化/煅烧循环中增强了石灰石衍生吸附剂的抗烧结能力。水化预处理进一步改善了其孔隙结构，进而提高了传质能力和吸附性能。所以，粉煤灰的掺混使石灰石衍生吸附剂球团的 CO_2 捕集性能得到改善，CaO 转变为 $CaCO_3$ 的效率也显著提升。其中，含有质量分数为 15%粉煤灰所得的水合石灰吸附剂球团在 17 个循环后的 CaO 转化率高达 40%，是石灰石球团的近 1.4 倍，这一差异在 100 次循环后扩大到约 1.6 倍。此外，该吸附剂表现出优异的力学性能，抗压强度甚至与水泥结合的钙基吸附剂球团相当。

4.2.3 碱金属基含氧酸盐吸附剂

Li、Na、K 等的含氧酸盐是典型的高温（400～800℃）CO_2 吸附剂。以 Li_4SiO_4 为例，采用过程强化高剪切技术构筑高比表面积的二维 SiO_2 纳米筛，并以此为前驱体制备 Li_4SiO_4，作为高温 CO_2 吸附剂（吸附温度 700℃）展现出优异的性能，如 2min 内即可达到吸附平衡，且最大吸附量为 6.7mmol/g，经过 20 个循环后吸附容量仍可保持为初次性能的 94%。Li 等人[39] 通过生物质热解酸成功改善了 Li_4SiO_4 的微观结构，提高了吸附剂的比表面积，CO_2 吸附性能得到了明显改善。Serafin 等人[40] 发现一种新型高温 CO_2 捕集材料 $KNaTiO_3$，在不同 CO_2 浓度下均表现出优异的 CO_2 捕集能力和较快的吸附速率。当 CO_2 浓度从 100%降至 20%时，CO_2 吸附量仅从 4.32mmol/g 降至 3.95mmol/g。Zhang 等人[41] 以海泡石为硅源合成 Li_4SiO_4，之后通过掺杂 K_2CO_3 成功将 Li_4SiO_4 的 CO_2 吸附量提高至 7.49mmol/g。此外，22 次吸-脱附循环后该吸附剂仍表现出较高的吸附活性。Ma 等人[42] 合成出三种 Li_4SiO_4 粉体，并以聚乙烯为造孔剂，采用挤出-滚圆化技术进一步制备具有优异抗压强度和耐磨性的多孔球形颗粒，40 次吸-脱附循环后，CO_2 吸附量稳定在 7.05mmol/g，可用于流化床反应器高温 CO_2 捕集。除了碱金属的硅酸盐外，其他含氧酸盐如锆酸盐（Li_2ZrO_4、Na_2ZrO_4 和 $LiNaZrO_4$）等也是有很大应用潜力的高温 CO_2 吸附剂。虽然该类吸附剂具有良好的吸附性能，但吸-脱附循环需在高温下进行，过程能耗较高，所以操作成本较大，应用范围受限。

4.2.4 类水滑石类固体吸附剂

水滑石类化合物也被称为层状双金属氢氧化物，常被用作离子交换剂、催化剂以及制备混合氧化物的前驱体。其基本结构为八面体，维持电荷平衡的金属离子占据八面体结构的中心，氢氧根离子位于八面体的顶点。八面体结构通过共用棱形成无限的层状结构且该类水滑石层带正电荷，水分子充斥在层与层之间。类水滑石类吸附剂价廉易得，且具有较高的比表面积，其表面羟基和大量缺陷位会形成较高浓度的碱性位。最重要的是，该类碱性位与 CO_2 的相互作用强度介于分子筛与 CO_2 之间的相互作用和碱金属氧化物与 CO_2 的相互作用之间，使吸附剂的再生温度降低（400℃左右），因此其可以作为优异的 CO_2 吸附剂。Rocha 等人[43] 详细研究了水滑石基吸收剂层间阳离子对 CO_2 吸附性能的影响，发现吸附性能与表面积和孔容等相关性不大，而层间阳离子促成的特殊形貌和结构对吸附量影响较大，300℃时吸附量最高可达 1.05mmol/g。为进一步改进该类吸附剂的吸附性能，将碱金属氧化物或碳酸盐引入层状双金属氧化物中，使其在高温下的 CO_2 吸附量有了明显提升。

4.2.5 固载胺类吸附剂

受胺吸收法高效捕集 CO_2 的启发，将有机胺通过化学接枝等方式负载到多孔固体上，形成的氨基活性位可与 CO_2 分子之间产生化学作用，形成氨基甲酸酯、碳酸氢盐等物质，这种较强的化学键合作用促进了 CO_2 捕集性能的有效提升。最重要的是，这种在化学驱动下进行的 CO_2 吸附在较高温度下也能使固载胺类吸附剂保持较好的吸附效果。此外，不同种类胺的化学结构和性质存在较大差异，使得其在吸附过程中相互作用，可以显著提高吸附效果。一般来说，CO_2 和胺之间的相互作用根据有机胺种类的差异分为两种机制，即伯胺和仲胺与 CO_2 反应生成氨基甲酸酯（伯胺的结合能力强于仲胺）；而叔胺与 CO_2 的相互作用较弱，在有水存在的潮湿条件下反应生成碳酸氢盐。

胺功能化固态材料一般使用三种方法，即胺浸渍、胺接枝和原位聚合胺物种（图 4-6）。多孔固体负载胺主要以浸渍法为主，常用的有机胺为聚乙烯亚胺（PEI）、乙二胺、三乙烯四胺（TETA）、四乙烯五胺（TEPA）、哌嗪（PZ）、混合胺（TEPA-AEEA）等，所使用的溶剂主要是甲醇、乙醚、乙醇、氯仿、二噁烷等，若添加聚乙二醇（PEG）等形成混合溶剂，可以将胺分子分散，同时避免其聚集，从而大大暴露反应活性位点。总之，该方法通过溶剂将胺分子带至多孔材料孔径中，之后通过旋蒸或真空加热等方式去除溶剂，最终可将胺溶液浸渍或接枝到多孔载体（多孔碳、MCM-41 和 SBA-15 等介孔二氧化硅、多孔有机聚合物等）表面。

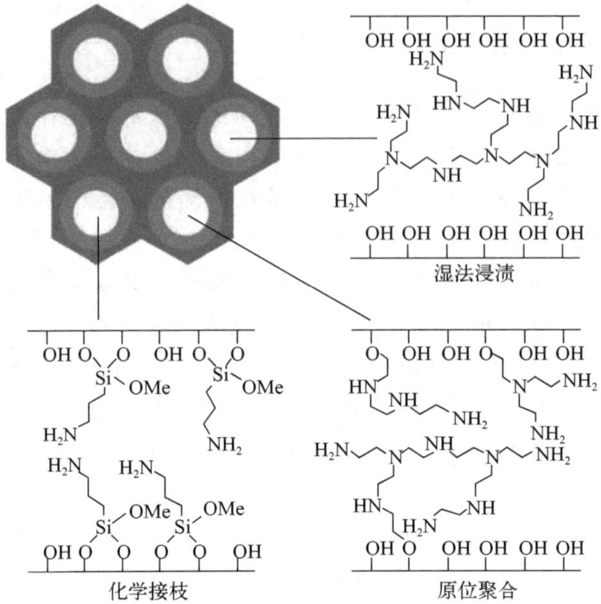

图 4-6　多孔固体负载胺原理图

4.2.5.1　无机多孔材料负载固体胺吸附剂

通过胺类固载所得无机多孔材料吸附剂的 CO_2 吸附性能大大提升。例如，多孔二氧化硅来源丰富、易于制备、孔隙体积和比表面积较高，是常用的结构材料。利用氨基硅烷如 3-氨基丙基三乙氧基硅烷功能化或注入低聚胺对多孔二氧化硅进行改性，可以制得有效的 CO_2 选择吸附剂。但如何提升 CO_2 扩散速率和吸附能力，尤其是水汽存在下实现该类材料的吸附/解吸稳定循环使用仍存在巨大挑战。有研究人员以氨基硅烷（六甲基二硅胺烷、乙烯基三甲氧基硅烷等）对负载了聚乙烯亚胺的 SBA-15 固体吸附剂进行表面疏水改性，同时利用硼作为杂原子掺杂之后增加表面硅烷醇的总体密度，所得吸附剂在 60℃和 10%CO_2 条件下展现出了更高的 CO_2 吸附量和胺效率[44]。硅纳米花拥有丰富的表面基团和发达的孔隙，其高比表面积和大孔容有助于增加胺的负载量，而发达的孔道结构可以减少 CO_2 的扩散阻力、提高吸附动力学性能，因此将会提高所得吸附剂的 CO_2 吸附能力。以 P123（嵌段共聚物）添加剂和聚乙烯亚胺对硅纳米花进行功能化处理，形成的微腔结构增强了 CO_2 向内部活性位点的扩散，从而显著提升吸附效率。同时，P123 的加入通过增强氨基周围的空间位阻改善有机胺在载体上的分散性，以及通过阻止胺分子间氢键的形成减少胺分子的聚集，进一步提高了吸附剂的性能。尤为重要的是，当引入水汽体积分数为 3%的湿气时，CO_2 吸附量由 4.12mmol/g 进一步提高至 5.33mmol/g。

利用胺类浸渍或接枝沸石、飞灰等无机多孔材料表面能够显著改变其吸附性能，从而将物理驱动力转变成利用氨基与 CO_2 产生化学作用的化学驱动力。又如，蛭石（vermiculite，VMT）呈现明显的层状结构，但层状结构中孔隙不明显且相互粘连。经热膨胀处理后，样品层间距显著增大（最大可达 1.6μm），而且呈现出明显的孔结构（孔径为 10～100nm）。因此，其良好的层间距和多孔性将有利于胺的负载且有效降低传质阻力，从而提高 CO_2 扩散和吸附性能。将三乙烯四胺（TETA）、四乙烯五胺（TEPA）等短链胺和五乙烯六胺（PEHA）、聚乙烯亚胺（PEI）等长链胺负载至该载体上，成功合成了新型固体胺吸附材料，由于胺-载体界面效应，所得固体胺吸附材料显著增强了 CO_2 捕集能力。虽然 VMT 的表面羟基可与胺形成氢键，进一步增强胺-载体界面的相互作用。但在四种胺改性 VMT 吸附材料中，TETA-VMT 的界面效应最强，TETA 与 VMT 之间的强相互作用一方面使 TETA 可均匀负载在 VMT 载体表面，另一方面 CO_2 可更快地分散在吸附剂表面或层间，从而实现了 CO_2 的快速吸附。而且，TETA 分子链中的仲胺和末端的伯胺都可以与 CO_2 反应，TETA 官能化后吸附剂上的 CO_2 传质阻力降至较低值，从而更进一步促进了 CO_2 吸附，CO_2 吸附量最高可达 3.01mmol/g。基于 DFT 计算和 DRIFTS（漫反射傅里叶变换红外光谱）实验结果，TETA 改性 VMT 固体胺吸附材料的 CO_2 吸附机理如下：首先，CO_2 与伯胺反应生成氨基甲酸铵；随后，CO_2 进一步与仲壬基胺反应生成氨基甲酸；之后，CO_2 被吸附到 TETA 的仲胺上，同时，相邻的两亲性阴离子难以接受仲胺上的质子，使得仲胺上的两性离子优先转化为氨基甲酸。相比之下，其他三种胺改性 VMT 固体胺吸附材料的性能稍差一些。以 PEI 为例，其虽具有最大的分子体积，且同时含有伯胺、仲胺和叔胺，但叔胺只能在水的存在下才能与 CO_2 反应，使得胺的可用性降低。而且，在吸附 CO_2 后其分子体积变化较大，而体积膨胀更容易堵塞孔道、增加 CO_2 扩散阻力，不利于 CO_2 的吸附。这一研究说明，通过调控 VMT 等载体的层状结构和表面官能团，可以提高有机胺活性中心的分散性，同时增强胺与载体间的界面效应或相互作用，从而提高 CO_2 的吸附能力和循环稳定性。

刘等人[45] 将聚乙烯亚胺 600、乙二胺与四乙烯五胺等分别负载至 MCM-41 上，研究该介孔吸附剂的 CO_2 吸附性能和热稳定性。改性后材料热稳定性提高，且吸附容量最大可达 2.7mmol/g。但胺分子量增大时，CO_2 吸附性能反倒下降。Yoo 等人[46] 将甲基丙烯酰胺负载于 MOFs 上，随后用氢化铝锂还原，所得吸附剂的 CO_2 吸附容量和吸附选择性均有很大提高。载体上胺的空间位阻对吸附也有较大影响，Lee 等人[47] 考虑到聚合物链的流动性和亲水性，合成了具有较大空间位阻的氨基聚合物聚（2,2-二甲基亚胺），并将其引入介孔 SBA-15 中，可以将所吸附 CO_2 转化为相应的分子胺衍生物。刘等人[48] 采用浸渍法将四乙烯五胺负载至 KIT-6 介孔硅材料表面，所得 CO_2 吸附剂以化学吸附为主。随着温度升高，该超支化固体胺吸附剂对 CO_2 的吸附量增大并在 70℃达到最大（3.1mmol/g）。水汽的存在对吸附有促进作用，且该吸附剂经 20 次吸-脱附循环后仍能保持稳定的 CO_2 吸附性能。Alivand 等人[49] 开发了一种新型的介孔/大孔三聚氰胺甲醛聚合物载体，通过湿法浸渍将四乙烯五胺负载到该载体上，该胺功能化有机聚合物纳米

吸附剂用于空气中 CO_2 的直接捕集。其超高孔体积（5.19cm^3/g）和较大的平均孔径（24.6nm）为四乙烯五胺的负载提供了充足的空间，最高负载量可达 71%，并在 CO_2 浓度为 0.0042%、吸附温度 30℃条件下实现了 2.65mmol/g 的吸附量。即使负载量较低（33%），仍能实现 2.07mmol/g 的 CO_2 吸附量。这种吸附剂在不同形态（滴状、颗粒和涂层）下均表现出优异的 CO_2 捕集性能，且能在温度和 CO_2 浓度变化的环境中保持稳定的 CO_2 吸附性能。

固体胺吸附剂虽然在低浓度 CO_2 捕集中显示出较好的效果，但是在高温脱附过程中，微量氧气的存在使得胺类物质容易发生氧化降解。例如，聚乙烯亚胺固载吸附剂在 110℃且空气处理 24h 后，CO_2 吸附容量会大幅下降（超过 70%）。CO_2 吸附容量降低的主要原因是高温和氧气的存在，加之材料中微量金属杂质的催化作用，使得固体胺加速氧化降解。通常，在较高温度条件下，金属杂质通过氧化还原机制（例如 Cu^{2+}/Cu^{+} 和 Fe^{3+}/Fe^{2+} 的循环转变）促进电子转移，从而生成胺自由基，显著加快了胺类的氧化速率。因此，制备同时具有高 CO_2 吸附容量和高氧化稳定性的固体胺吸附剂具有重要的意义。针对该问题，以 1,2-环氧十二烷对聚乙烯亚胺进行功能化处理，能够将伯胺转化为仲胺从而减少氨基降解为尿素的可能。另外，将磷酸三丁酯负载在二氧化硅上，该螯合剂可以抑制微量金属催化胺的氧化反应。最后，引入聚乙二醇以增强其与聚乙烯亚胺之间的氢键作用、减弱与 O_2 的相互作用，这样可以有效避免聚乙烯亚胺氧化，从而为其提供保护。所得固体胺吸附剂展现出优异的综合性能，包括高 CO_2 吸附容量（2.53mmol/g）、卓越的 N_2/CO_2 分离性能［$N_2/CO_2=99$（摩尔比）时，CO_2 的动态吸附容量仍能够达到 2.18mmol/g］、快速的 CO_2 吸附动力学、优异的长期循环性能和抗氧化稳定性以及低 CO_2 解吸活化能等。另外，在 140℃和相对湿度 45%的条件下，50 次循环测试后该吸附剂的 CO_2 吸附容量保持在 1.98mmol/g，更加说明了其在工业排放或空气中 CO_2 捕集的高度适用性[50]。为阻止氨基降解为尿素从而使该类吸附剂的性能下降，可以合成具有丰富酸性位的载体以适应胺并提高所得固体胺吸附剂的稳定性。比如，通过溶胶-凝胶法合成具有不同表面酸性的多孔无定形 SiO_2-Al_2O_3 并随后浸渍聚乙烯亚胺，模拟烟道气中 CO_2 捕集测定实验显示，吸附剂的稳定性与中等酸位点的密度显著相关。其中，Si/Al（摩尔比）为 5 时所得固体胺吸附剂的中等路易斯酸位密度较高［0.49μmol/(g·m^2)］，其在吸附中展现出最佳的抵抗尿素形成能力。这是因为路易斯酸中心可以从胺中提取电子，随后引发聚胺内部的电子重排，从而显著抑制尿素的形成。

4.2.5.2 有机多孔材料负载固体胺吸附剂

树脂类等有机多孔材料负载固体胺吸附剂对 CO_2 捕集性能的影响也较大。通过探索不同类型的有机胺与聚苯乙烯有机多孔材料（X-5 树脂）之间的匹配机制后发现，三乙烯四胺因分子结构简单，可以方便地分散在 X-5 孔隙中，所以与 X-5 树脂的匹配程度最高，显著提高了活性位点的利用率，还防止了聚集或烧结，所得吸附剂在 30℃时实现了 4.67mmol/g 的 CO_2 吸附量[51]，由于较低的解吸温度（100℃），吸附剂可以循环使用多次。原位红外瞬态实验表明，其对 CO_2 的吸附遵循两性离子反应机制。使用三种动力学模型进行模拟后发现，其对 CO_2 的吸附与 Avrami 模型吻合，表明 CO_2 吸附过程在物理和化学驱动的结合下进行（吸附热约为 85.2kJ/mol）。

根据驱动力的大小及产物不同，CO_2 和固载于多孔有机聚合物中的有机胺之间的相互作用机制按照胺分子空间结构的不同主要有两种：伯胺和仲胺与 CO_2 发生化学反应生成氨基甲酸酯；而叔胺与 CO_2 因相互作用较弱，仅在潮湿条件下发生弱化学反应生成碳酸氢盐。所以，含单一种类胺的多孔聚合物可控性有限且不易调整，为了提高 CO_2 吸附性和可调性，可以使用不同胺的组合形成可调节的胺官能团混合物。例如，使用不同长度和胺取代的烷基胺链（乙二胺、二乙烯三胺、三乙烯四胺等）接枝到多孔有机聚合物表面，产生了多种不同混合胺-CO_2 吸附活性位点，且吸附热随着胺链长度的增加而增加。以仲胺为例，每增加一个单元吸附热增加约 17kJ/mol。但是需要注意的是，CO_2 吸附量并未显著增大，吸附热变大是因为氢键等相互作用的增加强化了吸附驱动力。

虽然有机胺固化多孔吸附剂捕集 CO_2 得到了国内外学者的广泛研究，但过高的负载量使材料孔道被堵塞，严重阻碍了 CO_2 扩散。同时，有机胺在载体孔道内分布不均，容易产生团簇或团聚而影响碱性位浓度。该类吸附剂的稳定性也存在问题，如水汽的存在容易导致胺的溢出（弱范德华力和氢键相互作用使胺附着在固体载体上，导致在水存在下损失），温度过高吸附剂容易分解，导致其在烟道气中 CO_2 捕集的循环性能较差。加之其较高的制备成本，限制了此类吸附剂的发展和应用。

4.2.6 小结

对比物理驱动 CO_2 吸附，其吸附温度较低，所用吸附剂再生性能好，但 CO_2 选择性较差，同时高温下吸附量很低。化学驱动 CO_2 吸附的性质随着吸附剂与 CO_2 的化学相互作用不同而区别明显。例如，该类吸附剂与 CO_2 反应，理想状态下具有高的 CO_2 吸附量和选择性，尤其在多组分共存下对 N_2 和水汽等具有一定的耐受性。其次，吸附剂的吸附温度范围由其组成或种类决定，但都在中温甚至高温下具有较高的吸附量，温度适度变化对其吸附量影响不大，因此适用范围更广。不过，该类吸附剂与 CO_2 形成的化学键会释放大量的吸附热，故需要在较高的温度下脱附 CO_2，使再生能耗增大，同时吸附剂结构发生孔道塌陷和高温烧结等变化，在多次循环使用后造成 CO_2 吸附量下降。

以氧化钙基吸附剂为例，针对其晶粒易烧结、稳定性有待提高等问题，基于 CO_2 吸附动力学和吸附机理，通过结构/形貌设计、调控，构筑多壳层中空微球等新型结构 CaO 基吸附剂，并有效分散在吸附/脱附过程中，由体积变化引起的机械应力可以显著提升吸附材料的结构稳定性；或采用惰性组分掺杂、改性，减小 CaO 晶粒粒径，以提升吸附活性和稳定性，同时结合多种原位表征揭示吸附动力学、吸附剂微观结构与吸附/脱附性能之间的内在关系，实现高效、高稳定性的 CaO 基吸附剂的可控制备。最终完成该吸附剂放大制备和成型工艺研究，建立规模化制备方法，为工业应用提供理论依据和技术支持。

4.3 物理化学驱动

为弥补因物理吸附对 CO_2 的低亲和力导致的低吸附量和低选择性，对硅酸盐、碳材料、聚合物材料等表面和孔结构进行碱性基团、过渡金属和有机聚合物等功能化修饰（相当于引入了化学驱动力），减少酸性等不利于吸附的官能团、增加碱性或其他官能团含量，即在保证多孔材料孔隙结构和比表面积的同时，实现改变表面形态、引入化学基团或使吸附位点化学功能化，从而增强 CO_2 吸附性能。改性的关键在于集合组分更多的功能性于所得吸附剂中，以丰富吸附驱动力的种类并对吸附路径进行调节或改变中间物种的种类（图 4-7）。

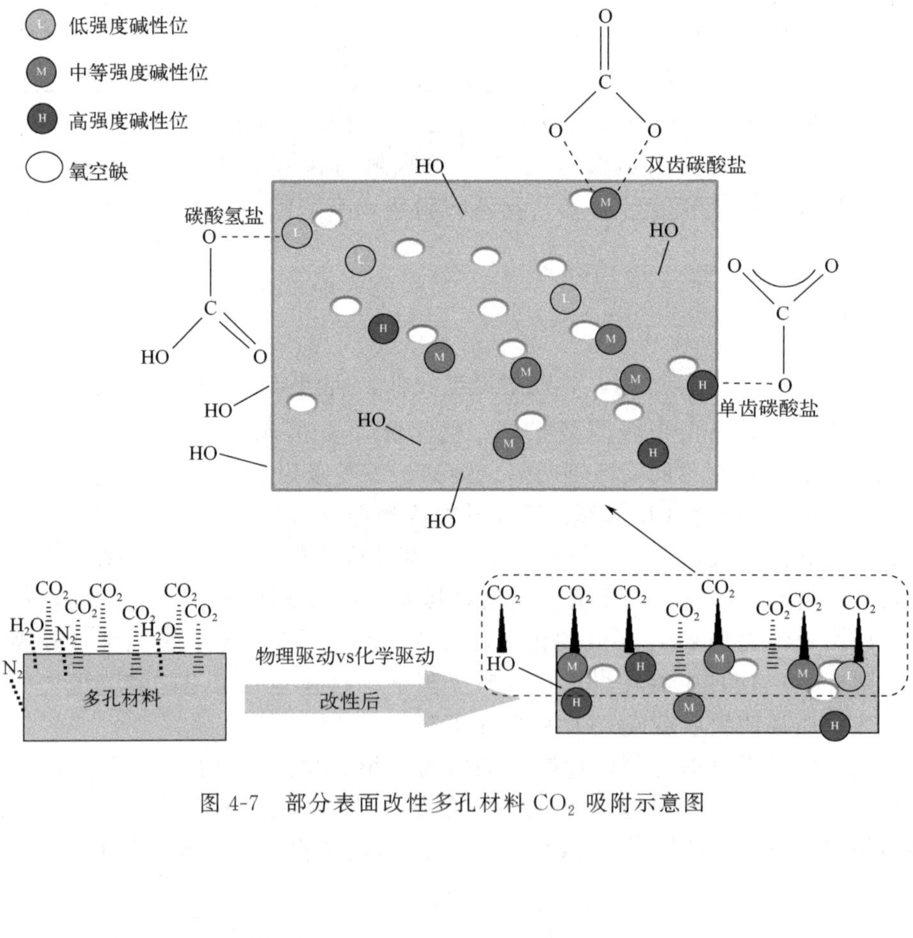

图 4-7　部分表面改性多孔材料 CO_2 吸附示意图

4.3.1 改性 MOFs 吸附剂

常规 MOFs 吸附剂的高吸附量仅体现在 CO_2 分压较高时，分压较低时则不具备如此优越的性能。因此，设计合成具有多功能性的 MOFs 复合材料，对其孔道和表面的物理/化学环境进行改性和优化，进而调控稳定性和反应活性，增大化学驱动力，以便用于复杂条件下（如烟道气中的）低浓度 CO_2 的高效捕集。

MOFs 改性方法分为直接合成改性或合成后修饰。前者是在 MOFs 材料的合成时就使配体功能化或引入配位不饱和金属中心等[52]，构建利于 CO_2 吸附的活性位。如利用混合配体构建具有氨基和吡啶官能化结构的 MOFs 吸附剂，其骨架中未配位的氨基和吡啶-N 对混合气体中 CO_2 的吸引力远大于对 N_2 等组分，大大提升了对 CO_2 的吸附选择性。Zhen 等人[53] 在三聚氰胺甲醛海绵孔隙中引入金属离子，在载体内壁预先附着一薄层聚乙烯醇锚定金属离子，随后再引入有机配体，MOFs 原位生长后避免了晶体堆积并呈现多级孔结构有利于气体扩散。经过 10 次吸-脱附循环后，该吸附剂仍然表现出稳定的 CO_2 吸附/分离性能。Das 等人[54] 采用混合配体策略合成新型三维微孔双功能 MOFs。该材料中碱性-NH_2 功能化孔道表面诱导 CO_2 选择性吸附，吸附热值达 39.5kJ/mol。高的吸附热值可归因于酸性 CO_2 分子与碱性-NH_2 基团较强的化学相互作用。此外，由于同时存在 Lewis 酸性 Zn^{2+} 和碱性-NH_2 基团，该吸附剂在温和条件下，最终可将 CO_2 催化转化为环状碳酸盐而实现固定。Cheng 等人[55] 采用溶剂热法在相似反应体系中，利用半刚性 *N*-杂环羧酸盐配体和 Cu/Co 金属中心成功合成了两种磁性 MOFs，这两种材料显示了较高的 CO_2 选择性。Adhikari 等人[56] 合成了 MOF-74(Ni、Co)，并用负载 Pd 的活性炭对其进行改性。由于 CO_2 分子受到 MOFs 作用而极化，负电荷氧原子与电负性很低的 Pd 金属（部分正电）之间相互作用，在 25℃ 和 32bar 下测得改性 MOFs 的 CO_2 吸附容量最高可达 12.24mmol/g，并实现了对 CO_2/N_2 混合气体的分离。通过二胺（*N*-亚甲基乙二胺、*N*-乙基乙二胺或 *N*，*N'*-二甲基乙二胺）功能化 MOF-74（Mg），显著提高了其对模拟空气中 CO_2 的吸附量（2.91mmol/g）。在潮湿条件下，水分子的存在促进了碳酸氢盐物种的形成，进一步提高了该材料的 CO_2 吸附量。

温度升高会导致 CO_2 分子的扩散势垒降低，CO_2 分子的动能增加，使分子更容易脱离范德华力等物理作用进而从 MOFs 等多孔材料中逸出，导致吸附量随着温度升高而单调下降。目前尚未有 MOFs 能在高于 150℃ 的温度下有效捕集 CO_2，因此，若能利用 MOFs 实现高温下捕集 CO_2，可以大大扩展这种吸附材料的应用空间。2024 年 11 月，某教授团队将 ZnCl-MFU-4l 前驱体通过甲酸盐交换反应转化为 Zn(O_2CH)-MFU-4l，随后将其在 300℃ 下热解脱碳，制备得到白色粉末状微晶 ZnH-MFU-4l[28]。该多孔金属有机骨架材料（ZnH-MFU-4l）具有特殊的结构（具有锌氢化物末端位点）和极高比表面积（3920m^2/g），与传统 MOFs 材料依靠物理驱动力，仅在低温下表现较好的 CO_2 吸附性能不同，该材料不但可在 25～300℃范围内对 CO_2 的吸附性能随温度升高显著提升，而且能够在高温下（200℃以上）与 CO_2 分子可逆结合，从而实现其在低 CO_2 浓度和燃烧后高温下进行 CO_2 捕集。例如，对 20%CO_2/N_2、常压情况下的混合气体，吸附温度为 300℃时，ZnH-MFU-4l 可以在 9s 内快速接近吸附平衡（3.12mmol/g，CO_2 饱和吸附量的 90%），经测量此时吸附热为 54kJ/mol，表现出了极快的吸附速率和较高的吸附容量；508 个吸附-脱附循环后，该 MOFs 材料仍保持约 96%的初始吸附量，表现出卓越的循环稳定性。此外，对比了该材料在吸附温度为 275℃和 25℃时的 CO_2 插入速率常数，发现前者比后者大五个数量级，充分说明高温下该材料在化学驱动作用下完成了对 CO_2 的高效吸附，吸附焓创纪录地达到－93kJ/mol。通过详细的材料结构表征和计算分析，也证明了所合成 MOFs 在 CO_2 捕集中表现出的吸-脱附快速转变和可逆性质。快速的吸附动力学以及优异的循环稳定性等一系列特性是由 CO_2 插入 Zn—H 键并将 ZnH-MFU-4l 转化为 Zn(O_2CH)-MFU-4l 所造成的。在极端条件下（400℃、含氧或水蒸气、SO_2），该吸附剂仍能表现出对 CO_2 的高度选择性和良好的稳定性。

后者则利用氨基化合物对已合成的 MOFs 进行表面修饰，如通过阳离子交换，将乙二胺接枝在 MOFs 上后，虽比表面积下降，但其吸附热及 CO_2 选择性均大幅提升，充分说明了 MOFs 体系中除原有物理驱动力外，成功引入了化学驱动力促进 CO_2 捕集。针对 MOFs 材料存在的一些缺陷如稳定性较差，即经过多次的吸附与解吸循环后，MOFs 结构容易发生分解。利用该设计思路，通过向孔道中引入—NH_2 官能团[57]，不但可以提高 MOFs 材料稳定性，而且可以有效吸附和富集 CO_2 分子。例如，以 11 种氨基酸官能化金属有机骨架-808 材料，得到一系列 MOFs-808-AA 吸附剂。在烟道气条件下对 CO_2 的吸附测试表明，甘氨酸和赖氨酸官能化的 MOFs-808 具有最高的 CO_2 吸附能力，且通过真空变压吸附可以实现至少 80 次 CO_2 吸-脱附循环且性能完全保持不变。此外，通过使用 CO_2 单组分吸附等温线、CO_2/H_2O 二元等温线和动态突破测量，发现水汽存在下可以增强 CO_2 捕集性能。^{13}C 和 ^{15}N 固态核磁共振光谱研究揭示了孔隙中 CO_2 捕集机理，其良好性能的关键在于胺组分与 MOFs 骨架的较强结合在孔道内产生了利于碳酸氢盐形成的化学环境（图 4-8）。

MOFs 结合先进的分离工艺如膜分离可以实现 CO_2 高效捕集和分离。低温蒸馏或吸收法等传统的 CO_2 捕集过程的能耗极高，相比之下，气体膜分离技术因其能效高、操作简便、环境友好和潜在的成本效益而受到广泛关注。通过合成超薄微孔二维铜基四苯基卟啉纳米片 MOFs，并将其掺杂到聚醚嵌段酰胺和聚（环氧乙烷甲基醚丙烯酸酯）共混体系中，设计了用于高效 CO_2 捕集和具有卓越 CO_2/N_2 分离性能的高性能混合基质膜。由于该 MOFs 基纳米复合膜具有高比表面积、超薄性和高纵横比等物理特性，其中 MOFs 纳米片掺杂量虽然较低（0.1%），却能够扩大聚合物基质的自由体积，并增加尺寸选择性传输路径或曲折度，显著提高 CO_2 渗透性和 CO_2/N_2 选择性[58]。

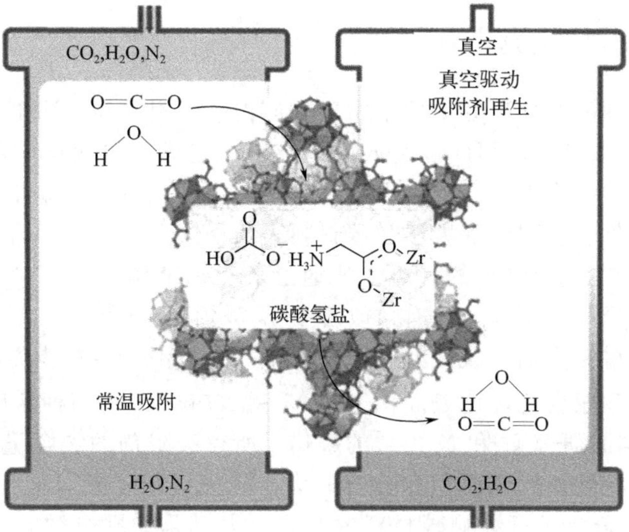

图 4-8　MOFs-808 富集 CO_2 分子示意图

MOFs 结合其他先进吸附材料组成多组分吸附剂也可以实现 CO_2 高效捕集和分离。MOFs 材料微米级的尺寸使其难以回收利用，而且有限孔径阻碍气体传递，限制了孔壁活性位点的利用，抑制了 CO_2 吸附。气凝胶表面可以进行定向构造和修饰，形成的多级孔结构利于 CO_2 向内部传递，促进了 CO_2 分子与内部活性物质的接触，从而提高了 CO_2 吸附能力。因此，构建具有分级孔结构的 MOFs-气凝胶吸附材料，可以降低传质阻力并实现 CO_2 高效吸附。材料合成的具体过程如下：首先，将聚对苯二甲酰对苯二胺分散于二甲基亚砜和氢氧化钾混合溶剂中，引入质子供体（水）后自组装成稳定的芳纶纳米纤维气凝胶骨架。随后，将其浸泡在 $Cu(NO_3)_2$ 的乙醇溶液中，利用 Cu^{2+} 和气凝胶中的 O^{2-} 之间的静电相互作用，大量 Cu^{2+} 吸附于气凝胶上后与均苯三甲酸配体反应并最终得到 HKUST-1（铜基超微孔 MOFs）气凝胶。该复合吸附剂呈现出典型的纤维聚合物形态。以 HKUST-1 负载量为 72%的气凝胶为例，其比表面积可达 $636.62m^2/g$，CO_2 吸附量亦高达 8.17mmol/g，CO_2/N_2 选择性为 39。此外，经过 10 次 CO_2 吸附-解吸循环后，该吸附剂的 CO_2 吸附量仍保持在 97.9%，体现了优异的稳定性。该 MOFs-气凝胶复合吸附剂较高的 CO_2 分子亲和力以及卓越的 CO_2 吸附性能主要得益于优化的分级孔结构及其协同作用，即中孔/大孔作为气体快速扩散通道有利于 CO_2 传质，而微孔内壁可以为 CO_2 提供更多的吸附活性位。同时，吸附过程较高的吸附热和解吸活化能（66.36kJ/mol）说明 CO_2 分子与该 MOFs-气凝胶复合吸附剂之间的相互作用力较强。但是，像大多数 MOFs 材料一样，该复合吸附剂的 CO_2 吸附量也随着温度升高而降低。

4.3.2 改性碳材料吸附剂

碳材料吸附剂的改性研究主要集中于如何提高吸附质与吸附剂之间的相互作用力以及对 CO_2 的选择性，因此，引入或诱导形成能够提供化学驱动力的活性位是实现这一目标的关键。例如，利用聚吡咯等杂原子前驱体高温碳化制备氮掺杂碳材料；或以高温氮化、胺浸渍等方法在碳材料表面修饰含氮基团，可以增加碱性位点浓度，丰富物理/化学驱动力的种类；或通过负载碱金属/碱土金属及其氧化物等，构建缺陷及表面羟基等碱性位，有效改善 CO_2 吸附效果[59]。

当然，碳材料吸附剂的改性如利用杂原子掺杂并不一定总能提高 CO_2 吸附量。如利用过氧化氢和尿素处理比表面积为 1735～3200m^2/g 的多种活性炭以提高 O 和 N 的含量[60]，同时研究 O 和 N 掺杂的影响。所得吸附剂的氮含量最高可达 11%，但碳材料的结构特性如比表面积和孔容的大小优先决定了其对 CO_2 的吸附，而 N 和 O 等杂原子掺杂会显著影响碳材料的孔容（尤其是微孔分数）和孔径分布，使比表面积减少，孔的可达性因含氮基团而受阻碍，以及含氮和含氧基团的位阻和碳结构的局部变形导致孔隙狭窄和位点阻塞，众多因素的作用在一定程度上增加了吸附热（达到约 50kJ/mol），虽然增加了化学驱动力而提高了 CO_2/N_2 吸附选择性，但同时也降低了 CO_2 吸附量。另一个例子是氮掺杂会显著降低所得碳材料的比表面积，如贫氮碳材料（总氮含量约为 2.3%）的比表面积为 2200～4500m^2/g，氮含量增加至 23.1%后，所得富氮碳材料的比表面积下降至 400～675m^2/g。但是利用双阳离子活化策略制备所得富氮多孔碳的 CO_2 吸附容量和选择性却显著增加，如在化学活化合成多孔碳的过程中，将 KOH 或 Na_2CO_3 与碳源混合并在惰性气氛下高温（>700℃）处理，所得富氮碳材料表现出优异的 CO_2 捕集能力和极高的 CO_2/N_2 分离比（275）[61]。究其缘由，双阳离子进行化学活化可以控制所得多孔碳材料孔结构及层间间距，当层间距缩小到 N_2 的动力学直径以下、CO_2 的动力学直径以上时，可以实现筛分吸附，从而完成对二者的吸附分离。作为活化剂成分，Na^+ 富集有助于保持碳的结晶度，并促进形成更小的超微孔（0.33～0.37nm）。在吸附分离过程中，杂原子掺杂未能促进改性碳材料与 CO_2 的化学相互作用，相反 CO_2 吸附选择性的增加通过相对孔隙度的变化来实现，即改性碳材料表面化学性质对 CO_2 和 N_2 的物理吸附没有直接影响，化学吸附剂-吸附质相互作用可以忽略不计，吸附位点的亲和力和吸附容量仅与特征孔径大小相关。虽然较高的氮含量确实与提高 CO_2 的吸附选择性相关，但这种影响是间接的，也就是说较高的 N 含量使孔隙率增加并促进了 CO_2 可达吸附位点的形成，同时降低了 N_2 的可达孔隙度。最终通过尺寸排他性孔来限制可能与 CO_2 竞争吸附的 N_2 吸附来增强 CO_2 吸附选择性。

4.3.2.1 氮掺杂碳材料

Zhao 等人[62] 以单宁为碳前驱体，与天然氮源通过固态球磨将其与 F127（嵌段共聚物）组装成氮含量可调（约 10%）、高比表面积（707m^2/g）、高孔容（0.78cm^3/g）且孔径均匀分布的氮掺杂活性炭，CO_2/N_2 等混合气体的分离效果较好，CO_2 吸附容量显著提高。Qezelsefloo 等人[63] 以聚苯胺为前驱体，通过 H_3PO_4、KOH 或 $ZnCl_2$ 活化，制得高比表面积氮掺杂多孔碳。H_3PO_4 活化虽有利于孔结构的发展，但 $ZnCl_2$ 活化所得多孔碳在常温常压下具有较高的 CO_2 吸附容量（3.54mmol/g）。在较低表面覆盖率下，CO_2 平均吸附热为 55kJ/mol，虽然较化学吸附热小，但也高于一般的物理吸附热，说明物理-化学驱动力共存。

采用级联反应策略可以制造出高效的 CO_2 吸附剂——氮掺杂多孔碳。选取海藻酸钠为碳前体，NH_4Cl 作为氮源以及 ZnO 作为模板，利用 NH_4Cl 加热时产生的 HCl 与 ZnO 反应生成 $ZnCl_2$ 进行原位活化，而产生的 NH_3 可以实现 N 掺杂，通过 NH_4Cl 和 ZnO 的级联反应，可以在较低的温度（50℃）下制备出具有较大表面积（1319m^2/g）和较高 N 含量（11.8%）的多孔碳，在 25℃ 和 1bar 的条件下展现出超高的 CO_2 捕集能力（4.46mmol/g）和优异的循环稳定性（110 个循环后吸附容量损失 1.5%）。此外，其显示出快速的 CO_2 吸附动力学，CO_2/N_2 选择性为 44。深入研究后发现，该方法所得吸附剂中的氮以吡啶 N 和吡咯 N 为主（约占总氮含量的 85%），而超微孔和掺杂氮的双重位点协同增强了对 CO_2 的吸附。

4.3.2.2 胺功能化碳材料

Rattanaphan 等人[64] 以废茶叶制备活性炭，并用乙二胺对其进行改性，所得吸附剂对养猪场沼气中 CO_2（含量 40%）的吸附量分别为 0.10mmol/g、1.38mmol/g 和 1.80mmol/g。氧化石墨烯含有较多亲水性氧化官能团，使其易于利用共价和非共价作用进行胺功能化。以三乙烯四胺、五乙烯六胺和间苯二胺为原料，通过浸渍法分别将三种胺官能团锚定在氧化石墨烯表面，发现在 25℃ 和 0.1MPa 条件下，胺功能化氧化石墨烯吸附剂的 CO_2 吸附量分别从纯氧化石墨烯的 0.39mmol/g 显著提高到 0.61mmol/g、0.74mmol/g 和 0.91mmol/g。由此可见，胺浸渍的氧化石墨烯因 CO_2 与氨基之间的相互作用，显著提高了 CO_2 吸附能力。采用水热法和冷冻干燥技术将有机胺试剂作为交联剂与氧化石墨烯片结合制备了三维多孔石墨烯气凝胶，其中，由于丰富的氨基能够提供大量化学驱动吸附位点，以四亚乙基五胺制备的胺功能化石墨烯气凝胶在 25℃ 和 0.01MPa 下，CO_2 吸附量高达 2.27mmol/g。此外，经过 6 次吸附-脱附循环后，该吸附剂仍能表现出较高的 CO_2 吸附量，显示出良好的稳定性。可喜的是，烟道气等当中存在的水直接参与 CO_2 与胺的反应生成碳酸氢盐，从而可以提高 CO_2 的吸附量。

一些特殊技术手段的应用也可以取得意想不到的效果，如超声技术因其空化效应、界面效应等可以促进胺接枝。在超声处理下利用改进 Hummers 方法将石墨薄片剥层为氧化石墨烯，同时将四乙基苯胺接枝于氧化石墨烯表面。采用 FTIR、SEM、热重分析、N_2 吸附-脱附等分析方法对合成的氧化石墨烯系列进行了表征，超声处理可以加速氧化石墨烯的脱落，并增加胺功能化程度和吸附剂的表面积。经过超声处理和胺功能化后，在 30℃下 CO_2 吸附量较未处理氧化石墨烯（仅为 0.3mmol/g）提高至约 1.5mmol/g。此外，该吸附剂经过 10 次循环使用后，吸附量仅下降 1%，所以具有良好的循环再生性能。

4.3.2.3 金属掺杂碳材料

Kwon 等人[65] 采用物理混合、湿法浸渍以及溶胶-凝胶法制备木炭负载 CaO 基吸附剂，通过调整 CaO 掺杂量和碳化温度，以及通过木炭有效抑制 CaO 晶体生长，600℃下所得吸附剂初始吸附容量高达 15.1mmol/g，15 次吸-脱附循环后吸附容量仍保持 8.0mmol/g。Guo 等人[66] 以生物废弃物负载 MgO，其中，稻壳灰负载所得吸附剂具有良好的织构特性，显示出了较高的 CO_2 吸附容量（4.56mmol/g）和良好的循环稳定性（10 次循环后吸附容量损失仅 7.68%）。Li 等人[67] 通过浸渍法制备出比表面积高达 $300m^2/g$ 的 MgO 修饰椰壳活性炭吸附剂。MgO 在椰壳活性炭多级结构协同作用下，不但在较低温度下（100～150℃）可有效吸附 CO_2，200℃瞬时 CO_2 吸附量可达 0.64mmol/g，进一步证实了该类吸附剂同时存在物理和化学驱动力。此外，由于实现了“碳嵌插”而避免了高温下 MgO 粒子聚集和烧结，所以该吸附剂具有良好的再生性能。

4.3.3 改性硅酸盐基吸附剂

常见的多孔硅酸盐材料（二氧化硅微/纳米颗粒、二氧化硅纳米管、二氧化硅气凝胶、硅树脂等）因其合成方式的不同，具有不同的形态及孔道结构，在 CO_2 捕集方面均表现出一定的应用潜力。其中，介孔硅酸盐材料本身对 CO_2 也具有一定的物理吸附能力。不过，由于该类材料吸附驱动力较弱，吸附性能无法满足实际应用要求。例如，分子筛虽因较大的比表面积和丰富的微孔结构，在低温（30℃以下）和低水汽分压下对 CO_2 有着突出的吸附效果。但是，其吸附性能会随着温度的升高而急剧变差，甚至在超过 200℃时显著下降。此外，由于高亲水性，分子筛的吸附能力会在水汽存在时大大下降。高温下的水热稳定性差导致结构塌陷和孔道堵塞等是分子筛存在的又一个问题。

为实现复杂条件下如烟道气中 CO_2 的捕集，需对该类材料进行改性，改性方式主要有浸渍法、化学接枝和原位聚合等。为提高其对 CO_2 的吸附效果，通过浸渍法对载体表面进行化学修饰，一般采用引进碱性基团的方式增强硅酸盐及二氧化硅等材料的表面碱性，从而将部分活性位的 CO_2 吸附驱动力从较弱的物理驱动转变成化学驱动。例如，有机胺可以与硅酸盐材料的表面羟基发生反应，化学键合并形成新的碱性位。如表 4-1 所示，经过改性后，材料的孔隙结构和表面特性对 CO_2 分子的原有物理吸附作用得以保留，而碱性位点与 CO_2 分子的化学反应引起的化学吸附额外提高了 CO_2 吸附量。此外，聚合物中羟基的引入可以提高材料的亲水性，而水分的存在可以促进 CO_2 与氨基的反应，使更多的 N 原子参与到吸附过程中，提高吸附性能。

表 4-1 硅酸盐及胺改性硅酸盐的 CO_2 吸附性能对比

载体	CO_2 浓度(体积分数)/(%)	吸附温度/℃	CO_2 吸附容量/(mmol/g)
SiO_2	17	30	1.3
六方介孔氧化硅	100	20	1.2
多孔氧化硅	100	100	2.0
SBA-15	10	25	1.9
SBA-15	100	45	1.9
胺改性 SBA-15	15	60	2.6
MCM-41	20	25	2.1
MCM-41	20	75	1.2
胺改性 MCM-41	20	75	2.1
胺改性 MCM-41	5	25	2.7
胺改性 MCM-41	30	100	2.3
胺改性 KIT6	100	30	2.6

化学接枝法用氨基改性剂（3-氨基丙基三甲氧基硅烷等）将氨基接枝在载体表面，在接枝过程中，二氧化硅和硅酸盐材料通过与氨基硅烷之间形成共价结合，增强了所得吸附剂的稳定性和接枝效果，但同时也限制了胺的负载量。不过，载体表面的活性基团数量决定胺负载量和吸附性能，而接枝效率与载体表面羟基的可用性和接枝部分的氮密度有关。对于原位聚合，合成条件和组分的调变可以改变最终合成材料的吸附性能，如从合成方法上选择超声、微波辐射等辅助手段加强对结构的调控[68]，或通过调变组成从而达到引入化学作用位点的目的，如将分子筛和咪唑酯复合后得到的 ZIFs 材料在 CO_2 选择吸附方面表现出众[69]。Nakahiro 等人[70]设计了由 SiO_2 和烷基胺组成的二氧化硅/有机聚合物膜，该双网络结构能够通过孔道筛分使 CO_2 选择性渗透并实现高吸附量。许多学者致力于将碱金属或碱土金属与硅酸盐进行离子交换，实现孔道内除静电场变化外，骨架原子配位方式也发生变化，因此显著增强其对 CO_2 极化的能力。

对硅酸盐固体废弃物的有效利用也是有益尝试。由于 SBA-15、MCM-41 等介孔分子筛价格高昂，加之负载/改性过程会增加额外的成本，极大地限制了该类材料的规模化制备和应用。因此，降低成本有着重要的现实意义。使用经盐酸处理过的煤气化固废作为改性载体，通过浸渍嫁接 3-氨丙基三乙氧基硅烷后成功制备氨基功能化 CO_2 吸附材料，在 60℃、1.0bar 的吸附条件下，该材料的 CO_2 吸附量达到 0.61mmol/g，相较氨基嫁接前提高了 19.6%，另外，经过十次吸脱附循环后，其对 CO_2 的吸附量仅下降了 5%。在较低的温度范围内（30～70℃），该材料的吸附性能随温度上升而下降，且在低 CO_2 分压条件下（0～0.15bar）更有利于吸附。考察其 CO_2 吸附性能并结合表征结果发现，盐酸处理后，酸浸渣材料的硅羟基含量增大，孔隙结构也变得丰富，所以是氨基嫁接的适宜载体。建立等温吸附模型并计算等量吸附热后可知，该氨基功能化煤气化酸浸渣的等温吸附曲线符合 Langmuir（朗缪尔）模型，且嫁接改性后其对 CO_2 的等量吸附热明显增加，说明此时的吸附驱动力由物理驱动主导转变为物理与化学驱动共同作用。

除了氨基改性外，多种有机基团功能化处理的硅酸盐吸附剂在 CO_2 捕集中也显示出一些独特的性能。例如，β沸石由于高度规则的孔隙结构，在气体吸附/分离中具有巨大潜力。但是未改性沸石具有较强的亲水性，微孔内表面的羟基与水分子之间存在较强的相互作用，从而导致水汽优先吸附于活性位，严重阻碍了对 CO_2 的吸附。通过引入不同的有机功能基团（苄胺基团、苯基基团、氨基基团、羧基基团和羟基基团等从疏水到亲水、从碱性到酸性的不同官能团）对β沸石进行后功能化处理，苄胺基团由于其碱性和疏水性的双重特性，可以调控所得改性硅酸盐吸附剂的孔隙结构和微孔壁面的化学性质，提高了其在潮湿条件下对 CO_2 的吸附性能，降低了水蒸气的竞争吸附影响，其 CO_2 吸附容量较未改性硅酸盐吸附剂提高了 48.3%[71]。固体核磁共振谱图揭示了在功能化β沸石中形成了新的 C—O 键，进一步确认苯基成功接枝到了沸石的微孔壁面中。热重分析显示苯基的引入增加了孔壁的疏水性，减少了对水汽的吸附，因此改性β沸石的水汽吸附能力显著降低。不过，氮气吸附-脱附等温线表明改性致使微孔体积下降，可能是苯基占据了一部分孔隙空间，导致微孔可达性降低，从而减少了有效的 CO_2 吸附位点。但总体来说，苯基功能化显著降低了材料的亲水性，减弱了对水分子的吸附。由于避免了水的竞争吸附，即使部分吸附活性位无法利用，其在潮湿条件下也具有更好的 CO_2 吸附选择性，这为提高在潮湿条件下的 CO_2 捕集效率提供了有益借鉴。

4.3.4 小结

未改性前 MOFs、碳材料、硅酸盐等吸附剂受限于自身结构和表面化学性质，对 CO_2 的吸附以范德华力、氢键等物理驱动为主，适用于低温和常温 CO_2 捕集。当然，部分物理吸附剂虽然包含能够产生对 CO_2 化学吸附的活性位点，以碳材料为例，微量 Na、K、Mg、Ca 等以碳酸盐或氧化物等形式存在于灰分中，作为碱性基团可以和酸性气体 CO_2 发生酸碱反应，但该类组分相对含量较小、作用强度低，对 CO_2 吸附贡献不大。所以为提高 CO_2 吸附选择性和吸附量，扩大其适用范围，需要对其理化性质进行调整，以实现物理和化学驱动的协同作用。改性的直接目的是产生空缺，形成大量充当碱性位的含氧基团和含氮基团，诱导氧原子重排以增大碱式 O^{2-} 在表面的密度等。需要注意的是，无论是采取胺处理、碱/碱土金属负载等方式，还是添加其他结构助剂，原则上应避免堵塞载体孔隙/孔道、降低比表面积，或减少原材料降解和结构塌陷，以防止吸附活性位数量减少及 CO_2 传质受到影响。

4.4 前景与展望

在气-固界面模式下实现烟道气原位 CO_2 捕集、空气 CO_2 捕集等是一种非常有效的减少温室气体 CO_2 排放的技术。因此，开发具有高吸附量、高选择性、热稳定性强、再生能耗低等优点的 CO_2 固体吸附剂是该领域未来研究的重点，也是实现该工艺实际应用的有效途径。有鉴于此，作者认为以下问题需重点关注。

① CO_2 排放的主要来源是电力、交通运输、工业生产和建筑等行业，例如水泥工业的 CO_2 排放量几乎占全球 CO_2 排放量的 8%，而交通运输造成的 CO_2 排放量约占全球 CO_2 排放量的 25%。中国 CO_2 总的年排放量高于 100 亿吨，燃煤发电、燃煤热力、钢铁冶炼、有色金属冶炼、水泥生产和石灰生产等六大产业对经济和社会发展至关重要，但却贡献了其中的 90%以上。虽然已经采取了多种替代方法来减少以上部门的 CO_2 排放，例如使用可再生燃料及适当的技术改进，但对 CO_2 减排效果有限。因此，面对日益严重的 CO_2 排放危机，众多耗能行业如电力、钢铁、有色、建材、交通、化工、造纸以及其他 CO_2 排放大户都要纳入全国 CO_2 排放市场，进行强制的 CO_2 排放管控，使用 CO_2 捕集技术尤其是气-固模式下烟道气等 CO_2 原位捕集以减少其排放。

② 吸附驱动力类型和强度的调变是 CO_2 吸附剂开发的关键所在，驱动力过弱时，吸附剂对 CO_2 的低亲和力导致过低的吸附量和选择性，且对吸附温度和压力较敏感，因此适用范围小。但过强的驱动力会使所形成的碳酸盐、碳酸氢盐等物种过于稳定，不但增大了脱附的难度和能耗，还会带来操作难度加大、吸附剂结构变化和扩散受阻等问题。

③ 组成、组分含量和结构的调变目的是在物理吸附剂中构建局部能够产生化学驱动力的吸附位，而在化学吸附剂中采用惰性组分稀释、酸碱中和等方法降低吸附位的浓度或强度。根据吸附热的大小可判断吸附驱动力的强弱，所以，对大多数实际工况来说，适宜的吸附热应维持在 60～150kJ/mol，实现这一目标可以通过对介孔材料等表面进行胺类、金属化合物等功能修饰，或对已有吸附活性位进行碱性强度、缺陷结构和电子密度等调变，使其与 CO_2 的相互作用力强于范德华力等物理力，但要弱于碱金属氧化物与 CO_2 反应形成稳定化合物的化学作用力。

④ 利用结构设计和原子掺杂、表面改性等所带来的优势，还应增强质量传输特性和吸附动力学，最终以实现微观传质与界面动力学的协同强化为目的。

⑤ 另外，随着人工智能（artificial intelligence，AI）时代的到来，AI 技术被广泛应用于各个领域中。其中，AI 的子领域即机器学习（machine learning，ML）近年来发展迅速，特别是在材料科学领域。ML 在材料科学中的应用包括材料筛选和表征、指导具有各种形貌和性能的材料合成等，从而加速发现新材料和开拓理论化学，不但显著降低了材料合成时间和成本，还扩展了材料的功能和应用范围。在 CO_2 捕集领域，ML 同样展示出了巨大的潜力。例如，通过机器学习从非结构化文

本源中识别和提取信息，MOFs 在 CO_2 吸附中的应用得以成功预测，即 ML 算法预测 MOFs 的原子和分子力场，并将其与 CO_2 吸附有效地联系起来。ML 所使用的具体模拟方法包括非平衡分子动力学模拟、DSL（领域特定语言）和 DFT 模拟预测气体/固体吸附等温线，以及 DFT 和 GCMC（巨正则蒙特卡洛方法）模拟柔性 MOFs 对 CO_2/N_2 吸附的影响。基于模拟结果，金属原子的配位环境、MOFs 的三维骨架结构，以及 CO_2 吸附位点和 CO_2 吸附模式均可无误地展示出来。同时，CO_2 分子与 MOFs 之间的相互作用，以及这些相互作用对 CO_2 吸附能力的影响也可以精准预测。利用量子计算和 ML 算法提供的数据，以及从文献中进行文本挖掘获取的 MOFs 化学信息，可以有效指导和开发用于 CO_2 吸附的先进 MOFs 合成路线。具体过程是从数据收集和分析到原子模拟，再到为 ML 算法生成数据集以发现先进的 MOFs 结构的过程。同时，还包括指导/操控实验室自动化机器人执行实验。相信随着 AI 技术等发展，其在 CO_2 捕集领域会发挥越来越重要的作用。

参考文献

［1］ He J，Shen Y L，Yang M Z，et al. The effect of surface strain on the CO-poisoned surface of Pt electrode for hydrogen adsorption[J]. Journal of Catalysis，2017，350：212-217.

［2］ Song G，Zhu X，Chen R，et al. An investigation of CO_2 adsorption kinetics on porous magnesium oxide [J]. Chemical Engineering Journal，2016，283：175-183.

［3］ Frank E，Steudle L M，Ingildeev D，et al. Carbon fibers：Precursor systems，processing，structure，and properties[J]. Angewandte Chemie（International Ed），2014，53（21）：5262-5298.

［4］ Grau-Marin D，Silvestre-Albero J，Jardim E O，et al. Evaluation of the textural properties of ultramicroporous carbons using experimental and theoretical methods[J]. Carbon，2020，157：495-505.

［5］ Li D W，Wang Y，Zhang X X，et al. Effects of compacting activated carbons on their volumetric CO_2 adsorption performance[J]. Fuel，2020，262：116540.

［6］ Hong S M，Yoon H J，Choi Y，et al. Solving two environmental problems simultaneously：Scalable production of carbon microsheets from structured packing peanuts with tailored microporosity for efficient CO_2 capture[J]. Chemical Engineering Journal，2020，379：122219.

［7］ Ding S，Liu Y X. Adsorption of CO_2 from flue gas by novel seaweed-based KOH-activated porous biochars [J]. Fuel，2020，260：116382.

［8］ Duran-Jimenez G，Rodriguez J，Stevens L，et al. Single-step preparation of activated carbons from pine wood，olive stones and nutshells by KOH and microwaves：Influence of ultra-microporous for high CO_2 capture[J]. Chemical Engineering Journal，2024，499：156135.

［9］ Wei H，Deng S，Hu B，et al. Granular bamboo-derived activated carbon for high CO_2 adsorption：The dominant role of narrow micropores[J]. ChemSus Chem，2012，5：2354-2360.

［10］ Du J，Li W C，Ren Z X，et al. Synthesis of mechanically robust porous carbon monoliths for CO_2 adsorption and separation[J]. Journal of Energy Chemistry，2020，42：56-61.

［11］ Nagarajan L，Sampath kumar P，Arulraj A，et al. Solar assisted reduced graphene oxide as adsorbent for carbon dioxide and its kinetic studies[J]. Physica E：Low-dimensional Systems and Nanostructures，

2020, 116: 113739.
[12] Fu D L, Davis M E. Carbon dioxide capture with zeotype materials[J]. Chemical Society Reviews, 2022, 51 (22): 9340-9370.
[13] Zhou Y, Zhang J L, Wang L, et al. Self-assembled iron-containing mordenite monolith for carbon dioxide sieving[J]. Science, 2021, 373 (6552): 315-320.
[14] Wu Y, Du H, Gao Y J, et al. Syntheses of four novel silicate-based nanomaterials from coal gangue for the capture of CO_2[J]. Fuel, 2019, 258: 116192.
[15] Zheng Q W, Huang L, Zhong Z Y, et al. Development of $KNaTiO_3$ as a novel high-temperature CO_2 capturing material with fast sorption rate and high reversible sorption capacity[J]. Chemical Engineering Journal, 2020, 380: 122444.
[16] Carchini G, Hussein I, Al-Marri M J, et al. A theoretical study of gas adsorption on calcite for CO_2 enhanced natural gas recovery[J]. Applied Surface Science, 2020, 504: 144575.
[17] Maia R A, Louis B, Gao W L, et al. CO_2 adsorption mechanisms on MOFs: A case study of open metal sites, ultra-microporosity and flexible framework[J]. Reaction Chemistry & Engineering, 2021, 6 (7): 1118-1133.
[18] Adhikari A K, Lin K S. Synthesis, fine structural characterization, and CO_2 adsorption capacity of metal organic frameworks-74[J]. Journal of Nanoscience and Nanotechnology, 2014, 14 (4): 2709-2717.
[19] Lin J B, Nguyen T T T, Vaidhyanathan R, et al. A scalable metal-organic framework as a durable physisorbent for carbon dioxide capture[J]. Science, 2021, 374 (6574): 1464-1469.
[20] Miao Y J, Luo H C, Pudukudy M, et al. CO_2 capture performance and characterization of cellulose aerogels synthesized from old corrugated containers[J]. Carbohydrate Polymers, 2020, 227: 115380.
[21] Vazhayal L, Wilson P, Prabhakaran K. Waste to wealth: Lightweight, mechanically strong and conductive carbon aerogels from waste tissue paper for electromagnetic shielding and CO_2 adsorption[J]. Chemical Engineering Journal, 2020, 381: 122628.
[22] Carrera M, Such-Basáñez I, Marco-Lozar J P, et al. Rational design of 7-azaindole-based robust microporous hydrogen-bonded organic framework for gas sorption[J]. Angewandte Chemie International Edition, 2025, 64 (1): e202412981.
[23] 赵蓓蓓，王际童，王梅，等．树脂基固态胺吸附剂室温下对低浓度 CO_2 的吸附性能研究[J]. 环境科学学报，2014，34 (11)：2892-2898.
[24] Jena H S, Krishnaraj C, Schmidt J, et al. Effect of building block transformation in covalent triazine-based frameworks for enhanced CO_2 uptake and metal-free heterogeneous catalysis[J]. Chemistry, 2020, 26 (7): 1548-1557.
[25] Xu K, Oestreich R, Haj Hassani Sohi T, et al. Polyphosphonate covalent organic frameworks[J]. Nature Communications, 2024, 15 (1): 7862.
[26] Zhou Z H, Ma T Q, Zhang H Y, et al. Carbon dioxide capture from open air using covalent organic frameworks[J]. Nature, 2024, 635 (8037): 96-101.
[27] Li H Z, Zhou Z H, Ma T Q, et al. Bonding of polyethylenimine in covalent organic frameworks for CO_2 capture from air[J]. Journal of the American Chemical Society, 2024, 146 (51): 35486-35492.
[28] Rohde R C, Carsch K M, Dods M N, et al. High-temperature carbon dioxide capture in a porous material with terminal zinc hydride sites[J]. Science, 2024, 386 (6723): 814-819.
[29] 王美慧，刘慧敏，于戈文，等．金属氧化物吸附剂吸附 CO_2 研究进展[J]. 工业 A，2020，9：95-98.
[30] Gao W L, Zhou T T, Wang Q. Controlled synthesis of MgO with diverse basic sites and its CO_2 capture mechanism under different adsorption conditions[J]. Chemical Engineering Journal, 2018, 336: 710-720.

[31] 宋淦．MgO 吸附剂制备及其 CO_2 吸附性能研究[D]．重庆：重庆大学，2016.

[32] Guo Y F, Tan C, Wang P, et al. Structure-performance relationships of magnesium-based CO_2 adsorbents prepared with different methods[J]. Chemical Engineering Journal, 2020, 379: 122277.

[33] 王美慧，刘慧敏，谢跃林，等．改性氧化镁捕集二氧化碳的研究[J]．离子交换与吸附，2021，37 (4): 314-322.

[34] Ding J, Wang M H, Gao S, et al. Preparation of adsorption materials by combustion method: A new approach to the preparation of magnesia doped with trace zirconium[J]. New Journal of Chemistry, 2022, 46 (33): 15891-15900.

[35] Ding J, Zhang J X, Zhang C, et al. Effects of La-doping and preparation conditions on magnesia-based adsorption materials prepared by salicylic acid complex-combustion method for CO_2 capture[J]. Journal of Environmental Chemical Engineering, 2023, 11 (2): 109391.

[36] Guo X H, Ding J, Wu Y F, et al. Feasible fabrication of highly dispersed La_2O_3 promoted MgO composites for CO_2 capture at mid-temperature[J]. Materials Chemistry and Physics, 2022, 279: 125734.

[37] Luo C, Zheng Y, Ding N, et al. Development and performance of CaO/La_2O_3 Sorbents during calcium looping cycles for CO_2 capture[J]. Industrial & Engineering Chemistry Research, 2010, 49 (22): 11778-11784.

[38] Gao N B, Chen K L, Quan C. Development of CaO-based adsorbents loaded on charcoal for CO_2 capture at high temperature[J]. Fuel, 2020, 260: 116411.

[39] Li H L, Qu M Y, Hu Y C. High-temperature CO_2 capture by Li_4SiO_4 adsorbents: Effects of pyroligneous acid (PA) modification and existence of CO_2 at desorption stage[J]. Fuel Processing Technology, 2020, 197: 106186.

[40] Serafin J, Baca M, Biegun M, et al. Direct conversion of biomass to nanoporous activated biocarbons for high CO_2 adsorption and supercapacitor applications[J]. Applied Surface Science, 2019, 497: 143722.

[41] Zhang T P, Li M, Ning P, et al. K_2CO_3 promoted novel Li_4SiO_4-based sorbents from sepiolite with high CO_2 capture capacity under different CO_2 partial pressures[J]. Chemical Engineering Journal, 2020, 380: 122515.

[42] Ma L, Qin C L, Pi S, et al. Fabrication of efficient and stable Li_4SiO_4-based sorbent pellets *via* extrusion-spheronization for cyclic CO_2 capture[J]. Chemical Engineering Journal, 2020, 379: 122385.

[43] Rocha C, Soria M A, Madeira L M. Effect of interlayer anion on the CO_2 capture capacity of hydrotalcite-based sorbents[J]. Separation and Purification Technology, 2019, 219: 290-302.

[44] Vallace A, Campbell Z S, Moon H J, et al. CO_2 uptake and stability enhancement in vinyltrimethoxysilane-treated SBA-15 solid amine-based sorbents[J]. Small, 2024, 20 (46): e2401422.

[45] 刘之琳，滕阳，张锴，等．不同有机胺修饰 MCM-41 的 CO_2 吸附性能和热稳定性[J]．燃料化学学报，2013，41: 469-476.

[46] Yoo D K, Yoon T U, Bae Y S, et al. Metal-organic framework MIL-101 loaded with polymethacrylamide with or without further reduction: Effective and selective CO_2 adsorption with amino or amide functionality[J]. Chemical Engineering Journal, 2020, 380: 122496.

[47] Lee J J, Sievers C, Jones C W. Silica-supported hindered aminopolymers for CO_2 capture [J]. Industrial & Engineering Chemistry Research, 2019, 58 (50): 22551-22560.

[48] 刘亚敏，史晶金，陈杰，等．超枝化固体胺吸附分离烟气中二氧化碳[J]．化工学报，2011，62 (3): 736-742.

[49] Alivand M S, Habiba U, Ghasemian M, et al. Amine-functionalized meso-macroporous polymers for efficient CO_2 capture from ambient air[J]. ACS Applied Materials & Interfaces, 2024, 16 (14): 17411-17421.

[50] Huang J J, Huang Y S, Yu X B, et al. Advanced solid amine adsorbents with exceptional oxidative stability for efficient capture of low-concentration CO_2[J]. Small, 2025, 21 (10): e2411010.

[51] Zang P C, Tang J Y, Zhang H, et al. Insights into amine-resin matching strategy for CO_2 capture: Adsorption performance tests and Mechanistic investigation[J]. Separation and Purification Technology, 2024, 331: 125622.

[52] Kim J O, Min K I, Noh H, et al. Direct fabrication of free-standing MOF superstructures with desired shapes by micro-confined interfacial synthesis[J]. Angewandte Chemie (International Ed), 2016, 55 (25): 7116-7120.

[53] Zhen H G, Mao H, Haq I U, et al. *In-situ* SIFSIX-3-Cu growth into melamine formaldehyde sponge monolith for CO_2 efficient capture[J]. Separation and Purification Technology, 2020, 233: 116042.

[54] Das R, Dhankhar S S, Nagaraja C M. Construction of a bifunctional Zn (ii) -organic framework containing a basic amine functionality for selective capture and room temperature fixation of CO_2[J]. Inorganic Chemistry Frontiers, 2020, 7 (1): 72-81.

[55] Cheng J G, Liu J, Tong W Q, et al. Two new MOFs based on 5- ((4-carboxypyridin-2-yl) oxy) isophthalic acid displaying unique selective CO_2 gas adsorption and magnetic properties[J]. CrystEngComm, 2019, 21 (46): 7078-7084.

[56] Adhikari A K, Lin K S. Improving CO_2 adsorption capacities and CO_2/N_2 separation efficiencies of MOF-74 (Ni, Co) by doping palladium-containing activated carbon[J]. Chemical Engineering Journal, 2016, 284: 1348-1360.

[57] Lyu H, Chen O I, Hanikel N, et al. Carbon dioxide capture chemistry of amino acid functionalized metal-organic frameworks in humid flue gas[J]. Journal of the American Chemical Society, 2022, 144 (5): 2387-2396.

[58] Wang C, Wu J, Cheng P F, et al. Nanocomposite polymer blend membrane molecularly re-engineered with 2D metal-organic framework nanosheets for efficient membrane CO_2 capture[J]. Journal of Membrane Science, 2023, 685: 121950.

[59] Hadjiivanov K. Identification and characterization of surface hydroxyl groups by infrared spectroscopy [J]. Advances in Catalysis, 2014, 57: 99-318.

[60] Morales-Ospino R, Canevesi R L S, Schaefer S, et al. Is heteroatom doping of activated carbons always a good strategy for enhancing CO_2 adsorption? [J]. Chemical Engineering Journal, 2024, 479: 147638.

[61] Eichler J E, Leonard H, Yang E K, et al. Dual-cation activation of N-enriched porous carbons improves control of CO_2 and N_2 adsorption thermodynamics for selective CO_2 capture[J]. Advanced Functional Materials, 2024, 34 (51): 2410171.

[62] Zhao J H, Shan W D, Zhang P F, et al. Solvent-free and mechanochemical synthesis of N-doped mesoporous carbon from tannin and related gas sorption property[J]. Chemical Engineering Journal, 2020, 381: 122579.

[63] Qezelsefloo E, Khalili S, Jahanshahi M, et al. Adsorptive removal of CO_2 on Nitrogen-doped porous carbon derived from polyaniline: Effect of chemical activation[J]. Materials Chemistry and Physics, 2020, 239: 122304.

[64] Rattanaphan S, Rungrotmongkol T, Kongsune P. Biogas improving by adsorption of CO_2 on modified waste tea activated carbon[J]. Renewable Energy, 2020, 145: 622-631.

[65] Kwon S, Kwon H J, Choi J I, et al. Toward enhanced CO_2 adsorption on bimodal calcium-based materials with porous truncated architectures[J]. Applied Surface Science, 2020, 505: 144512.

[66] Guo Y F, Tan C, Sun J, et al. Biomass ash stabilized MgO adsorbents for CO_2 capture application[J]. Fuel, 2020, 259: 116298.

[67] Li Y Y, Han K K, Lin W G, et al. Fabrication of a new MgO/C sorbent for CO_2 capture at elevated temperature[J]. Journal of Materials Chemistry A, 2013, 1 (41): 12919-12925.

[68] Sen M, Dana K, Das N. Development of LTA zeolite membrane from clay by sonication assisted method at room temperature for H_2-CO_2 and CO_2-CH_4 separation[J]. Ultrasonics Sonochemistry, 2018, 48: 299-310.

[69] Yilmaz G, Ozcan A, Keskin S. Computational screening of ZIFs for CO_2 separations[J]. Molecular Simulation, 2015, 41 (9): 713-726.

[70] Nakahiro K, Yu L, Nagasawa H, et al. Pore structure controllability and CO_2 permeation properties of silica-derived membranes with a dual-network structure[J]. Industrial & Engineering Chemistry Research, 2021, 60 (23): 8527-8537.

[71] Kwon D I, Kim J C, Lee H, et al. Engineering micropore walls of beta zeolites by post-functionalization for CO_2 adsorption performance screening under humid conditions[J]. Chemical Engineering Journal, 2022, 427: 131461.

CHAPTER 5

第5章 热驱动 CO_2 多相催化合成化学品

CO_2 转化为高附加值化学品是实现其资源化利用的主要途径。CO_2 分子具有较高的化学惰性，导致其选择性活化及可控转化极具挑战。电驱动或/和光驱动 CO_2 催化转化具有较低的转化率和产物选择性而难以大规模工业化应用，热驱动 CO_2 多相催化转化反应是操作简便、目标产物可调且产品收率较高的方法。由于具有更高的能量密度、更好的传质性能和催化效率，该方式较容易实现工业生产。通过该类反应实现 CO_2 还原或非还原制备多种化学品，既可促进 CO_2 的资源化利用，又可有效缓解温室效应，在环保、能源和材料等领域具有重要意义。本章围绕热驱动多相催化 CO_2 转化为 CO、CH_4、甲酸、甲醇、碳氢化合物和其他精细化学品的研究进行详细阐述，针对 CO_2 高效活化及 C═O 键解离、C—C 键耦合、催化剂稳定机制等科学问题，通过反应活性评价、原位表征研究结合量化计算，开展了新型催化剂构筑及稳定机制、活性中心对 C═O 键解离能力精准调控、结构-性能即构效关系等研究。重点讨论反应机理、所用催化剂及反应体系，并对其未来的研究方向进行了展望，为实现 CO_2 高效转化提供理论基础和实践指导。

如第 1 章中图 1-1 所示，CO_2 转化的产物有多种，如通过 CO_2 催化加氢转化为 C_1 产品（CO、甲烷、甲醇和甲酸等）；此外，CO_2 加氢还可以生成多碳（C_{2+}）产物如烯烃、烷烃、芳香烃及高碳醇等；CO_2 也可以作为羰基化试剂与环氧化合物合成制备聚碳酸酯等。根据反应过程中碳原子价态的变化，热驱动 CO_2 催化转化可分为非还原性和还原性转化。其中，非还原性转化是将 CO_2 分子作为羰基/羧基化试剂插入 C—H、C—C、C—O 和 C—N 等化学键中，使烃类、胺类等羧基化，从而制得羧酸、碳酸酯、氨基甲酸酯等精细化学品。该类过程原子经济性好、产品附加值高，但也存在产品分离困难、催化剂损耗大的问题。CO_2 的还原性转化是指在甲烷、氢气或 CO 等还原性反应物的共存下，将 CO_2 还原为合成气、甲烷、甲醇等小分子含能化合物。该类反应能够将可再生能源封存于产物中，所以与能源化工联系紧密，产品作为能源载体的市场容量巨大，既能够获得可观的经济收益，也能够实现巨大的 CO_2 减排目的。均相催化剂反应活性虽较高，但产物分离难、催化剂易分解失活和挥发等问题导致其生产成本偏高。相较而言，多相催化体系则完美克服了这方面的问题。因此，在选取合适的催化体系和工艺路线后，以上反应均可通过多相催化途径来实现。尽管通过热驱动多相催化方法将 CO_2 转化成各种化学品已经取得了一些进步，但 CO_2 电四极矩的存在，使得其在化学转化反应中惰性极强（C ═O 键能高达 806kJ/mol）。此外，CO_2 催化转化如选择性加氢制甲醇反应是结构敏感型反应，很大程度上受催化剂的化学状态和构型影响。诸如 CO_2 加氢制烃、高碳醇等反应较高的 C—C 耦合势垒，使高温、高压等反应条件的采用不可避免。所以，在详细反应机理的基础上，研制性能稳定且选择性高的催化剂、创新催化体系以及开发新的反应体系等是解决上述问题的关键。

5.1 CO_2 制 CO

5.1.1 甲烷二氧化碳干重整

5.1.1.1 反应机理

利用温室气体甲烷和二氧化碳制备合成气（$CH_4+CO_2 = 2H_2+2CO$），缓解其引起的温室效应，具有环境保护与资源利用的双重价值，因而日益受到国内外学者的关注。在排除了外部和内部扩散限制的影响后，通过固定一种反应物的分压，同时改变另一反应物的分压来进行动力学研究。结果表明，在该催化剂上，反应速率与 CH_4 和 CO_2 的分压呈线性正相关。然而，CH_4 的反应级数（约 0.67 和约 0.53）明显高于 CO_2（约 0.09 和约 0.07），表明其活化对反应动力学至关重要。此外，CH_4 在催化剂上的表观活化能为 91kJ/mol，远远大于 CO_2（70kJ/mol），这充分说明 CH_4 解离需要更高的能垒，并在该催化体系中是决速步骤。以 Ir/CeO_x 催化剂为例，进一步结合原位光谱表征和理论计算进行机理研究发现，CH_4 分子在 Ir/CeO_{2-x}(110) 的 $Ir^{\delta+}$ 界面以较小的吸附能（−0.03eV）吸附后，CH_4 中 C—H 键裂解生成 CH_3^*，即 $Ir^{\delta+}$ 促进 CH_4 分子的活化吸附。接下来，CH_3^* 脱氢成为 CH_2^*（脱氢能垒为 1.43eV），此时，因位阻较大，CH_3^* 很难氧化为 CH_3O^*。随后，CH_2^* 氧化为 CH_2O^*（反应能垒为 1.03eV），CH_2^* 继续脱氢成为 CH^*（脱氢能垒为 1.56eV）。前者的能垒远低于后者，所以 CH_xO^* 中间体优先形成，有效抑制了 CH_2^* 物种过度分解成碳沉积。紧接着，CH_2O^* 脱氢生成 CHO^* 和 CO。最后，CO 被氧空位（O_v）解吸，所脱除的四个活性氢原子最终结合为两个 H_2 分子。与此同时，CO_2 分子在 O_v 处解离吸附（吸附能−1.85eV，能垒为 0.7eV）并形成活性氧，该活性氧物种将 CH_2^* 氧化为 CH_2O^*。以上一系列基元步骤中，CH_3^* 脱氢生成 CH_2^* 的能垒最高（1.43eV），是甲烷二氧化碳干重整反应的关键决速步骤。

由于反应动力学的限制，该反应需在高温下进行，所用催化剂的热稳定性差、易积碳，加之对反应器材质要求高等问题困扰着该技术的应用。所以，围绕高温多相催化反应过程的研究，调控催化剂活性中心的高分散度与高温抗烧结能力是该领域的研究重点。其中，通过增加金属与载体之间的相互作用等方式，可以有效提高催化剂的抗烧结性能，但积碳问题仍然是该类催化剂不可避免的难题。近年来，研究人员对反应中 CO_2 和 CH_4 分子解离路径的分子模拟、积碳原理、金属烧结等做了大量的工作。一般认为反应中发生的 CH_4 裂解和 CO 歧化反应（CO 在特定条件下发生自身氧化还原反应生成 CO_2 和碳的过程）是两种主要的积碳来源[1]，而积碳的消除则直接通过 CO_2 辅助逆 Boudouard 反应或间接通过与 CO_2 解离所产生的表面 O^* 物种反应来实现。例如，通过巧妙设计合成策略，制备出抗烧结的 Ni@S-1 纳米片分子筛催化剂（Ni 负载质量分数约为 1.0%），排除 Ni 物种烧结导致的催化性能损失，对积碳所引起催化剂的线性和非线性失活进行专一研究，以破译 CH_4 和 CO_2 在反应过程中遵循的“碳足迹”，即积碳的来源。结果表明，由 CH_4 分解产生的 CH_x^* 迅速重排所得多苯环芳烃即“瞬态碳”是催化剂失活的关键诱因。随着时间增加，该多苯环芳烃的共轭程度变得越来越高，如果其未能在 CO_2 的辅助下及时消除，会进一步脱氢形成覆盖 Ni 等活性位点的石墨化碳，从而导致催化剂的线性失活。如果反应初期积碳与消碳速率不匹配，所产生的“瞬态碳”无法及时消除并快速演变成难以消除的石墨化碳，从而覆盖活性位点导致催化剂非线性失活，即“诱导期”的存在所导致的反应转化率在开始阶段快速下降随后趋于平稳。Ni 纳米颗粒和 $NiO_x(OH)_y$ 分别为 CH_4 和 CO_2 活化位点，其中任何一方的过度活化都会导致积碳的速率大于消碳的速率，使积碳发生。因此，“瞬态碳”生成和消除的动态平衡对提高 DRM 反应的活性和耐久性具有重要意义。

当然，值得特殊说明的是，CH_4 与 CO_2 也可以在某些条件下发生 C—C 耦合反应，如一些贵金属催化剂，或者通过向单组分非贵金属催化剂中掺杂异种元素，从而产生异核金属阳离子，可以调节原金属中心的局部电子环境，产生新的活性位点和吸附位点，从而提高反应效率并改变反应路径。例如，使用具有异核金属离子 $CuTa^+$ 的催化剂，成功实现了 CH_4 与 CO_2 的 C—C 耦合反应。

5.1.1.2 催化剂及其影响因素

众多研究显示，Pt、Rh、Ru、Pd 等贵金属催化剂尤其是 Ru 和 Rh 基催化剂在 DRM 中的活性极为优异，而过渡金属等非贵金属则活性稍差，不过 Ni 基催化剂的活性可与 Pt、Pd 等贵金属相媲美甚至更优。除此外还有碳化物、硫化物等类型的催化剂在此反应中的应用也有大量报道。受益于反应机理和催化剂失活方面的研究，以及新工艺、新催化体系的涌现，甲烷干催化重整制合成气技术有了长足的进步。通过改性的方式实现了传统 Ni 基、Co 基和 Fe 基催化剂性能的极大提升。如改变载体类型，使用碳化钼材料、SBA-15 等分子筛、纳米羟基磷灰石、水滑石、氮掺杂碳、氮化硼、钙钛矿等新型载体代替 ZrO_2、Al_2O_3、SiO_2、CeO_2、TiO_2 等常规载体，达到活性组分的分散性能提高、活性增强及热稳定性增大等目的；或添加镧等稀土元素及钼等过渡金属元素作为助剂，实现对主活性组分电子性能和结构性能的调控。

(1) **制备方法的影响**

通过传统的浸渍、共沉淀和氨蒸发等方法将介孔 SiO_2 载体(SBA-15)和微孔 SiO_2 载体应用于甲烷二氧化碳干重整的 Ni 基催化剂中。其中,采用氨蒸发法可以将高度分散的 Ni 颗粒负载在 SBA-15 和介孔 SiO_2 上,表现出优异的催化活性。在较低的反应温度下(600℃),该样品的 CO_2 转化率接近 89%,CH_4 转化率 84%。进一步将反应温度提高至 700℃和 800℃时,CO_2 转化率接近 100%,产物中 H_2/CO(摩尔比)增高。通过热重分析考察催化剂失活情况,发现即使在较高的反应温度下,催化剂很少或没有发生积碳和 Ni 粒子烧结,而这一切要归功于 SBA-15 介孔的空间限制和约束作用。在催化剂制备方面,科研人员也与时俱进,一些先进的材料制备技术和手段,如微波或超声辅助等离子体溶胶凝胶制备技术、甘氨酸辅助浸渍法、氨蒸法等使用广泛,所得催化剂在甲烷二氧化碳干重整反应中显示出优异的活性和稳定性。如 Mou 和 Ding[2] 利用界面定向外延生长的策略,制备了 Zr-Mn-Zn 三元氧化物载体负载的 Ni 催化剂,相较于传统 Ni 基催化剂中 NiO 粒子较宽的粒径分布,该催化剂中纳米厚度的 NiO 层覆盖于 $MnZnO_x$ 之上。Mn-Ni 之间较强的电子相互作用提高了 Ni 的分散度和催化剂活性,而 Zn 的添加则显著增强了催化剂的稳定性。

借助浸渍、化学沉积/沉淀、强静电吸附等方法或基于催化剂载体缺陷位点构筑等传统策略在稳定金属位点,防止其高温反应下迁移烧结的效果有限。比如,通过以上方法经初始制备可以获得较小尺寸的活性金属位点,然而在高温下纳米颗粒趋向于形成具有热力学稳定结构的大颗粒,导致活性位数量大量减少。为解决这类问题,引入活性金属并获得适中的金属-载体相互作用是制备高分散和抗烧结催化剂的有效策略。He 等人[3] 开发了一种"气相扩散-原位捕获"的催化剂制备技术,以脱除骨架铝原子而形成丰富的硅醇巢表面缺陷的 β 沸石为载体,将 Ni 前驱体高温气相扩散到硅醇巢中,利用其多羟基位点的锚定作用,实现 Ni 金属活性中心的原位高分散型捕获,构筑较强的金属-载体相互作用,最终获得适合高温甲烷二氧化碳干重整反应的高分散、高稳定性的 Ni 基催化剂,在反应中有效避免活性金属的高温聚集烧结。过渡金属中除 Ni 基催化剂的活性较高外,贵金属(Pd、Rh、Ru、Pt、Ir)在 DRM 反应中也展现出较高的催化活性。贵金属当中,Ir 具有更高的塔曼温度,所以在高温下具备极佳的热稳定性。有研究者借助简易的浸渍-还原法[4],制备了负载于 CeO_2 和 Al_2O_3 上的 Ir 纳米团簇催化剂。XRD 谱图显示,由于 Ir 种类的高度分散和较低的含量(0.6%),除了 Al_2O_3 和 CeO_2 晶相外,上述催化剂中没有发现 Ir 或 IrO_2 衍射峰。TEM 图像显示,Ir 纳米团簇(平均粒径约 1.0nm)均匀分散并锚定在 CeO_2 纳米棒载体上,准原位 XPS 和原位 EXAFS 证实形成了大量的 $Ir^{\delta+}$-O_v-Ce^{3+} 界面结构(后证明其具有突出的催化性能,是反应的真实活性中心),其浓度可以通过调节 Ir 负载来调节。由于这种金属-载体界面结构在反应中的协同作用,在高达 240000mL/(g·h) 的空速下,该 Ir/CeO_{2-x}

催化剂（Ir 含量为 0.6%）显示出较高的 CH_4 转化率（约 72%）和 CO_2 转化率（约 82%），CH_4 反应速率更是高达 973μmol/(g_{cat}·s)，且催化剂在 700℃下稳定运行超过 100h，使用的 0.6%Ir/CeO_{2-x} 催化剂与新鲜样品相比，没有明显的结构变化，该催化剂的性能接近本领域研究的最高水平。相比之下，由于 Ir 团聚和积碳，Ir/Al_2O_3 催化剂在 15h 内迅速失活。将 Ir 活性位点减小至单原子尺度能够大大提高 Ir 原子的利用率并提高其催化活性。以简单的浸渍法在 TiO_2 上负载 0.01%～1.0%（质量分数）的 Ir 物种后，可获得 Ir 纳米颗粒（0.2%～1.0%Ir/TiO_2）、原子级分散 Ir（0.05%Ir/TiO_2）和 Ir 单原子催化剂（0.01%Ir/TiO_2）。在 DRM 反应中，Ir/TiO_2 单原子催化剂的反应速率为 697.71mol/(g_{Ir}·h)，高于 Ir 纳米颗粒的反应速率［447.12mol/(g_{Ir}·h)］。此外，该催化剂在 750℃下运行 50h 后未见失活，表现出良好的稳定性。

单金属催化剂虽被广泛用于 CO_2 加氢，然而，单一位点的局限性在某些反应条件下会导致催化性能受到显著影响。双金属催化剂通过两种金属活性位的协同作用，展示出比单金属催化剂更优的催化活性和选择性。利用气溶胶辅助喷雾热解法单步、高效的特点，制备了 Pt、Co 或 Pt、Ni 高度分散于 CeO_2 上的双原子催化剂（Pt_1Co_1-CeO_2 和 Pt_1Ni_1-CeO_2）[5]，其中，在 200～400℃时，Pt_1Co_1-CeO_2 展示出较高的 CO_2 转化率和 CO 选择性，尤其是在 350℃下连续反应 11h 后，CO_2 转化率和 CO 选择性（>98%）无明显减小，表明其结构和性能的优异稳定性；Pt_1Ni_1-CeO_2 催化剂则在相同条件下显示出较高的 CH_4 选择性。具体分析后发现，CeO_2 中的氧空位不但促进了 CO_2 的吸附和活化，而且增强了电子传递能力。在 Pt 与 Co 所形成的催化剂中，Co 通过电子转移降低了 CO_2 直接解离生成 CO 的能垒，从而促进了 CO 生成。Pt 与 Ni 之间的电子协同效应则通过促进 *COOH 的生成和进一步加氢倾向于生成 CH_4。密度泛函理论（density functional theory，DFT）验证并揭示了反应路径的选择由金属-金属相互作用决定。

将多种方法综合运用可以获得超细（1～1.5nm）CeO_2 纳米岛分散在球形 SiO_2 表面并与 Ni 相互作用的高效催化剂。首先以 Stober 法合成球形 SiO_2（250～300nm），之后以静电吸附法将超细 CeO_2 纳米团簇均匀分散在 SiO_2 表面，最后通过浸渍法将 Ni 纳米粒子（25～30nm）负载到该 SiO_2 载体表面，最终获得具有高活性、超稳定的 Ni-CeO_2/SiO_2 催化剂。在该催化剂中，超细 CeO_2 纳米岛分散在球形 SiO_2 表面，Ni 物种在可控调节下与之发生电荷交换而增强表面 C—H 键可控断裂。另外，高度配位不饱 CeO_2 纳米岛的大量分布产生较多氧空位和“活性氧”物种，不但显著促进 CO_2 吸附/活化，而且进一步强化了“消碳过程”（即加速催化剂表面 CH_4 裂解产生的碳物种的消除）和“疏碳效应”（即带正电荷的 CeO_2 纳米岛对 SiO_2 载体表面 Si-OH 负电荷的覆盖，进而调控催化剂积碳的类型与落位），有效避免 Ni 位点积碳失活。之后，通过调节 CeO_2 纳米岛在 SiO_2 表面的浓度，实现了极高的 CO_2 和 CH_4 转化率（分别为 96%和 92%），未发现其他副反应，催化剂稳定运行 2000h 后未出现明显失活。

(2) **反应体系、催化剂结构调整等其他影响因素**

部分研究人员通过设计 Ni-Cu、Ni-Fe、Ni-Mg 等二元活性体系，解决了传统单活性组分催化剂因积碳和烧结等导致的失活的问题，因为双金属催化剂相较于单金属催化剂具有改善活性、选择性和稳定性的特性。例如，通过对 Fe_xNi_y、Co_xNi_y 和 Fe_xCo_y 双金属体系在流动反应器中的反应性能研究，揭示双金属相互作用对甲烷二氧化碳干重整的影响。另外，创新的反应器设计也使得该反应的效率和速度得到了进一步的提升。Gao 等人[6] 总结了分子筛膜催化反应器应用于甲烷二氧化碳干重整并取得了良好的效果，如打破了热力学平衡的限制，反应中 CO_2 和 CH_4 的转化率均可以达到 70%以上，同时催化剂积碳得到了极大的抑制。

其他对催化剂结构和组成等的调整也实现了对 DRM 反应性能的改进。例如，通过增多催化剂的组分、调整自身结构熵，合成了高熵尖晶石型（NiCaMg-ZnCo)$A_{10}O_x$，在 DRM 反应中表现出极佳的活性和稳定性。其中，Zn 和 Co 的作用是稳定了高熵尖晶石结构，另外还稀释了活性 Ni 位点；Ca 和 Mg 这两个碱土金属元素的掺杂产生了额外的氧空位，可以消除积碳，使催化剂稳定性大大增强。由于 DRM 反应通常在高温下进行（>700℃），这将不可避免地造成催化剂烧结而失活。通过向 MgO 基体中掺杂 Ni 实现 Ni^{2+} 取代 Mg^{2+}，可形成大量 Mg^{2+} 空位，这些空位可以锚定尺寸约 0.9nm 的活性金属 Ru，因此成功开发出高度稳定的亚纳米 Ru 催化剂。优化后的 $Ru_{1.5}/Ni_1$-MgO-R 催化剂在 800℃反应中，实现了高达 90%的 CH_4 转化率和 92%的 CO_2 转化率。更重要的是，该催化剂表现出极其优异的稳定性（反应中连续运行 1200h 后没有任何失活迹象）。材料表征和密度泛函理论计算均表明，Mg_v-Ru_8 的存在对亚纳米 Ru 的强稳定性至关重要，为设计具有高活性和强抗烧结性能的亚纳米金属催化剂提供了一种有效策略。Ni 基催化剂对该反应活性很高，但由于烧结和/或结焦，该类催化剂容易迅速失活。美国能源部橡树岭国家实验室的科研人员针对该反应所需催化剂在反应条件下会迅速失活的问题，提出了一种直接的方法，即通过增强金属-载体相互作用来锚定分散的 Ni 位点，从而使该活性位点嵌入脱铝 β 沸石中，因此获得优异的稳定性和反应速率[7]。具体来说，首先将硝酸镍和脱铝 β 分子筛进行充分固态研磨，然后在精细控制的气流下焙烧并获得 Ni-脱铝 β 分子筛催化剂（Ni 的质量分数为 6%）。结合原位 X 射线吸收光谱和从头计算，阐明了在催化剂合成过程中有效除水和脱除其他副产物（如 NO_3^- 分解产物等）是为了加强 Ni-Si 相互作用，这种牢固的结合使催化剂在高温下具有抗降解性，从而在催化剂运行 100h 后烧结和结焦得到有效抑制。瞬态同位素动力学实验揭示了 Ni 物种的内在 TOF（turnover frequency，转换频率）的差异，即通过与 Ni 纳米颗粒负载于脱铝 β 分子筛所得催化剂进行对比后发现，Ni-脱铝 β 分子筛催化剂稳定性的提高牺牲了 Ni 的部分催化活性。

5.1.2 CO_2 经逆水煤气变换反应制 CO

5.1.2.1 反应机理

CO 是煤间接制油等煤转化反应的基本原料，也是一碳化学的核心中间产物。除煤炭气化、CH_4 水蒸气重整等技术外，CO_2 逆水煤气变换反应也是生产 CO 的重要方法。所以，该反应是新兴碳循环经济的核心和关键技术。从利用现有化学工业基础的角度来看，逆水煤气变换反应是目前技术和经济上最可行的大规模利用 CO_2 的工艺之一。

由于 RWGS 是吸热反应 [$CO_2(g)+H_2(g)$ ══ $CO(g)+H_2O(g)$，$\Delta H_{298K}=41.2kJ/mol$]，高温有利于 CO 的生成。此外，反应前后分子数不变，所以提高反应压力对提高 RWGS 反应的 CO_2 平衡转化率无益。因此，想要获得足够高的单程转化，RWGS 反应通常在 400℃以上和常压下且原料气中有较高的 H_2/CO_2。多种原位表征技术证明该反应的反应机理为氧化-还原机理或吸附中间物种分解机理[8]。在前一种机理中催化剂的活性物种在 CO_2 和 H_2 中被持续氧化和还原，使其在氧化态和还原态之间交替，保证了反应的连续进行。后一种机理是指 CO_2 和 H_2 分子在催化剂活性位上吸附、活化并形成中间物种（甲酸盐 $HCOO^*$ 或羧酸盐 $COOH^*$ 以及碳酸盐或羰基），随后分解为最终产物 CO 和 H_2O。

对 RWGS 反应的技术经济评估表明，只有当催化剂具有 100% 的 CO 选择性时，才不会生成副产物甲烷等浪费 H_2，因此总体过程负碳，同时这也简化了下游的分离过程。不过，除铜基催化剂外，逆水煤气变换反应总是伴随着严重的甲烷化过程，尤其是具有高 C—O 键断裂能力的镍基和贵金属基催化剂。为抑制甲烷化反应的发生，减少金属负载量、构造金属碳化物/磷化物、在金属活性位点上涂覆包覆层、减小粒度以及变换载体可以提高 CO 选择性。但上述方法是以降低活性位的数量或密度，即牺牲催化剂活性来减少甲烷化等副反应的发生，因此需要权衡 CO 选择性与 CO_2 转化率，很难同时达到高的活性和选择性。

5.1.2.2 催化剂及其影响因素

在催化剂研制方面，该反应路线中所使用的催化剂一般以 Cu、Co、Ni、Pd、Rh、Mo_2C 等为活性组分，CO 选择性可达 70%～90%，但 CO_2 转化率较低（部分商业催化剂仅能达到 10%左右）。

(1) 贵金属催化剂

贵金属催化剂是 RWGS 反应中使用最为广泛的催化剂，其虽具有良好的活性，但 CH_4 的生成不可避免，且不利于产物的分离和纯化。以 Pt 为例，虽然具有出色的加氢能力，但其对 CO_2 的亲和力较低，导致在低温下 RWGS 活性不足。Pt 基催化剂特别是被助剂修饰时可以有效地促进 RWGS 反应的进行，如与未修饰 Pt 催化剂相比，Fe 助剂与负载 Pt 纳米粒子的紧密结合可以大大提高其在低温 RWGS 反应中的活性和选择性[9]。例如，利用表面有机金属化学方法成功制备了一系列二氧化硅负载

Pt-Fe 双金属催化剂（Pt_xFe_y@SiO_2 催化剂），其中 Pt_1Fe_1@SiO_2 催化剂的活性最高，CO 选择性大于 99%，产率高达 0.192mol/(g_{cat}·h)，高于单金属 Pt@SiO_2 [CO 选择性 96%、产率仅为 0.022mol/(g_{cat}·h)]。借助原位漫反射红外光谱和 X 光吸收光谱对反应条件下催化剂表面的真实动态过程进行研究后发现，单金属和双金属催化体系（Pt@SiO_2 和 Pt_xFe_y@SiO_2）所采取的反应路径截然不同。其中，Pt@SiO_2 需要先吸附活化 H_2，之后解离的高活性 H 原子才能够将 CO_2 有效地转化为 CO。而 PtFe@SiO_2 催化剂能够在没有 H_2 的情况下还原 CO_2，双金属和 CO_2 之间发生电子转移使反应遵循氧化还原机制，这与单金属 Pt@SiO_2 催化剂上观察到的情况形成鲜明对比。此外，H_2 处理后形成的 Pt-Fe 合金在整个 RWGS 中持久存在。需要注意的是，催化剂表面的一小部分 Fe 参与了合金化-脱合金化过程，即 Pt 促进该类 Fe 物种的快速氧化还原动力学（Fe^0-Fe^{n+}）。虽然 Pt 能够使 H_2 完成有效活化，但其促进 Fe 物种的快速氧化还原过程对于活化 CO_2 至关重要。这种机制与仅有单金属 Pt 的催化剂（Pt@SiO_2）所遵循的氢介导 CO_2 活化机制有极大的区别，因此双金属催化剂（Pt_xFe_y@SiO_2）中 Pt 和 Fe 之间的协同作用值得重点关注。另外，众所周知 WO_x 的高亲氧性可增强 CO_2 的吸附和活化，因此通过向 Pt/SiO_2 催化剂中引入 WO_x 制备了 Pt-WO_x/SiO_2 催化剂（Pt 和 W 的质量分数分别为 1% 和 0.5%）[10]。在该催化体系中，电子从 Pt 转移到 WO_x 从而形成了 WO_x/Pt 界面位点，增强了界面上的 CO_2 吸附和活化，同时减弱了催化剂对 CO 的吸附，有利于 CO 迅速解吸或脱附。在 400℃、空速 60L/(g·h) 以及 H_2/CO_2 摩尔比为 4 的反应条件下，Pt-WO_x/SiO_2 催化剂的本征反应速率和 TOF 相较于 Pt/SiO_2 催化剂高出 8 倍和 12 倍，更可喜的是 CO_2 转化率达到 23.5%，CO 选择性达到 100%。红外光谱和 DFT 计算共同揭示了 WO_x 的引入有效降低了反应的活化能，增强了反应动力学。同时，RWGS 反应机制由单位点 Pt 上形成羧基中间体的结合机制转变为 WO_x/Pt 界面位点上的氧化还原机制。对 Pt 基催化剂来说，金属 Pt 和氧化物载体之间的相互作用显著影响催化活性和选择性。而载体晶相和缺陷位点等表面性质对于强金属-载体相互作用（strong metal-support interactions，SMSI）以及金属-载体电子相互作用（electronic metal-support interactions，EMSI）有较大影响。鉴于此，在高温（800℃）CO_2 加氢为 CO 的反应中调节金红石负载 Pt 纳米粒子的强金属-载体相互作用，发现通过载体所具有的缺陷位能够精确地控制 Pt 纳米粒子表面覆盖的 TiO_{2-x} 层，即大大削弱了强金属-载体相互作用，因此显著增强了 Pt/金红石催化剂在高温 RWGS 反应中的活性和稳定性。也就是说，该 Pt/金红石催化剂在较高浓度氧空穴的帮助下，Pt 纳米粒子向金红石的电子转移数量减少，而其自身电子密度的增加使得 Pt 纳米粒子的金属性质得以保持，吸附能力显著降低，反应中 CO 产率高达 301mol/(g·h)，且经过 100h 连续在线反应后，催化性能仅损失 8%[11]。

除 Pt 外，其他贵金属在 RWGS 反应中也具有一定的催化性能。如 Ru 纳米粒子负载于缺陷二氧化钛（TiO_{2-x}）载体上所得催化剂在 RWGS 反应中显示出优异的活性、选择性和长期稳定性，最令人惊奇的是强金属-载体相互作用由于氧空位浓度的增大而增强，加之吸附剂介导调节金属-氧化物界面结构，进一步优化了负载Ru催化剂的性能和选择性。通过向CeO_2晶格中掺杂适量Cl来调节Pd和CeO_2之间的强金属-载体相互作用，成功制备出CeO_2负载Pd催化剂并在RWGS反应中显示出优异的催化性能和稳定性，如CO_2转化率为24.6%，CO选择性高达99.7%，同时催化剂连续反应超200h。研究发现，立方CeO_2前驱体的本征结构是控制Cl^-掺杂的关键，由此产生的$CeOCl/CeO_2$界面自发产生畸变（即价带重构）稳定了Pd的缺电子态，即利于缺电子Pd的负载和锚定，这样利于Pd与$CeOCl/CeO_2$之间的电子扰动，从而催化剂的表面性质和能带得以调节。最终，$Pd^{\delta+}$-[Cl-Ce-O]$^{\delta}$界面的相互作用避免了CO进一步加氢，也让$Pd^{\delta+}$中心免于烧结，因此增强了催化剂抵抗CO和H_2O的能力。

单原子催化剂（single-atom catalysts，SACs）在RWGS反应中不但具有优异的催化性能，而且由于实现了原子级分散，贵金属用量相比常规贵金属催化剂小，因此其受重视程度也与日俱增。尽管以贵金属为活性相的单原子结构催化剂在多种热催化CO_2加氢反应中显示出较好的应用前景，但RWGS反应温度通常在400℃以上，SACs应用于该反应后面临着在高温下单原子烧结和多原子聚集，导致催化剂活性位急剧减少的问题。为解决该问题，单原子合金催化剂（single-atom alloy catalysts，SAAs）引起越来越多学者的关注。使用湿浸渍法，利用“孤岛效应”的策略[12]，通过降低合金总的负载量但保持合金中两种金属的相对原子比（Ru/Ni=25）固定，不断细化合金颗粒直至粒径降至约1nm，最终形成高度分散的单原子合金并以单原子位点分散，金属负载量可高达40%。通过原子分辨技术对所得催化剂进行结构表征，单个Ru原子与Ni结合并形成合金，该均质Ru-Ni合金颗粒像一座座尺寸极小的孤岛，在TiO_2载体上，合金颗粒粒径减小，正如孤岛被不断相互隔离，最终形成一个孤立稳定的单原子合金结构。所得单原子合金催化剂的CO选择性达到100%，RWGS反应速率较具有Ru合金团簇位点的催化剂提高了55倍，与传统稀释策略制备的Ru-Ni单原子合金催化剂相比活性提高了3～4倍。此外，由于有效避免了主体金属的烧结，该单原子合金具有卓越的长期稳定性，在高温下CO_2催化转化中展现出良好的工业应用潜力。利用辅助原位锚定策略也可以缓解SACs烧结，提高其催化活性，如借助控制胺分子（乙二胺）与Pt物种和载体TiO_{2-x}之间的相互作用，成功实现单原子Pt在TiO_{2-x}上的有效分散与稳定。具体来说，单原子Pt嵌入氧空位中并形成$Pt^{\delta+}$-O_v-Ti^{3+}结构，所形成的强金属-载体相互作用不仅抑制了高温还原时Pt的烧结，还增强了氢溢流并促进了更多O_v的形成。在RWGS反应中，O_v位点的增多可以促进CO_2的吸附，与氢的活化和溢流协同作用显著提高了所得催化剂的性能，在330℃下TOF高达9289/h，稳定运行超过200h。

(2) 金属碳化物/氮化物催化剂

由于过渡金属碳化物如Mo_2C等具有类贵金属性质，且其价格低廉，在

RWGS中的催化应用日益受到关注。对 Mo_2C 基催化剂来说，Mo_2C 是逆水煤气变换反应所需真正的活性位，因此该体系中所用催化剂在反应前需要进行碳化处理。有研究表明，在反应过程中也可以在反应条件下诱导产生高活性的立方 Mo_2C 晶相。利用火焰喷射热解合成的不饱和氧化钼（$Mo_{17}O_{47}$）在不进行碳化预处理的情况下，就对逆水煤气变换反应表现出高活性，并在较高的反应温度（600℃）下保持稳定 2000h[13]。其中，Ir 助剂促进了 $Mo_{17}O_{47}$ 在反应初期的原位碳化，反应诱导所形成的立方 α-MoC 表层具有不饱和碳氧钼（MoO_xC_y）物种，是反应至关重要的活性位。详细来说，CO_2 中的 C 原子嵌入两个 Mo 原子之间的空缺，同时从该碳氧化物中夺取另一个 C 原子使空位再生，最后释放所形成的 CO。该过程往复循环并高效实现 CO_2 转化为 CO。而定向大规模制备的立方碳化钼（α-Mo_2C）纳米晶将 CO_2 通过 RWGS 还原为 CO，具有极高的选择性（100%），同时在高温条件下（600℃）在线运行超过 500h 后仍保持初始性能。机理研究和密度泛函理论计算结合催化剂的表征发现，该材料较高的催化活性、CO 选择性和稳定性分别归因于其极高的结晶相纯度、CO-Mo_2C 相互作用较弱和间隙氧原子的大量存在。另外，该催化剂在较高的反应温度（500℃）和空速［100000mL/(g_{cat}·h)］以及 H_2/CO_2（摩尔比）比值为 3 时，CO_2 转化率接近平衡转化率。同时，CO 选择性始终维持在 100%。即使改变反应条件为对甲烷化反应有利，如富 H_2 条件（H_2/CO_2 为 4）和低温（300℃）下，仍未观察到甲烷化反应的发生，充分证实了催化剂活性位对 CO 的高选择性[14]。研究还发现，反应过程中催化剂表面会形成保护碳质层，有效避免了 α-Mo_2C 长时间暴露于高温而发生团聚或结构转变，所以在催化剂稳定性方面起着关键作用。以上也充分说明，该催化剂能够适应各种反应参数，为其大规模工业应用提供了极大的灵活性。

卢等人[15] 采用溶液蒸发自组装法构建了 α-MoC 负载 Ir 催化剂，其催化性能较好。由于 Ir 与 α-MoC 的协同效应，所制备催化剂在较宽的温度范围内均展现出较高的 RWGS 反应性能，尤其是在 500℃、0.1MPa 和 300000mL/(g_{cat}·h) 的反应条件下，Ir 负载量为 0.5%时所得 Ir/MoC 催化剂的 CO_2 转化率可达 48.4%（接近该条件下的 CO_2 热力学平衡转化率 49.9%），同时，CO 选择性和时空收率分别高达 94.0%和 423.1μmol/(g_{cat}·s)，且在 100h 之内保持初始反应性能，因而具有优异的高温稳定性。由于 Ir 物种能够均匀地分散在 α-MoC 载体上，利于电子转移至 α-MoC 而形成金属-载体强相互作用，避免 Ir 烧结，极大地提高了催化活性和稳定性。研究还发现，当 Ir 负载量高于 0.2%时，Ir 团簇和 Ir 单原子并存，与 α-MoC 形成了多物种协同位点。当 Ir 负载量提升至 0.5%后，所制备的 Ir/MoC 催化剂拥有较小尺寸的 Ir 团簇和较多的 Ir 单原子，所形成的多物种协同位点显著促进了 CO_2 和 H_2 的吸附和活化，进而有利于甲酸盐中间体的生成和解离，从而获得了优异的 RWGS 性能。这一策略为设计和制备高效稳定的 RWGS 催化剂提供了一定的参考和借鉴。

需要注意的是，大多对碳化钼催化剂的研究都证明其表面起到关键作用，也就是说只有表面或亚表面参与了催化循环过程。但最新研究发现[16]，在表观反应速率达到 260μmol/(g_{cat}·s) 的情况下，MoC 催化剂体相也参与了反应的进行。$^{13}CO_2/H_2$-TPR 和环境透射电子显微镜发现，在逆水煤气变换的气氛下，α-MoC 的体相与气相反应物之间存在明显的动态碳流动。这种循环通过反应过程中催化剂体相、表面和气相反应物之间碳组分的完全交换而实现，其对于维持亚稳态 α-MoC 的结构稳定性和超高的反应活性至关重要。

根据众多关于 CO_2 转化为 CO 的研究报道，无论是金属配合物的均相催化还是负载型金属催化剂的非均相催化，CO_2 的活化需要 H_2 辅助，加之活性中间体的形成不但使反应路线复杂化，而且对催化剂结构提出了很多要求。通过直接断裂 CO_2 中稳定的 C═O 双键来活化该分子是避免上述问题的一种潜在策略。氧空位是典型的不饱和配位点，可以调节相邻活性金属的几何和电子结构，从而促进 CO_2 的吸附/活化以及在活性金属-氧空位界面进一步生成中间体。然而对于可还原氧化物，氧空位的形成会使得暴露出来的配位不饱和金属向 CO_2 的反键轨道转移电子，反而限制了 C═O 键的断裂。因此，需要构建具有强电子给体能力的丰富的表面氧空位来解决上述问题。有研究发现[17]，块体 Mo_2N 上形成的亚纳米 MoO_3 表面具有超活性氧化还原特性，而这一动态变化的表面可以实现 CO_2 直接解离活化。详细来说，在还原性气氛下，Mo-O 物种还原的同时，在 Mo_2N 上形成了深度还原亚纳米 MoO_x（$1<x<3$）表面层并产生了高密度的氧空位。此外，该亚纳米表面层形成了丰富的不饱和配位 Mo 位点，由此提供了良好的空间和电子微环境。至此，Mo 位点介导的电子转移直接断裂 CO_2 中稳定的 C═O 键（$CO_2 \longrightarrow CO+O_{表面}$）。该 CO_2 解离的氧原子（$O_{表面}$）占据的氧空位很易被 H_2 再生（$H_2+O_{表面} \longrightarrow H_2O$）。这种原位循环消耗氧物种和产生氧空位的过程加速了 O 原子从 CO_2 分子中转移至催化剂表面乃至最终产物，高效地完成了 RWGS 的催化功能。在 600℃、气时空速 200000mL/(g_{cat}·h) 的反应条件下，该 MoO_x/Mo_2N 催化剂将 CO_2 转化率提高至约 48%，产物仅为 CO，催化剂在线稳定运行超过 900h。

(3) 过渡金属及其氧化物催化剂

过渡金属以 Ni 为例，其来源广泛、价格低廉，因而 Ni 基催化剂在 RWGS 反应中具有广泛应用潜力。然而，由于 Ni 催化 C—O 键断裂能力过强，在 RWGS 反应中容易使 CO_2 过度加氢生成甲烷等烷烃，加之甲烷的生成在热力学上是有利的，最终导致 CO 的选择性降低。因此，调整 Ni 基催化剂的活性，避免 CO 进一步加氢裂化仍具有挑战性，也是该类催化剂设计需要重点关注的地方。针对上述问题，有效的策略是削弱催化剂活性组分对 CO 的吸附，从而限制 CO 在金属 Ni 上的深度加氢、裂化。具体方法如减少负载活性位点的数量、构建双原子对甚至是多原子对产生协同作用、氮掺杂或构建氮包封层包裹 Ni 活性位、强化金属-载体相互作用以及采用双金属合金，以改变 Ni 基催化剂在 CO_2 加氢中的产物分布，并将产物从甲烷转移到 CO。例如，对于 NiZn 合金催化剂，结合密度泛函理论计算和表征发现，电子从 Zn 转移到 Ni 后使 Ni 表面积累一定的负电荷，削弱了其对 CO 和 H_2 的吸附、活化，从而抑制反应过程中 $^*CO$ 中间体的深度加氢，促使更多的 CO 以产物的形式脱附。In 与 Ni 产生很强的相互作用，从而显著改变 Ni 的电子结构。例如，以 In_2O_3 为载体，InO_x 与 Ni 之间的协同作用可将惰性 Ni 催化剂转化为高效的 CO_2 加氢合成甲醇催化剂；而 Ni-In 形成双组分催化剂可以将产物由甲烷转化为 CO 和甲醇。其中，NiIn@MCM-41 催化剂在 300℃时 CO 选择性接近 97%[18]。需要注意的是，Ni 无论是被负载还是作为载体，在 In 的存在下，Ni 催化剂都容易突破其本身的催化甲烷化趋势，转向 RWGS 反应。这是因为 Ni 和 In 之间存在很强的相互作用，促进了表面氢的吸附，但却屏蔽了 Ni 对 CO 的吸附（由于 In 的电子转移，此时 Ni 和 $^*CO$ 带负电并相互排斥，从而增加了 Ni—C 键的长度，降低了 CO 的吸附能），从而阻止了 $^*CO$ 中间体的深度加氢，使反应由甲烷化转变为 RWGS。因此，构建具有高度分散甚至原子级混合和可视化的 Ni-In 合金结构有助于 In 驱动 Ni 基催化剂打破 CO_2 甲烷化的趋势，从而提高 CO 的产率。一系列的 Ni-In 金属间化合物负载型催化剂也确实证明了这一点。变换载体和 Ni/In 比所得催化剂的 CO_2 加氢反应性能各异，其中，CeO_2 作为载体具有优异的氧化还原性能，负载 Ni-In 金属间化合物所得催化剂表现出最高的 CO_2 加氢活性，尤其表界面丰富的氧空位提供了大量 CO_2 吸附/活化的位点。In 的引入能够降低 Ni 的表面密度，隔离 Ni 活性位点。此外，Ni 和 In 金属间化合物中的电荷会从 In 转移到 Ni，显示出强的 Ni-In 电子相互作用，使 H_2 在 Ni-In 金属间化合物上的活化和迁移受到抑制，继而避免了中间体 $^*CO$ 进一步加氢转化。所以，添加 In 从改善界面/表面氧空位和调整 H_2 的吸附/活化的角度出发，实现对单金属 Ni 基催化剂性能的调控。

大量研究证实，表面羟基可以锚合金属粒子，从而实现金属组分的均匀分散。将金红石 TiO_2 转化为富含表面羟基的 $H_2Ti_3O_7$ 管，Ni 通过与表面羟基之间形成强的结合力进行锚定，以孤立原子形式分散并同时实现较高的负载量（10%，质量分数）。通过还原将表面羟基去除后，孤立的 Ni 原子转化为稳定的团簇。由于 Ni 簇/TiO_2 界面的形成，其对 CO_2 的吸附/活化能力显著提高，而 CO 吸附减弱，这不但有利于 CO 的定向生成，而且有效抑制了 CH_4 的形成，所以在反应中同时实现了较高的 CO_2 转化率和 CO 选择性。即使在较高的反应温度（600℃）和气速［GHSV＝800000mL/(g_{cat}·h)］下，所得催化剂在反应中保持活性稳定，CO_2 转化率超过 55%，CO 选择性接近 100%。

其他过渡金属如 Cu、Fe 等也是 RWGS 反应中的活性组分，以负载型催化剂、混合金属氧化物催化剂等形式应用于 CO 的生产。如为避免 Cu 纳米颗粒的聚集以及其与载体的相互作用不足，将 Cu 高度分散在中空球形 CeO_2 上，所得催化剂在 500℃时 TOF_{Cu} 高达 4.56/s，CO 选择性接近 100%。此外，该催化剂在 600℃和 700℃温度下连续工作 48h 后，仍能保持极佳的活性。中空球形 CeO_2 能有效稳定 Cu 纳米颗粒和调节电子密度，其内部的大空隙显著增强了传质过程并富集活性位点和反应物，加之 Cu 和 CeO_2 之间的金属-载体强相互作用缩短了电子传输距离，促进了氧空位的产生，以上这些因素共同为 RWGS 反应提供了大量稳定的活性位点，从而促进了 CO 的形成。使用电镀污泥衍生催化剂[19]，通过逆水煤气变换反应以及优异的选择性可将 CO_2 转化为 CO。该催化剂以电镀污泥作为合成尖晶石的前驱体，制得 Cu、Fe、Mn 掺杂的 ZnCr 尖晶石，具有温和的 C—O 解离和弱的 CO 吸附能力。经过制备过程的调整和优化，所得具有最佳性能的催化剂在 600℃下，CO_2 转化率为 45.88%、CO 选择性高达 99.97%。此外，降低反应温度至 550℃后，仍能维持高 CO_2 转化率和 99.58%的 CO 选择性，稳定运行 100h 未见催化剂失活。该策略不但可以实现固废资源的再利用，而且高效利用 CO_2 加氢生产 CO 并助力循环经济的发展。

RWGS 反应的影响因素主要有以下几点。

1）催化剂粒径

原子尺度大小对催化剂构-效关系的影响不容忽视，比如同一载体上的相同金属，其原子级分散形成的单原子活性位或纳米颗粒具有的活性位可以在竞争的平行反应中表现出独特且不同的催化选择性，并且纳米颗粒在反应条件下的分解可以在控制稳定性方面发挥重要作用。以 Rh/TiO_2 催化剂为例[20]，达到原子级分散的 Rh 孤立位点（Rh_{iso}）和 Rh 纳米颗粒（Rh_{NP}）表面上的 Rh 活性位的比例不同，其在 CO_2 加氢反应中遵循的反应路径不同，对产物分布的影响巨大。Rh_{iso} 会优先选择利于催化逆水煤气变换反应的发生，而 Rh_{NP} 表面上的 Rh 活性位在催化 CO_2 加氢甲烷化方面表现出了较高的选择性。此外，反应条件诱导的 Rh 纳米颗粒分解形成更多的 Rh_{iso} 活性位点，控制反应性能随时间的变化，影响着催化剂的稳定性。

2）反应物/产物的吸附和扩散

控制不同反应物和产物各自在催化剂表面上的结合强度对于高活性和选择性催化剂的设计至关重要。在 CO_2 还原过程中，CO 的生成需要平衡反应物和产物的吸附强度。因为从选择性的角度来看，CO 的弱结合是有利的，但从催化活性角度来看，CO_2 的弱结合将导致低活性。采用单一的自组装步骤，在催化剂载体上沉积有机单层膜，可以控制负载金属催化剂上 CO_2 吸附和 CO 解吸的强度。具体方法是将膦酸单层沉积在负载 Pt 和 Pd 催化剂上，通过负载效应，削弱了 CO 的结合，而 CO 吸附的减弱通常伴随着 CO_2 的吸附和反应性能的降低。然而，通过在有机涂层中可控性地引入碱性胺官能团，可以恢复催化剂对 CO_2 吸附和加氢反应活性。因此，可以通过有机改性剂的设计来控制表面或空间的相互作用。经表面改性后，催化剂的选择性（约 99%）和 CO 产率显著提高，同时保持了较高的 CO_2 转化率（接近 50%）。此外，由于有效抑制了 CO 中毒，催化剂失活速率显著降低[21]。

3）催化剂表面性质

通过对催化剂的表界面结构以及理化性质进行调控，进而实现对活性位性能及其上反应路径的有效调控。例如，通过物理混合 In_2O_3 和 TiO_2 构建 In_2O_3-TiO_2 催化剂。由于界面限域的诱导作用，通过 H_2 预处理，可以将 In_2O_3 还原为 In 单质，后者在 TiO_2 表面迁移并被 TiO_2 表面羟基锚定，即还原性气氛可以诱导

In_2O_3 纳米颗粒向 TiO_2 载体表面分散并形成 In_2O_3 纳米薄层。该纳米层可以有效提升其在 CO_2 加氢制 CO 反应中的催化活性，但氧化性气氛处理会使已形成的纳米层团聚为纳米簇，使活性降低。深入研究发现，In_2O_3 薄层结构与 TiO_2 存在的界面限域作用会促进 In_2O_3 纳米层在还原性气氛下仅部分还原，避免 In_2O_3 过度还原为金属 In，同时形成了数目可观的氧空位/氧缺陷，换句话说通过限域作用使 InO_x 纳米层在反应中保持在亚稳态，最终催化活性和稳定性得以增强（图 5-1，参见彩插）。除 In_2O_3-TiO_2 外，该界面限域作用还可以拓展至多个 In_2O_3-氧化物界面催化体系中，例如，In_2O_3-TiO_2、In_2O_3-ZrO_2 和 In_2O_3-MnO 等二元氧化物催化体系的活性随反应的进行均增大且 In_2O_3 分散程度也有所增加，但 In_2O_3-MgO、In_2O_3-Al_2O_3、In_2O_3-SiO_2 和 In_2O_3-CeO_2 等在逆水煤气变换反应过程中发生了 In 物种的烧结，导致其催化活性显著下降，以上充分说明该界面限域下反应诱导策略在系列 In_2O_3-氧化物催化体系中具有一定的普适性。从原子层面上来看，界面限域作用的产生要归功于 In_2O_3 纳米层与 TiO_2 之间通过相互作用形成的 In—O—Ti 化学键，影响其电子和化学性质。而这与 In_2O_3 在 TiO_2 表面的含量有关，In_2O_3 质量分数过高（>2%），除形成限域 In_2O_3 纳米层外，还形成大量的非限域 In_2O_3 纳米颗粒。因此，In_2O_3 负载量与 RWGS 性能之间存在着密切的关系，即限域 In_2O_3 纳米层作为主要活性位点比纳米颗粒更有利于 RWGS 反应的进行。

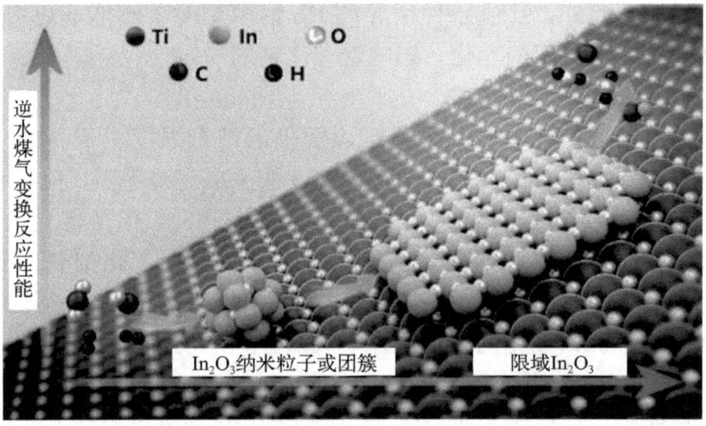

图 5-1　利用界面限域作用调控 In_2O_3-TiO_2 催化剂表界面结构以及理化性质[22]

多项最新研究表明，高熵稳定的多金属纳米颗粒在调节 CO_2 转化反应方面展现出很大的潜力，尤其是其非传统的表面化学特性有助于促进 H_2、CO 和 CO_2 气体分子之间相互作用，因而显著提高转化效率。例如，利用快速热冲击法（高电压焦耳加热和快速冷却）提供足够的能量克服动力学反应障碍，实现超越常规催化剂性能的非平衡态配置的特点，成功制备了均匀且尺寸较小［平均 (2.37±0.78)nm］的高熵合金纳米颗粒，在 RWGS 中高效、稳定地将 CO_2 转化为 CO。该催化剂制备过程包括碳纳米纤维基底的制备、通过溶胶-凝胶反应制备金属氧化物覆盖层、高熵合金纳米颗粒的合成。特别是金属氧化物覆盖层的引入极大地促进了金属前驱体离子的吸收，降低了随后高熵合金纳米颗粒形成所需温度，同时避免了颗粒过度生长和聚集，因此显著增强了纳米颗粒的稳定性和催化性能。深入表征和分析后发现，高熵合金纳米颗粒的表面化学特性，特别是其多元素间的协同作用对 RWGS 具有显著的催化作用。在 600℃下，CO_2 转化率超过 50%，CO 选择性超过 97%，并且催化剂在连续运行 300h 后仍保持稳定，未发现颗粒聚集或失活现象。

4）水对催化剂表界面结构动态演变及反应的影响

对于 RWGS，水是反应过程中无法避免的重要产物，因此，其不但可能参与反应过程，还有可能对催化剂的活性位点性质及结构产生重大影响。反应过程中催化剂活性和选择性时刻发生着动态变化，所以催化剂所处的气体微环境中产物的浓度会发生改变。同时，催化剂表面结构和活性位分布也由于水的影响而发生变化。以氮化钼（MoN_x）为例，其表面结构就高度依赖于反应产物（CO 和 H_2O）的分压或浓度。如图 5-2 所示，原位 XPS 结果表明，当 CO 和 H_2O 分压较低时（反应压力低于 10mbar），MoN_x 表面上经水诱导形成氧化钼（MoO_x）覆盖层。当 CO 和 H_2O 分压增高后（反应压力高于 100mbar），CO 将诱导表面碳化并形成表面碳化钼（MoC_x）层。进一步原位反应测试发现，将 MoN_x 暴露于反应气氛后，反应初始产生的少量水（低分压）促使 MoN_x 表面重构并形成具有很高 RWGS 反应活性的 MoO_x 物种，加快了反应速率。与此同时，CO 迅速累积并使分压增高，反过来促进了表面碳化并形成更高活性的 MoC_x 活性位，CO 消耗后水的存在又促进了 MoO_x 物种的形成，该 MoN_x 表面重构过程不断循环往复并达到最终反应速率的平衡。这种 RWGS 反应所需催化活性与催化剂活化之间的正反馈与反应体系中水的存在密切相关。

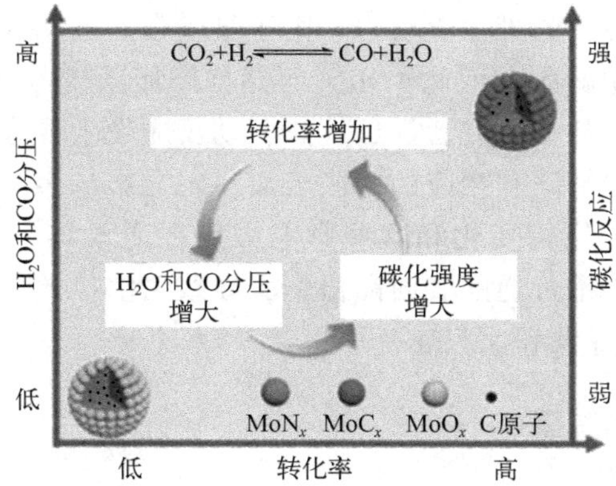

图 5-2　CO 和 H_2O 分压对催化剂表面结构以及催化活性的影响[23]

5）氢溢流

氢溢流是指活性氢原子从金属（纳米）颗粒转移到原本不具有 H_2 吸附/活化能力的氧化物载体上，该现象普遍存在于各种催化加氢过程中。发生于固体催化剂表面的氢活性物种迁移对于提高加氢催化剂的活性、选择性和稳定性具有较大的促进作用。此外，氢溢流效应通常能够增强金属与载体之间的协同催化作用。究其原因，氢溢流的发生为载体创造了新的氢化活性位点，使催化剂表面氢原子浓度增大。其详细的作用机制如下：首先，氢气吸附于金属活性中心并裂解为活性氢原子，之后这些活性氢原子会迁移到载体表面上。能够发生氢溢流现象的催化剂通常由可还原金属氧化物载体与高度分散于其上的金属（一般为贵金属或少数过渡金属如 Co 等）组成。通过催化剂组分调整和结构设计，可以有效地利用氢溢流。同时，理解促进氢溢流的因素以及在原子尺度下考察 H_2 解离和氢溢流作用方式具有重要的意义。虽然通过促进金属-载体强相互作用可以促进氢溢流的发生，但负面影响不可忽视。例如，可还原金属氧化物 TiO_2 还原为 TiO_x 并迁移到金属纳米颗粒表面形成金属@TiO_x 后可以抑制金属粒子的烧结，但其对催化活性有很大的负面影响。为解决这一难题，在 MnO 载体上原位生成 TiO_x 曲面片，该曲面片可以提供氢溢流的有效传输通道，利用 Ru 活性中心对 H_2 的吸附并解离出大量活性 H 原子溢流至载体表面，从而在 MnO 表面形成更多高活性氢物种，这些氢物种能够高效地将吸附于 MnO 载体表面的 CO_2 还原为 CO。与传统的 Ru/MnO_x 催化剂相比，该 Ru/（TiO_x）MnO 催化剂的 RWGS 性能提高了 3.3 倍。通过原位研究、催化和动力学数据以及理论建模，发现在 H_2 对催化剂的还原处理过程中，氧化物-氧化物界面（TiO_x-MnO）是自发产生的，有助于提高活性[24]。

6）其他

随着对 CO_2 加氢研究的深入，长久以来一些被忽视的因素正在逐渐得到重视。例如，热能是热化学催化的唯一驱动力，由于热增强的振动和组成原子的位移，催化剂受热后通常会体积膨胀。因此，相关的晶格膨胀效应在催化剂结构-性能关系中也会产生较大影响。部分研究者提出，热驱动反应发生在多相催化剂的表面活性位点，因此，热产生的缺陷和相应的膨胀表面一定会影响表面化学反应和整体催化性能。以纳米级 In_2O_3 结构变化和这些影响如何在逆水煤气变换反应中的表现为例，随着温度的升高，不可逆的表面晶格膨胀导致氧空位的形成和迁移，而这些变化导致 RWGS 活化能降低和反应速率加快。

5.1.3 CO_2 辅助氧化脱氢

随着 CO_2 利用多角度研究的深入，RWGS 反应的利用思路也愈发多元，如将 CO_2 转化为 CO 与烷烃脱氢反应偶联。在该类偶联反应中，利用 CO_2 分子的弱氧化性，既可以消耗温室气体 CO_2，又可以促进氧化脱氢反应的进行，同时生产工业亟需的烯烃产品，可以实现一举多得的效果。例如，由于乙烷、丙烷和丁烷等脱氢反应是强吸热反应，受热力学限制，为实现较高的烯烃选择性和产量，需要提供较高的反应温度（600～700℃）。原则上，CO_2 可以作为温和的氧化剂，相较于 O_2 辅助脱氢具有一定的热力学优势。在引入烷烃脱氢体系之后，通过 RWGS 反应消耗烷烃脱氢产生的 H_2，从而改变反应路径、促进平衡移动、降低体系温度、提高烯烃产率。此外，借助逆向 Boudouard 反应可以消耗并减少积碳，以此来达到稳定催化剂的目的。需要注意的是，CO_2 在反应中还起到补充催化剂表面的晶格氧以及稳定金属价态等作用，进一步促进低碳烷烃氧化脱氢反应的进行。

反应所用催化剂一般是负载型金属氧化物，如 Cr、V 和 Ga 的氧化物负载于 Al_2O_3、ZrO_2、SiO_2 等载体上。另外，其他过渡金属、贵金属以及金属氧化物的使用也吸引了大量注意力，催化剂活性位由单一金属到双金属以及多金属的高熵合金体系所组成。需要注意的是，烷烃脱氢和干重整反应可以在相同条件下进行，这就需要在催化剂的“诱导下”选取合适的反应路径，而不仅仅依靠筛选反应条件来进行产物调控。因此，催化剂在这两种反应中的贡献主要受控于动力学，例如，Pt/CeO_2 等贵金属基催化剂对 CO_2 辅助氧化脱氢反应表现活跃，不但表现出较高的活化 CO_2 能力，而且促进了丙烷中的 C—C 键断裂和 CO_2 的还原，促进了烷烃干重整反应的进行，也避免了大量积碳导致的催化剂快速失活。为提高在反应中的活性和选择性，催化剂的设计需要考虑 C═O 键和 C—H 键的匹配和活化，也就是说既能激活 C—H 又能激活 C═O 的高效催化剂是重点。双功能催化剂的出现为这一挑战提供了针对性的解决方法。

对于 CO_2 辅助烷烃氧化脱氢反应机理，比较受认可的是耦合机制和 Mars-van-Krevelen 机制，但对其活性位点和详细的作用机理的理解尚不充分。耦合机制上面已经说过，Mars-van-Krevelen 机制也被称为氧化-还原机理，涉及催化剂的氧化和还原过程，即烷烃与催化剂表面晶格氧结合后被氧化为烯烃和水，同时催化剂产生的氧空位被 CO_2 解离吸附的氧补充而使催化剂得以再生。

当然，CO_2 辅助烷烃氧化脱氢后生成的 CO 会同时进一步加氢。例如，CO_2 辅助 C_3H_8 脱氢过程中，碱土金属 Mg 和 Co 在 Co/MgS-1 催化剂中协同作用，使反应产物变为丙烯、乙烷和水（图 5-3）。这是因为 Co-O_x 纳米聚集物锚定在骨架 Mg^{2+} 交换位点上，形成了 Mg-(O-Co)$_x$ 结构。在反应过程中，七元环中间体［Mg-(O-Co)$_x$-CO_2］的形成增加了 C═O 键的应力，显著促进了 CO_2 分裂为 O^* 和 CO^*。而邻近的 Co-O^* 活性位可以促进 C—H 键的活化，随后 CO^* 连续加氢并脱水生成了乙烷。因此，Co/MgS-1 催化剂具有更高的 C_3H_8 转化率，将 CO_2 成功转化为乙烷。

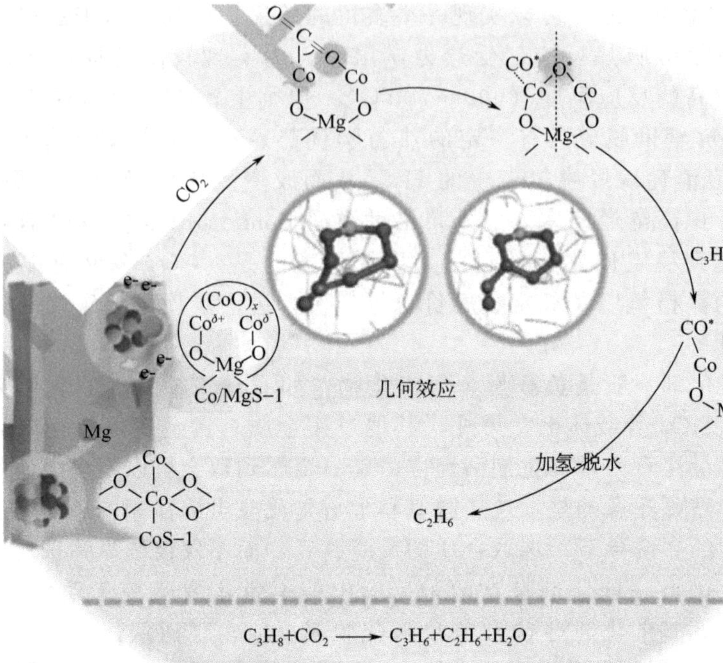

图 5-3　Co/MgS-1 催化 CO_2 辅助 C_3H_8 脱氢反应中 Mg 的作用

5.1.3.1　乙烷脱氢制乙烯

如图 5-4 所示（参见彩插），廖等人[25] 通过沉积-沉淀法制备了 $ZnO-ZrO_2$ 催化剂，并在 600℃下对该催化剂上 CO_2 辅助乙烷氧化脱氢反应的催化性能进行了评价。$ZnO-ZrO_2$ 催化剂的形貌和表面物理化学性质表征结果表明，当 ZnO 含量为 5%时，其进入 ZrO_2 的表面晶格中并实现了高分散，同时氧缺陷浓度增大。对

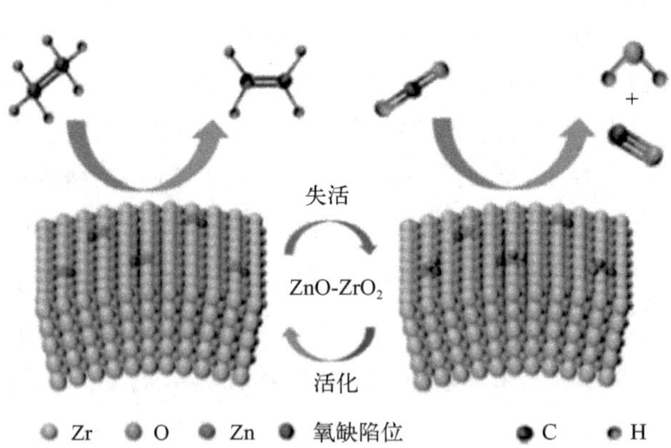

图 5-4　$ZnO-ZrO_2$ 催化剂上 CO_2 辅助乙烷氧化脱氢反应

该催化剂进行 CO_2 辅助乙烷氧化脱氢反应活性评价后发现，该催化剂可选择性剪裁乙烷中的 C—H 键，同时抑制 C—C 键的断裂从而降低甲烷等副产物选择性。最终实现了与贵金属或过渡金属碳化物催化剂相接近的乙烯产率 [210μmol/(g_{cat} · min)]。此外，ZnO-ZrO_2 催化剂上的偶联反应路径如下：首先，乙烷在 ZnO-ZrO_2 表面活化吸附，得到 C_2H_4 和副产物 H；其次，CO_2 在氧缺陷处吸附活化，随后通过 RWGS 与副产物 H 反应，推动整个反应平衡向右移动，从而进一步提高了乙烯产量。

Mo_2C 基催化剂在 CO_2 辅助乙烷氧化脱氢中显示出较高的性能。分别采用湿法浸渍法、混合纳米晶体法和溶胶-凝胶法将 Mo_2C 负载于 SiO_2 之上，并对所得催化剂前驱体在相同条件下进行了渗碳处理。制备方法不同，催化剂组成和 Mo_2C 存在状态受到的影响不同，通过溶胶-凝胶法制备的催化剂中 Mo 物种以 MoO_xC_y 形式存在，湿法浸渍法和混合纳米晶体法所得催化剂中含有 β-Mo_2C。Mo_2C 以两种不同的方式存在，使反应遵循不同的反应途径，导致催化性能的差异。总的来说，三种催化剂随反应时间延长都显示出活性降低（低于 6%）和 C_2H_4 选择性增加（从 60%增加到 80%），催化剂失活的主要原因是碳化物氧化为 MoO_x 和碳沉积。此外，通过湿法浸渍，将 Mo_2C 负载于各种金属氧化物载体上，所得 Mo_2C 基催化剂展现出不同的催化特性。例如，Mo_2C 负载于 CeO_2 和 TiO_2 上后，所得催化剂具有较低的活性（C_2H_6 转化率仅为 3%）。相比之下，Mo_2C 负载于 Al_2O_3 和 ZrO_2 上后提高了催化剂的初始活性（C_2H_6 转化率 8%），而 Mo_2C/Ga_2O_3 则有利于 C_2H_4 选择性提高（超过 80%）。但由于碳沉积和 Mo_2C 被氧化成 MoO_2，上述催化剂的失活明显加快。按一定比例混合 Mo_2C/SiO_2 和 Mo_2C/ZrO_2 催化剂，在原料气中掺入 H_2 共进料，可以提高催化剂的稳定性，但 C_2H_4 产率受到影响（从 5%降至 2%）。

5.1.3.2 丙烷脱氢制丙烯

作为重要的化工品，丙烯是生产聚丙烯、环氧丙烷和丙烯腈等大宗化学品的重要化工原料。此外，氢甲酰化反应能将烯烃在 CO 和 H_2 共存下催化转化为醛类并实现碳链增长，完成烯烃高附加值化利用。据可靠数据，每年全球有超过 1000 万吨的烯烃用于氢甲酰化反应，而其中丙烯氢甲酰化占烯烃氢甲酰化全部产能的 70%以上，其所得目标产物正丁醛转化为正丁醇和 2-乙基己醇等重要基础化工原料，进一步生产洗涤剂、增塑剂、药物、涂料等大宗产品。丙烯一般通过石油催化裂解或煤催化转化制取，其中石油裂解装置联产丙烯的固有产品分布不确定性和产能不足导致全球丙烯需求缺口极大，而通过丙烷脱氢制丙烯不失为一种经济性较好的工艺。丙烷直接脱氢是强吸热反应（$\Delta H_r = 124.3$kJ/mol）且热力学受限，反应温度一般超过 700℃。某课题组[26] 利用 CeO_2 负载非贵金属 FeNi 或贵金属 NiPt 双金属催化剂，首次将 CO_2 加氢制 CO 和丙烷氧化脱氢制丙烯两个反应偶联于同一个反应器内进行，可以实现 39%的 CO_2 转化率和 88%的 CO 选择性。相比传统的丙烷直接脱氢，该工艺具有更低的操作温度且形成较少的积碳。对反应机理及过渡产物研究发现，由于较高的反应温度，CO_2 活化及 $^*CO$ 解吸是快速过程，而吸附于 FeNi 或 NiPt 活性位上的 $^*C_2H_5$ 是关键中间产物，通过 O 插入、C—H 和 C—C 断裂最终形成 CO、H_2 或丙烯。具体来说，吸附于 $Ni_3Pt(111)$ 上的 $^*O$ 与 $^*C_xH_y$ 形成 $^*C_xH_yO$ 过渡产物后经 C—C 解离为 CO 和 H_2。相比之下，吸附于 $Fe_3Ni(111)$ 和 FeO/Ni(111) 界面处的 $^*O$ 较为稳定，更倾向于 C—H 断裂并形成丙烯。

通过详细的热力学分析进一步解耦 CO_2 介导的丙烷氧化脱氢的复杂反应网络后再次证实，干重整和丙烷脱氢途径之间存在竞争，而动力学控制在反应途径的选取中凸显了其重要性。对催化剂设计的关键要求是能够在丙烷的转化和烯烃选择性之间做出有效的权衡，即除抑制干重整和其他 C—C 裂解反应外，还能以较高的速率选择性地促进丙烷脱氢和 RWGS。依据此思路，采用机械化学法结合 VO_x 和 BO_x 活性物种，设计了具有多样性位点的 VBO_x/Al_2O_3 催化剂（钒含量 5%、硼含量为 7%），充分利用各组分独特的催化能力并避免各自缺点。在严格限制 C—C 裂解和防止积碳的形成后，650℃下连续反应 12h 后该催化剂仍具有较高的丙烷转化率（61%）和丙烯收率（34%）。利用 Pt-Sn 合金和 CeO_2 的集成构建了 PtSnCe/SiO_2 双功能催化剂，可以很好地平衡丙烷脱氢和 CO_2 的活化。通过调整 PtSn/CeO_2 中 Sn/Pt 摩尔比来改变活性位点和反应机理。SnO_x 物种的存在削弱了 Pt-CeO_2 相互作用，另外，Sn 的添加显著提高了 Pt 的分散度。随着催化剂中 Sn 含量的增加，促进了 PtSn 合金的形成，导致 Pt 电子密度增加，提高了丙烷和丙基物质的活化能垒，导致丙烷脱氢反应速率显著下降，丙烷转化率下降。不过，由于消除了内部和外部传质扩散限制，且丙烯解吸能垒降低，丙烯选择性增加。反应机理符合 Mars-van-Krevelen 氧化还原机制，PtSn/CeO_2 催化剂中还原后形成的 Pt-O-Ce 是反应的真正活性位点，使 C—H 键选择性活化，同时抑制了 C—C 键的断裂[27]。

设计和制备双功能催化剂用于“接力”催化 CO_2 辅助丙烷氧化脱氢制丙烯也可以取得较好的效果。例如，借助原位封装和湿法浸渍，将 Pt、Zn、Co 三种金属引入纯硅沸石（S-1）中（贵金属含量低至 0.2%），得到了由三种金属组成的沸石负载（PtZn/Co@S-1）催化剂，可以有效催化 CO_2 辅助丙烷氧化脱氢，$PtZn_4$ 和 Co^{2+} 界面分别是丙烷脱氢为丙烯和 CO_2 加氢为 CO 的活性位点。该催化剂中，得益于分散在沸石表面的 $PtZn_4$ 纳米团簇以及沸石框架中四面体配位 Co^{2+} 通过接力催化，该高度分散的双位点结构（PtZn/Co@S-1）极大地促进了反应的进行，C_3H_8 转化率 59.7%、CO_2 转化率 44.3%，丙烯的选择性高达 94.9%。值得注意的是，Zn 和 Co 的存在抑制了副反应和 CO_2 的活化，所以丙烯的收率（56.7%）打破了丙烷直接脱氢的反应平衡极限限制。

5.1.3.3 丁烷脱氢制丁烯（异丁烯）

异丁烯是生产丁基橡胶、润滑油、汽油添加剂、抗氧化剂和众多精细化学品的关键原料，属于市场紧缺资源。近年来广为关注的异丁烷催化脱氢制备异丁烯工艺主要分为直接脱氢和氧化脱氢两种方式。其中，直接脱氢工艺面临高能耗和热力学限制，从而导致异丁烯产率低以及催化剂易烧结和积碳失活。相比之下，异丁烷氧化脱氢制异丁烯是一种环境友好的低碳脱氢工艺，CO_2 辅助异丁烷氧化脱氢制异丁烯在实现 CO_2 利用的同时可借助其弱氧化性改变直接脱氢反应的热力学限制，并且避免了深度氧化，所以该方法中异丁烯具有很高的选择性。刘等人[28] 通过一锅共沉淀法制备了 xZn-CaZr 固溶体催化剂，并将其应用于 CO_2 辅助异丁烷氧化脱氢制异丁烯反应。研究表明，当 Zn 掺杂量为 6%～12%时能够形成 ZnCaZr 固溶体且 Zn 物种高度分散，该固溶体坚固的介孔骨架和强金属-载体相互作用所带来的“限域效应”有助于产生更多的 Zn-O-Zr 界面。但当 Zn 添加量超过 16%后，ZnO 晶体从固溶体相中偏析出来。此外，Zn 的掺入可以提高催化剂的氧传导能力，氧缺陷的数量与 Zn 含量几乎成正比。对催化剂进行活性评价后发现，晶格氧的数量和氧迁移率是决定催化性能的关键因素，即较高的晶格氧含量和氧传导性能可以增强固溶体的氧化还原功能，也有助于强化 CO_2 的活化并减少积碳（图 5-5，参见彩插）。在所有制备的催化剂中，0.4Zn-CaZr 催化剂的脱氢活性最好，但其反应稳定性较差，而 0.2Zn-CaZr 催化剂的活性稍低，但其稳定性却是最好的。需要注意的是，原料气中 CO_2 较高的含量有助于提高催化稳定性和异丁烯选择性。

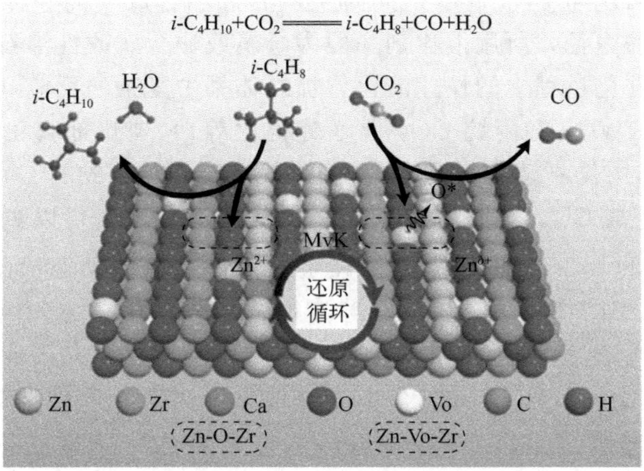

图 5-5 xZn-CaZr 催化剂上 CO_2 辅助丁烷脱氢制丁烯

5.1.3.4 其他 CO_2 辅助氧化脱氢

除上述所列方式外，利用 CO_2 辅助氧化脱氢制取 CO 同时加速其他化学品生产的一些新颖方式也逐渐被开发出来。例如，1,3-丁二烯是化工生产的重要原料，用于橡胶、塑料、树脂等高附加值化学品的生产，所以产能和需求量每年都在增长。目前，生产1,3-丁二烯主要通过C4萃取或丁烷氧化脱氢来完成。1-丁烯经过CO_2辅助氧化脱氢是一种极有前景的生产1,3-丁二烯的方法。通过骨架约束策略构建具有优异性能的介孔$FeAlO_x$基催化剂，可以实现1-丁烯与CO_2的氧化脱氢反应制取1,3-丁二烯并同时副产CO[29]。骨架约束策略提高了催化剂中氧物种的流动性，即引入Fe物种破坏了Al_2O_3晶格，从而释放了更多的晶格氧成为活性氧物种，从而提高了1-丁烯的转化率（80%）和1,3-丁二烯的选择性（33%）。同时，调整掺杂组分种类可以提高该催化剂的性能，如Cr掺杂可以显著减少积碳的产生，从而提高催化剂的热稳定性，Ca掺杂可以提高催化剂的碱性，增强对CO_2的吸附和利用。

塑料是烯烃等的高分子聚合物，难以自然降解，大量进入地球圈后会引起巨大的环境污染和生态危机。但是塑料和CO_2虽然都是废弃物，却是宝贵的碳资源，同时将废塑料和CO_2转化为高附加值化学品是一条废物综合利用的有效途径。基于此，利用催化重整工艺，即通过电热丝（主要组分为FeCrAl）产生的焦耳热将塑料和CO_2转化为合成气。该加热丝通电之后温度可迅速超过800℃，有利于聚乙烯等废塑料主要成分熔化、气化、裂变为气态烃。接下来，该加热丝提供的高温条件促进了CO_2快速脱氧以及与小分子烃进行重整反应，从而产生CO并促进气态烃的脱氢。值得注意的是，CO_2脱除的活性O物种和烃中的碳可以反应生成CO，从而保持电加热丝的持续高催化活性并提高CO的产率[30]。此外，该系统中所使用的FeCrAl加热丝具有优异的抗结焦性能，从而保证了其优异的稳定性。

烷烃尤其是丙烷与CO_2偶联是同时生产芳烃和合成气的一种具有较好前景的方法和经济有效的途径，所用催化剂一般为金属或非金属改性沸石分子筛。但由于金属活性位点在催化过程中的快速演化，加之体系中复杂的反应（如丙烷直接芳构化、CO_2加氢、RWGS和丙烷-CO_2偶联芳构化等），催化剂真正的活性位点及其与CO_2的相互作用仍不清楚。通过简易湿法浸渍精准合成的Ga/ZSM-5催化剂，在550℃和进料组成CO_2/C_3H_8（摩尔比）为4的条件下，可以实现97.9%的丙烷转化率和80.6%的芳烃选择性[31]。探究金属活性位点的动态演变以及CO_2在丙烷-CO_2偶联反应中的作用后发现，CO_2中的C原子可以进入CO（最高比例可达86.5%）和芳烃（10.8%）。原位XANES和FTIR光谱研究表明，通过H_2预还原或在反应过程中与C_3H_8作用，GaO_x物种可以逐渐分散到ZSM-5沸石的布朗斯特酸位点上并形成$[GaH_2]^+$/$[GaH]^{2+}$等丙烷-CO_2偶联转化的真正活性位。原位CO_2-FTIR实验进一步确认，$[GaH_2]^+$/$[GaH]^{2+}$物种可与CO_2反应，加速丙烷和CO_2的偶联过程。

5.1.4 碳的归中反应（逆向Boudouard反应）

歧化反应的特点是某元素化合价既有上升又有下降，归中反应的特点是元素的两种化合价向中间靠拢。换句话说，归中反应就是指同种元素不同价态的化合物发生氧化还原反应，元素的两种化合价向中间靠拢。在 CO_2 中碳元素的化合价为+4，是碳元素的最高价态，所以可以利用其弱氧化性与某些化合物中富电子的碳原子发生归中反应。由于遵循归中规律，CO 一般为反应的唯一产物。利用碳原子的归中反应，一方面可以有效提高某些传统催化过程的效率并减少积碳等问题，另一方面可以实现对 CO_2 的高效利用。例如，针对生物呋喃（2-甲基呋喃）在沸石分子筛催化剂上的芳烃收率低和积碳严重的问题，通过引入 CO_2 与芳构化中产生的积碳反应（$CO_2+C \longrightarrow 2CO$）来抑制积碳的生成和累积，从而显著提高催化剂的寿命，同时 CO_2 还可以消耗反应生成的氢气，从而促进平衡向生成芳烃的方向移动，提高芳烃产率（见图 5-6）。究其根源，通过引入金属氧化物对分子筛的酸性位进行调控，同时提供丰富的表面氧空位，制得高活性 $ZnMoO_4$/ZSM-5 双功能催化剂，成功实现了芳烃的高效制取和 CO_2 的有效利用。其中，2-甲基呋喃和 CO_2 转化率均超过 97%，芳烃和 CO 产率超过 85%，烯烃产率极低（0.05%）可以忽略不计。除此之外，积碳的形成大大减少。

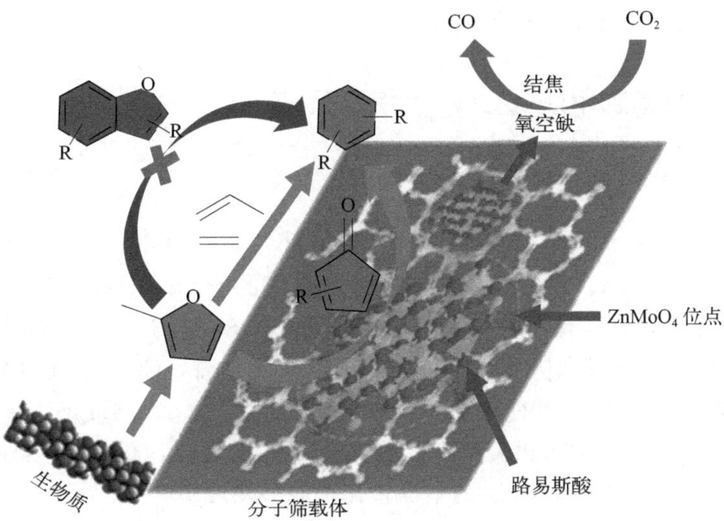

图 5-6 分子筛负载的 $ZnMoO_4$ 双功能催化剂实现 2-甲基呋喃和 CO_2 共转化[32]

5.1.5 小结

有效抑制副产物的生成、降低催化剂制备成本、开发高效的催化体系是 CO_2 通过逆水煤气变换或干重整等反应制备 CO 或合成气的未来研究重点。此外，RWGS 工业化面临的主要问题是同时实现 CO_2 的高转化率和 CO 的高选择性，而提高金属基催化剂的高温热稳定性以及贵金属催化剂活性组分的利用效率也将成为今后的主要研究方向。

CO_2 耦合烷烃氧化脱氢的首要难题是高温下烷烃 C—H 键的选择活化与催化剂积碳失活。因此，催化剂设计/制备应重点聚焦于构建能够协同活化 C═O 和 C—H 键的双功能甚至多功能复合结构。多功能位点的精准控制和活性位点动力学行为的解析应基于原位表征和动力学计算，有力地推动多相金属催化剂在 CO_2 辅助烷烃氧化脱氢领域的应用和发展。

另外需要注意的是，传统的 CO_2 转化反应依赖于燃料燃烧提供热能，会导致额外的 CO_2 排放，因此，反应所需热量来源是未来需要重点考虑的问题。其中，使用可再生电力通过焦耳加热直接为反应提供热量以取代传统的燃料燃烧供热方式。在该设想的指导下，众多研究者也逐渐将注意力集中在该极具潜力的途径上。例如，Si-SiC 开孔泡沫由于具备优良的传热特性，可以保证电加热的稳定性。以其作为催化载体和加热基底，利用焦耳加热技术直接为其表面涂覆的铑基催化剂（Rh/Al_2O_3）供热，使催化剂在高温下发挥作用，实现 DRM 以及 RWGS 反应。又如，通过 FeCrAl 电热丝可以将 CO_2 和塑料转化为合成气。在这个过程中，加热丝通电后温度可迅速超过 800℃，有利于聚乙烯分解成气态烃并在随后促进该气态烃的进一步脱氢。同时，高温加热丝有效促进了 CO_2 脱氧从而产生 CO。

5.2 CO_2 加氢制甲烷（CO_2 甲烷化反应）

5.2.1 反应机理

由氧化物载体（SiO_2、Al_2O_3、ZrO_2、TiO_2、CeO_2 等）负载 Ru、Pd、Rh 或其他过渡金属如 Ni、Fe、Co 等催化剂上进行的 CO_2 加氢制 CH_4（Sabatier 反应），虽然在热力学上是有利的，但是由于其受限的 8 电子过程，在动力学上却不利于 CO_2 甲烷化反应进行。从反应机理和热力学角度来看，CO_2 加氢制 CH_4 在低温、高压和高 H/C（摩尔比）下有利于反应正向进行 [$CO_2(g)+4H_2(g)=\!=\!=CH_4(g)+2H_2O(g)$，$\Delta H_{298K}=-165.0kJ/mol$]。也就是说，由于反应的强放热性质，在温度低于 300℃时，CO_2 加氢制 CH_4 的平衡转化率能够接近 100%。

根据目前报道，CO_2 甲烷化反应路径有两种：以 CO^* 作为中间体进行加氢反应随后生成甲烷（图 5-7），或以甲酸盐作为中间体经加氢后生成甲烷[34]。正如 Alfredo Solis-Garcia 等人[35] 所报道，以 Ru 基催化剂上进行的 CO_2 加氢制甲烷反应机理为例，Rh/ZrO_2 催化 CO_2 甲烷化有两个独立的反应路径（图 5-8）：解离路径，即 CO_2 在 Rh 位点上吸附活性形成 Rh-CO^* 中间体，然后经 CO^* 连续加氢生成 CH_4；结合路径，即 CO_2 在 ZrO_2 载体上吸附活化形成碳酸氢盐，进而加氢形成甲酸盐，然后 $HCOO^*$ 加氢脱水后生成 CH_4。由于存在不同的 CO_2、H_2 活性位点，多种反应路径有可能同时发生。当然，对于不同的催化体系，反应所遵循的路径不同，如对 Ni 基催化剂来说，原位 FTIR 监测催化剂表面的吸附态和反应中间体后发现，Ni 活性位上进行 H_2 的吸附、解离，而载体上的羟基或空位则吸收 CO_2 并将其转化为甲酸盐，甲酸盐或直接继续加氢转化为甲烷，或者裂解为 CO，随后再进行甲烷化反应。

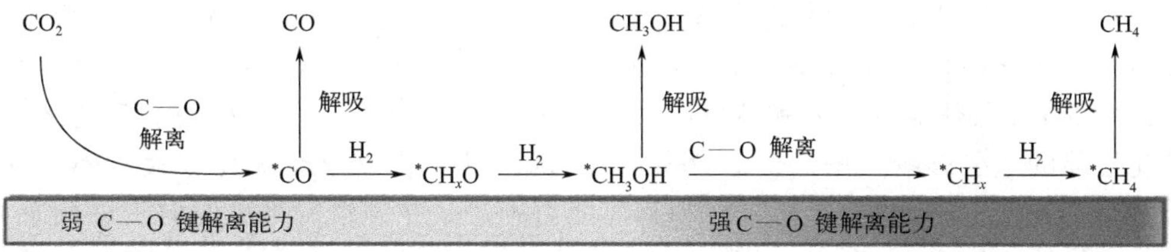

图 5-7　CO_2 以 CO^* 作为中间体进行加氢反应生成甲烷机理[33]

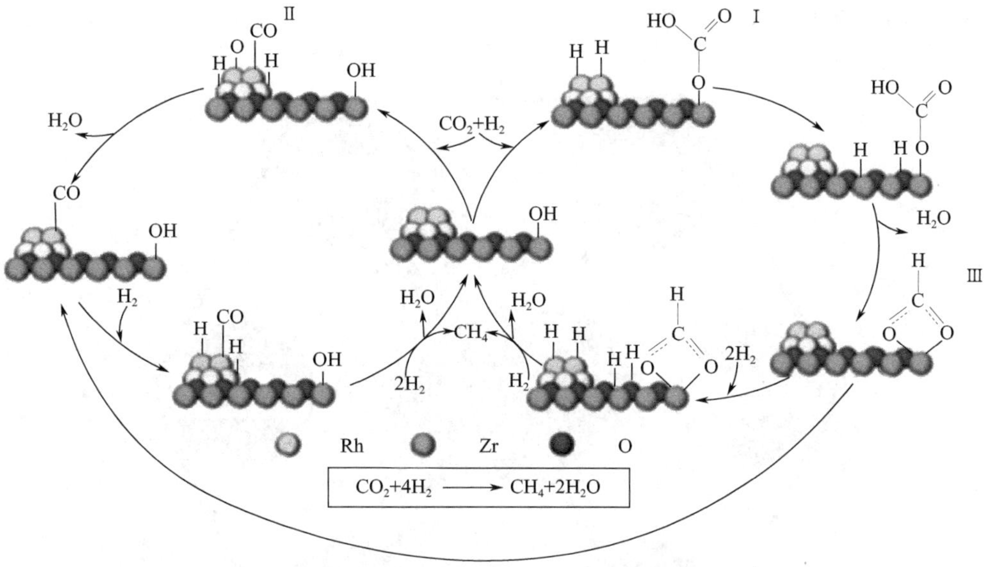

图 5-8　Rh/ZrO_2 催化剂上 CO_2 甲烷化路径示意图[35]

5.2.2　催化体系

CO_2 甲烷化在热力学上是有利于反应向生成甲烷方向进行的，但为了加快反应速率并达到适宜的工业应用阈值，需要使用高效催化剂来改进动力学方面存在的弊端。在这之中，传统的 Ru、Rh、Pd 和 Ir 等贵金属基催化剂因具有较高的活性、较低的催化剂活化温度和反应温度（250℃左右），以及在较宽的温度范围内仍能保持较高的稳定性，被广泛用于低温 CO_2 甲烷化的研究和应用之中。但高昂的制备和使用成本严重限制了该类贵金属催化剂的大量使用。因此，研究者将更多的注意力集中于贵金属的替代化研究。下面将介绍 Ru 基、Ni 基等几类常用的催化体系。

5.2.2.1 Ru 基催化剂

在众多贵金属催化剂中，Ru 基催化剂由于其卓越的 H_2 解离/活化能力和对 CO_2 较强的结合力，展现出优异的 CO_2 甲烷化反应性能和较高的稳定性。其中，该类催化剂的结构敏感性是提高其催化性能的重要切入点。也就是说，通过精准调控催化剂的结构与尺寸以提升其低温催化活性是该领域内的重大挑战，具体包括催化剂中 Ru 和载体等的尺寸和性质以及金属-载体相互作用对反应机理、反应路径、催化性能的重要影响（图 5-9）。例如，Ru 的尺寸对甲烷化影响比较大，Ru 单原子催化剂由于对 CO_2 分子的吸附和解离能力不足，在该情况下更倾向于进行逆水煤气变换反应使 CO_2 转换为 CO。相比之下，Ru 团簇或纳米颗粒能更有效地促进甲烷化反应。又如，氢解离以及氢溢流效应随着 Ru 的尺寸增大而增强，而金属-载体电子强相互作用效应则开始减弱。因此，需要平衡这两个因素，以达到 Ru 基催化剂 CO_2 甲烷化活性的最大化。

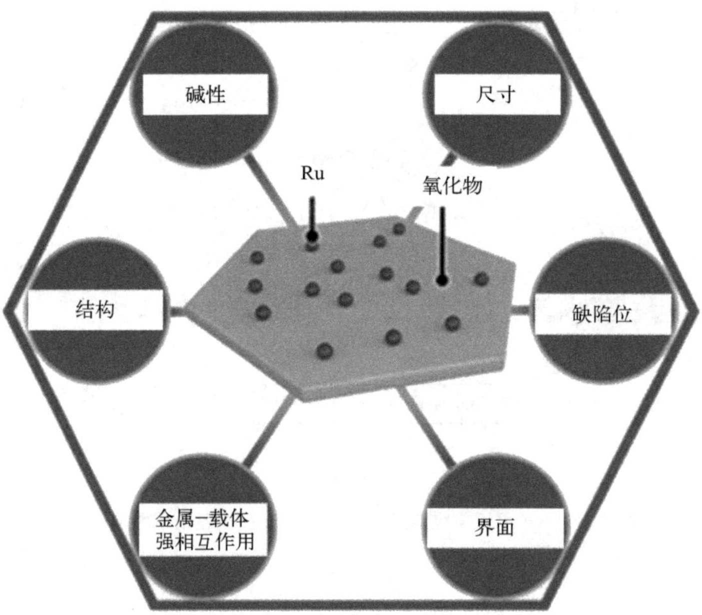

图 5-9 Ru 基催化剂在 CO_2 甲烷化反应中的影响因素

此外，对于负载型 Ru 催化剂，载体表面羟基种类、载体酸碱性和氧化还原性质等也是决定反应速率和产物收率的重要因素。原位红外及密度泛函理论计算表明，表面羟基能够参与甲烷化反应，通过有效活化 CO_2 并促进其快速转化为 $HCOO^*$ 物种，避免了副产物 CO 的形成。对于不可还原的 Al_2O_3 载体，Ru 在低温下被 CO 准饱和，反应受到竞争性的 Langmuir 型共吸附 H_2 的限制，导致表面

H_2 活化受限，从而降低了催化性能。采用 ZnO 和 MoO_3 等可还原两性载体会引发金属-载体强相互作用，诱导产物在 CO 和 CH_4 间灵活调变。而采用 CeO_2、TiO_2 或 ZrO_2 等载体则为 CO_2 吸附提供了独特的位点，并通过金属-载体电子相互作用深入影响甲烷化反应性能。其中，对于强还原性载体 CeO_2，载体表面的氧空位和较低的 Ru-CO 覆盖度增加了 H_2 解离吸附位点的数量，其高氧空位密度和适中的碱性显著提升了 CO_2 的活化效率，促进了 CO_2 甲烷化的反应速率。当 Ru 负载在不同 TiO_2 载体上时，TiO_2 的晶型效应和金属与载体强相互作用的差别导致产物选择性（CH_4 或 CO）存在显著的差异。另外，TiO_2 载体上若存在其他物质如微量硫酸根离子（SO_4^{2-}），也将会导致产物选择性发生显著变化。例如，在一般的 Ru/TiO_2 表面主要发生 CO_2 甲烷化反应生成 CH_4，而 TiO_2 表面有微量 SO_4^{2-} 残留时主要产物转变为 CO，也就是说此时的 Ru/TiO_2 由高效甲烷化催化剂转变成为高效的 RWGS 催化剂。这是因为 Ru/TiO_2 界面处的 SO_4^{2-} 显著增强了 H 从 Ru 颗粒向 TiO_2 转移，避免了 CO 加氢生成 CH_4，从而显著提高了 CO 选择性。对于 ZrO_2 载体，对其做表面亲水性处理后，所得 Ru/ZrO_2 催化剂 CO_2 甲烷化活性显著提高，且反应温度降低 20～70℃。亲水性增强导致 ZrO_2 表面产生了更多的羟基和氧空位，促进了 CO_2 的吸附/活化，有利于 CO_2 在甲酸盐路径中转化为 HCO_3^* 和 $HCOO^*$。此外，亲水性增强还导致 Ru 高度分散以及其和 ZrO_2 之间的电子相互作用增强，由此形成的界面活性位点改善了 H_2 的吸附和解离，进而促进了 CO^* 加氢。

5.2.2.2 Co 基催化剂

经济高效的过渡金属 Co 是典型的 CO_2 甲烷化活性组分。不过，CO_2 甲烷化反应所用催化剂通常受活性金属的种类和组成方式、晶型、粒径大小及金属-载体相互作用的强弱等因素的影响。Guo 等人[36] 以有机酸辅助浸渍制备了高活性、高稳定性的 Co/ZrO_2 催化剂用于 CO_2 加氢制 CH_4，Co 物种在高温 H_2 还原过程中，在 ZrO_2 载体表面发生了二次分散，并形成了新的 Co-ZrO_2 界面相，该界面相有利于 CO_2 的吸附活化，使得 CO_2 转化率和 CH_4 选择性高达 92%和 99%，且催化剂在 300h 在线连续反应后未失活。他们通过对有机酸的筛选和分析，发现柠檬酸辅助制备的 Co/ZrO_2 催化剂性能最为优异。针对载体晶型对 CO_2 甲烷化产物分布以及反应路径的影响，该团队考察了以不同晶型 TiO_2 作为载体制备的 Co/TiO_2 催化剂的反应性能[37]，发现以金红石为载体时，产物以 CH_4 为主，而以锐钛矿为载体时，所得催化剂活性较低，且仅有少量 CO 生成。之后通过 Zr、K 和 Cs 的改性，有效改善了催化剂对 CO、CO_2 和 H_2 的吸附能力，针对性地调控了催化剂表面的 C/H 比例。而高效稳定的层状 Co-Al-O 催化剂也被开发出来，在反应温度为 250℃时，CO_2 单程转化率高达 74%，CH_4 选择性接近 100%，接近目前低温 CO_2 甲烷化反应的最高值。

5.2.2.3 Ni 基催化剂

廉价的金属 Ni 是 CO_2 加氢制甲烷多相催化剂中使用最广泛的活性金属。然而，镍基催化剂通常需要高于 350℃的温度才能满足工业化生产对反应速率的要求，例如，Ni@MCM-41 催化剂在 400℃时甲烷的选择性几乎达到 100%。但是，反应过程剧烈的放热效应将不可避免地产生局部热点，导致 Ni 基催化剂产生不可逆的烧结和积碳，使其在 CO_2 甲烷化反应中严重失活。因此，开发以廉价物种作为活性组分且能够高效运行的 CO_2 甲烷化催化剂仍然是多相催化领域的一个巨大挑战。鉴于此，通过在泡沫镍载体上构建反转 $CeAlO_x$/Ni 复合催化剂[38]，不但高效锚定了活性物质，形成了稳定的 Ni 泡沫稳定 $CeAlO_x$/Ni 反转复合体系，而且其优异的传热和传质效率消除了局部热点，有效地防止 CH_4 分解产生的碳沉积，所以在 240～600℃的较宽操作温度范围内实现了的 CO_2 甲烷化催化活性和稳定性较大的提升，同时也表现出较强的耐水性、良好的热稳定性和过热/启停循环运行稳定性。如图 5-10 所示，在经历了从室温升至 600℃的七个加热-冷却循环后，$CeAlO_x$/Ni 泡沫催化剂未发生明显的失活并保持其初始活性。所以，以金属 Ni 为载体，负载金属氧化物纳米岛所得 Ni 基反相催化剂（MO_x/Ni，M 为一种或多种过渡金属）较相同组成的传统氧化物负载 Ni 催化剂在低温 CO_2 甲烷化反应中表现出了优异的性能。又如，$CeZrO_x$/Ni 催化剂在 200℃和常压下，CO_2 转化率高于 90%，同时显示出大于 99%的 CH_4 选择性。在低温（200℃）、常压以及高空速［15000mL/(g_{cat}·h)］下该催化剂实现了 90%的高 CO_2 转化率（接近热力学平衡），同时甲烷选择性接近 100%；在超低温度（180℃）下亦可以实现约 40%的 CO_2 转化率，其 CH_4 产率［137mmol/(g_{cat}·h)］甚至打破了低温 Ru 基甲烷化催化剂的记录［CH_4 产率 110mmol/(g_{cat}·h)］。机理研究表明，所得催化剂的反相界面有效地调节了

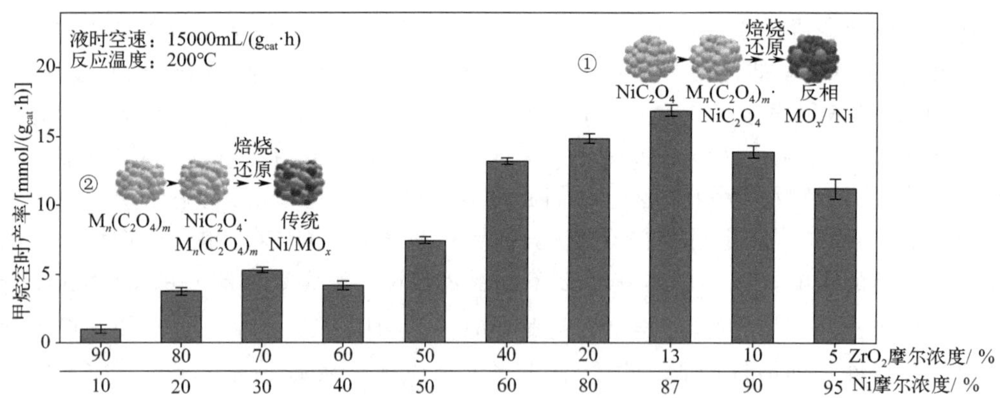

图 5-10　Ni 基反相催化剂（MO_x/Ni）与传统负载 Ni 催化剂在低温 CO_2 甲烷化反应中的性能对比[39]

H_2 和 CO_2 在其上的覆盖度，而合适的反应物覆盖率、反应性不对称吸附含氧化合物中间体和甲酸酯中间体物种的低加氢势垒改变了吸附含氧中间物种的构型，进而有利于表面中间体的加氢和最终甲烷化。能效和经济性分析表明，使用该反相体系进行低温 CO_2 甲烷化，资本投资、过程能耗和甲烷生产成本将会大幅降低。此外，CO_2 还可以在 $CeZrO_x$/Ni 等反相催化剂上通过 CO 途径氢化为甲烷，有效防止了 CO 对催化活性位点的毒化。

5.2.2.4 其他催化剂

除金属或金属氧化物催化体系外，Lauterbach 和 Ajayan 等人[40] 首次报道了无金属组分的氮掺杂石墨烯量子点催化剂用于 CO_2 加氢制甲烷反应中，当调整边缘处吡啶氮的浓度后，反应所需温度显著降低，同时可以得到较高的 CO_2 转化率和 CH_4 选择性。

5.2.3 小结

在工业生产中，CO_2 甲烷化可以有效减少 CO_2 的排放，能够实现对传统能源和新能源的有效利用。CO_2 甲烷化反应未来的研究方向除了进一步优化反应路线，还应该设计高效的 CO_2 甲烷化催化剂。尽管目前相关研究已经取得了重大进步，但仍缺少反应路径的实验探究方法以及对影响反应路径因素的总结，同时催化剂的组成越来越复杂，使得研究人员对催化机理的争论越来越大。例如，Ni 基催化剂作为最具工业化潜力的催化剂，面临低温活性差以及因烧结和积碳导致长期运行后的失活这两大难题。因此，鉴于 CO_2 甲烷化反应是复杂的多相催化过程，系统研究反应中催化剂表面中间体的演变和活性位点的失活机理，才能够从机理视角有效优化催化剂的设计并提高其催化性能和热稳定性。另外，降低反应温度是关键，这不仅意味着能耗降低和设备负荷减少等多方面受益，还会提高 CO_2 转化率和 CH_4 选择性，同时降低副产物生成和避免催化剂失活。因此，加大对低温 CO_2 甲烷化尤其是反应中使用的催化剂研究力度有望解决 CO_2 低温转化效率低的问题，这对大幅降低 CO_2 资源化利用过程能耗和甲烷生产成本具有重要的理论和现实意义。

在利用 CO_2 甲烷化方面也出现了许多新的方法，如有研究者认为氨动力发动机在实现碳中和方面拥有巨大的潜力，因此提出并验证了 CH_4 介导的 NH_3 发动机构想，实现了 NO_x 的零排放和 CO_2 的高效利用。具体而言，将传统的甲烷发动机转换为氨气发动机，通过两种方式将 CO_2 和 NH_3 转化为 CH_4 和 N_2（图 5-11）。第一种方式称为“空间解耦”，利用镁铝水滑石上负载 Ru 簇催化剂（Ru/MAO）进行 NH_3 裂解（1bar 和 550℃下完全转化），随后在 Ni/Al_2O_3 商用催化剂上进行 CO_2 甲烷化（30bar 和 400℃条件下实现了 97.4%的 CO_2 转化率，CH_4 选择性接近 100%）。在各自反应的最佳条件下（NH_3 裂解反应吸热，在低压高温下更有利，而 CO_2 甲烷化反应放热则恰好相反），NH_3 和 CO_2 几乎完全被转化为目标产物。第二种方式则为“空间耦合”，即将 NH_3 和 CO_2 通入一个反应器内以一锅反

应转化为 N_2、CH_4 和 H_2O。所用催化剂为 5% Ru/MAO，在 550℃、1bar、CO_2 ∶ NH_3 = 3 ∶ 8（摩尔比）的条件下，CO_2 和 NH_3 的转化率可以达到 80.1%和 49.3%。DRIFTS 表征后确认，CO_2 在 Ru 表面上经历了缔合和 CO 解离，而 NH_3 的解离为该加氢过程提供了充足的 H_2。基于这一设计原则，其他成熟的汽油或柴油发动机也可以通过将 CO_2 加氢制汽油或柴油反应与 NH_3 裂解脱氢反应耦合，改造为氨动力发动机，显著减少交通运输造成的 CO_2 排放。

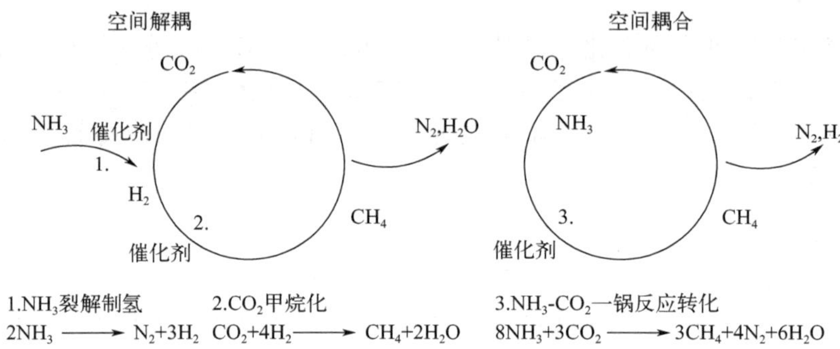

图 5-11　CO_2 甲烷化介导的氨气发动机

5.3　CO_2 加氢制甲酸

5.3.1　反应机理

根据反应方程式（$CO_2+H_2 \rightleftharpoons HCOOH$），$CO_2$ 加氢制甲酸是一个原子经济性反应，符合绿色发展理念。但在常温下，该反应的吉布斯自由能为正值（32.8kJ/mol），属于热力学不利反应，只能借助高温、高压等反应条件来推动平衡正向移动。不过，CO_2 分子可以充当电子受体或 Lewis 酸，因此可以借助电子供体或者碱性物种将 CO_2 活化，改变反应的吉布斯自由能甚至使其小于零，从而变成热力学有利反应。如对 Pd_mCu_n（$m+n=4$、8 或 13）上甲酸合成的反应路径和能量变化情况进行了计算，发现 CO_2 吸附于 Pd-Cu 活性位上形成单齿结构并快速加氢后转变为双齿结构，最终形成甲酸[41]。

5.3.2　催化体系

金属-供电子有机配体均相催化剂可以实现 CO_2 制甲酸反应的高转化率，但该类催化剂的使用带来了分离纯化的难题，更为关键的是具有催化活性的配体对反应条件和反应状态的变化较敏感，加之配体高昂的合成成本和易分解等原因导致均相催化剂的应用备受限制。而多相催化体系中载体丰富的表面官能团如羟基和氧空位等可以充当碱性位吸附 CO_2 并将其转化为碳酸氢盐物种，该物种进一步加氢最终生成甲酸。研发适宜的多相催化剂成为该领域的研究重点，如 Au、Ru、Pd、Rh 等贵金属基催化剂负载于非金属/金属氧化物、氮掺杂碳材料[42]、双金属氢氧化物等载体上（尤其是将贵金属实现原子级别分散）[43]，可以实现较高的催化效率。如利用 Pd-ZrO_2 催化剂中 Pd 纳米粒子和 ZrO_2 还原后产生的氧空位协同作用，可使 CO_2 和 CH_4 反应生成甲酸[44]。氧空位的存在不仅促进了 CO_2 的吸附和活化，还增大了 CH_4 的活化程度。此外，Pd 活性位上还可以完成 CO_2 和 H_2 的吸附和活化并转化为甲酸，因此，该催化剂在 CO_2 加氢制甲酸反应中也显示出一定的催化活性。将金属络合物锚定在二氧化硅等载体上制备的多相催化剂（图 5-12），相较于传统意义上的均相和多相催化剂，在催化活性和稳定性上均有所提高。Godard 等人[45] 将磷配体包裹的 Pd 纳米粒子负载于 TiO_2 上，在温和条件下（CO_2 分压 1.8MPa、H_2 分压 1.8MPa、反应温度 60℃），以碱溶液为溶剂，CO_2 经高效催化转化为甲酸盐。利用“缺陷构筑-初湿浸渍”的策略合成了自支撑超薄片状分子筛负载高分散 Pd-CeO_x 催化剂[46]，在 CO_2 加氢制甲酸反应中展示出优异的催化性能，50℃下甲酸盐的产率可达 536mol/(mol_{Pd} · h)。相较于传统分子筛（晶体尺寸 200～300nm）负载 Pd 催化剂，该催化剂优异的性能主要来源于其结构上的优势，能够有效提升传质效率，使 CO_2 等反应分子容易接近高分散催化活性位点，同时具有优异的亲水性以及双金属间发生协同作用。除此之外，片层状分子筛负载 Pd-CeO_x 催化剂显著提升了其在反应中的热稳定性，在 700℃下、H_2 氛围中预还原处理后，Pd 金属依旧呈现高分散状态。而高分散 Pd 团簇和富含缺陷位点的 CeO_x 物种间形成高效催化界面，显著降低了 CO_2 加氢制甲酸的反应能垒，进而提高其催化性能。

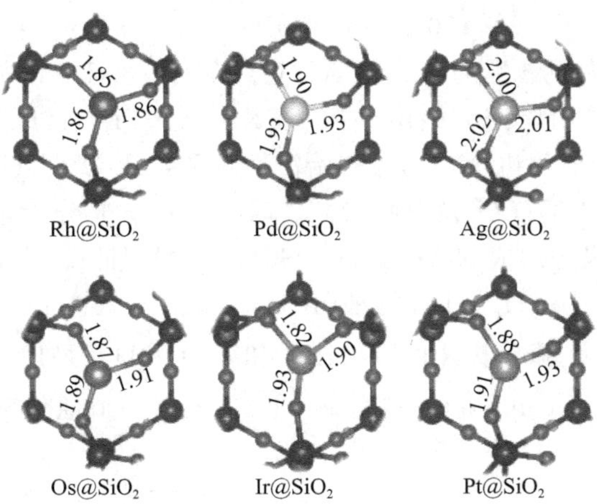

图 5-12　单分散金属原子锚定在惰性载体 SiO_2 上用于 CO_2 加氢制甲酸[43]

MXenes 是一类二维过渡金属碳化物和氮化物（例如 Mo_2C、Nb_2C、Nb_4C_3、Zr_3C_2、Ti_2C、Ti_3C_2、V_2C、V_4C_3 等），其无论是直接作为活性组分还是作为催

化剂载体，在多相催化反应中表现出独特的性能。MXenes 负载 Bi 单原子能够产生更多活性位点，所以在 CO_2 加氢反应中有望显现独特的催化性能。Niu 等人[47]借助 DFT 计算和微动力学分析，从理论上研究了 MXenes 负载 Bi 单原子催化剂用于 CO_2 加氢的潜力。其中，与传统的 Cu 基或 In_2O_3 基催化剂比起来，以 V_2CO_2 负载 Bi 所得单原子催化剂（Bi@V_2CO_2）由于提升了对 CO_2 的吸附和活化效果，具有极高的甲酸选择性（接近 100%），而逆水煤气变换等副反应的发生和 CO 等副产物生成亦受到显著抑制。经过详细分析，该催化体系独特的反应路径如下：首先，催化剂表面 Bi 原子和 O 之间的相互作用增强了 CO_2 吸附和活化，但 CO、$HCOO^*$、H_2COO^* 等中间产物的生成受到了极大的抑制；之后，Bi 原子和 V_2CO_2 末端 O 物种之间的协同作用为 HCOOH 的形成提供了极大便利。

功能性多孔骨架材料如 MOFs 等的出现，为该反应提供了巨大的发展空间。利用其骨架中同时存在的金属位点和有机配体之间的共同作用，加之路易斯酸碱对形成的催化活性位，几种活性位的协同作用可以高效地活化 CO_2 并促使其转化甲酸。多孔有机聚合物（POP）可以作为金属载体，而通过向 POP 骨架中引入丰富的 N 或 P 位点作为配位点，金属前驱体可以作为单个金属位点而实现在 POP 中的高度分散。按照该思路，合成了一系列耦合 N 位点的 Ru—P 单活性位点催化剂（Ru/P&N-POP）并应用于 CO_2 高效加氢制甲酸酯反应中。Ru^{2+} 被聚合物骨架中的 P 位点牢牢锚定并精细调节，所形成的 $Ru(P)_3$ 活性位点能够显著促进 H_2 的吸附和解离活化，最终形成有利于 CO_2 加氢的 $Ru(P)_3(H)_2$ 物种，而围绕单个 Ru—P 活性位点的 N 物种富集并活化了 CO_2 分子。此外，P&N-POP 骨架具有良好的柔韧性和灵活度，有利于优化功能位点的定位以及丰富 Ru—P 活性物种和 N 物种的协同作用。因此，在 120℃ 和 6.0MPa（$CO_2/H_2=1:1$，摩尔比）的反应条件下，CO_2 加氢为甲酸酯的转换频率可达约 2000/h 且 5 次循环使用后催化剂仍保持较高的活性。采用质谱、核磁共振、EXAFS、TEM、原位 FTIR 等多种表征方法揭示了该反应的催化机理，作为初始活性物种，$Ru(P)_3(H)_2$ 物种(Ⅰ)吸收 CO_2 分子后形成 $Ru(P)_3(H)_2(CO_2)$物种(Ⅱ)。此时，CO_2 被充分活化后与活性 H 原子相互作用，之后 H 解吸并形成 $Ru(P)_3(H)(HCOO)$物种(Ⅲ)。接下来，H_2 被 Ru 离子再次吸附并形成 $Ru(P)_3(H)(H)_2$ 物种(Ⅳ)。当 H_2 被解离后，两个活性 H 分别被 Ru 离子和 $HCOO^*$ 吸附形成 $Ru(P)_3(H)_2$ 和 HCOOH。最后，HCOOH 脱附并与 Et_3N 形成甲酸盐，而 $Ru(P)_3(H)_2$ 物种(Ⅰ)进入下一个催化循环[48]。

5.3.3 小结

通过 CO_2 加氢制甲酸，可以实现 CO_2 分子的全利用。虽然众多研究者在该领域中已经取得了较大进展，但无论是最开始使用的雷尼镍催化剂和钯碳催化剂，还是后来的负载催化剂均需要添加溶剂和碱性助剂，将生成的甲酸（中间产物）进一步转化成甲酸酯类或者甲酸盐，才能促进反应平衡向右进行。因此深化 CO_2 活化规律的探究，开发适宜的多相催化体系，降低催化剂组分与产品分离纯化的难度，高效回收利用成本较高的催化剂是该技术能否推广应用的焦点。此外，通过改善多相催化体系中的传质和传热性能，深入研究并制备在常温常压下具有较强活性的催化剂，实现 CO_2 资源的高效利用。

5.4　CO_2 加氢制甲醇

甲醇这一结构最简单的一元醇，是重要的大宗基础化工产品，其产量仅次于乙烯、丙烯和苯。甲醇也是重要的平台化学分子，可以作为合成二甲醚、甲醛、醋酸、醋酸乙酯、甲胺、烯烃和芳烃等多种化工产品的原料或溶剂，也可以制备汽油、柴油或直接用于甲醇燃料电池或燃料添加剂等。因此，诺贝尔化学奖得主 Olah 教授在 2005 年就前瞻性地提出了以 CO、CO_2 为原料的“甲醇经济”理念。而利用太阳能、风能等可再生能源通过水解制氢来进行 CO_2 加氢制甲醇是可再生能源“液体封存”的重要途径，也是实现 CO_2 碳资源化利用的有效方法。所以，通过将 CO_2 有效转化为甲醇，有望真正实现跨越“油气时代”而进入“甲醇时代”[49]，同时，CO_2 加氢制甲醇也被认为是完成碳循环的关键步骤。但是，逆水煤气变换或过度加氢等副反应是难以避免的，形成 CO 和 CH_4 等副产物，导致了甲醇选择性和产率的降低。本章详细探讨和分析了有关 CO_2 制备甲醇的反应机理、催化剂及制备方法等内容。

5.4.1　动力学研究

CO 加氢合成甲醇虽然已经工业化，但 CO_2 加氢与 CO 加氢制甲醇存在内在的联系，既有相似之处又有不同之处，因此其反应机理仍存在很多争议。

5.4.1.1　碳源

在相同的反应体系下，CO_2 和 CO 加氢都可制得甲醇，但 CO_2 转化为 CO 的反应也同时存在，因此对于 CO_2 加氢制甲醇过程的碳源问题存在争议。随着原位表征技术的应用，大部分学者认为在该过程中 CO_2 和 CO 同时存在并作为甲醇合成的碳源，但以 CO_2 加氢占主导地位。Gong 和 Han[50] 以 CO-CO_2-H_2 共进料合成甲醇，利用瞬态气体诱导使工业 Cu/ZnO/Al_2O_3 和 Cu/ZnO 催化剂中 Cu/ZnO 活性团簇活化并发生动态转变，从而在反应过程中活性得到极大的增强，反应速率提高了数十倍。这是因为当增大 CO_2/CO 或调整 H_2O/H_2 的比例时，氧的化学势发生变化，从而驱动 Cu/ZnO 重构，Cu-Zn^{2+} 活性位数量增加，有利于甲醇合成，也从侧面说明了 CO_2 是甲醇合成的主要碳源。

5.4.1.2　中间态和速控步骤

CO_2 加氢是一个复杂的反应过程，多个基元反应可以同时发生，形成多种中间体。所以，在反应过程中采用不同的催化剂，其反应途径和中间态也不同。如对 Cu 基催化剂而言，其在 CO_2 加氢制甲醇反应中的过渡产物为甲酸盐或甲氧基，之后该类中间物的加氢是整个过程的速控步骤[51]（图 5-13），即 CO_2 先与表面吸附活化的 H 原子反应形成甲酸盐中间物种，$HCOO^*$ 随后加氢成为 H_2COO^*，并进一步反应生成 H_2CO^*、CH_3O^*，直至最后生成 CH_3OH。对于 In_2O_3 等可还原金属氧化物体系，同样也是形成甲酸盐物种（$HCOO^*$）。对于其他体系研究发现，ZnO、ZrO_2 等金属氧化物对 CO_2/H_2 合成甲醇反应具有活性，且反应中间物种为双齿碳酸盐、甲酸盐或甲氧基。但是，有研究指出，$HCOO^*$ 会优先形成 $HCOOH^*$ 而不是 H_2COO^*，密度泛函理论也证明了这一点，即 $HCOO^*$ 形成 H_2COO^* 的活化难度显著高于 $HCOOH^*$。随后 $HCOOH^*$ 继续与 H 结合为 H_2COOH^*，之后分解为 H_2CO^* 和 $^*OH$，最后通过 CH_3O^* 中间体加氢产生甲醇[52]。

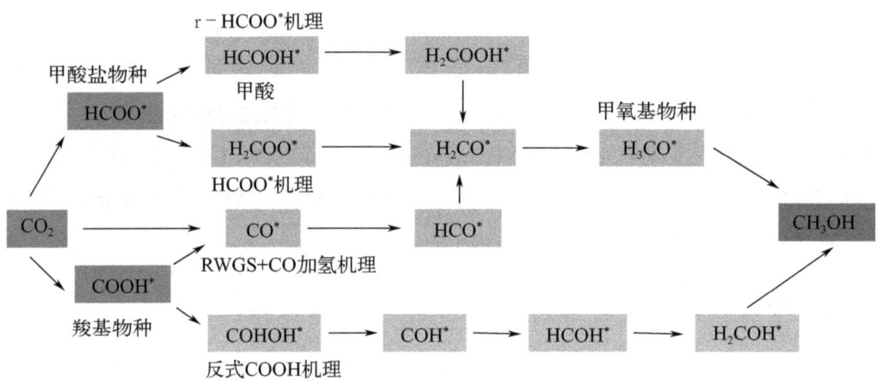

图 5-13　CO_2 加氢制甲醇反应机理图

也有相当多的学者认为，反应首先将 CO_2 通过逆水煤气变换反应转化为 CO，然后 CO 作为重要的中间物种进一步加氢生成甲醇，这种说法有效解释了副产物 CO 的形成来源。详细来说，中间物种 CO 加氢为 $COOH^*$ 后可分解成 CO^* 和 $^*OH$，前者若从反应体系中解吸后作为产物逸出，催化剂对 CO 具有更高的选择性。或者其强吸附于活性位继续加氢成为 HCO^*、H_2CO^* 和 H_3CO^* 中间体并最终转化为甲醇。尽管 CO_2 需经 RWGS 转变为 CO^* 这种中间物种已形成较多共识，部分研究人员仍然认为 CO_2 直接分解（即 $CO_2^* \longrightarrow CO^* + O^*$）也是 CO^* 的一种潜在来源。

5.4.1.3　反应活性中心

以 Cu 基催化剂为例，其主要活性组分为 Cu，其主要作用是对 H_2 进行解离吸附与活化，但对活化位点以及 Cu 的价态一直没有统一的看法。一些学者认为，CO_2 加氢制甲醇反应中 Cu 基催化剂的活性成分是 Cu^0 和 Cu^+，而另外一些学者

认为 Cu^0 是 Cu 在反应中的唯一活性价态。相关的研究虽然可以部分证明各自的观点，但均存在一定的局限性。不过，适宜的 Cu^+/Cu^0 比可促进甲氧基的稳定与转化，从而产生更多的甲醇，说明 Cu^0 和 Cu^+ 都是有益于甲醇生成的活性物种。此外，一部分学者还认为要从催化剂的整体出发来考虑活性中心的问题，而不能把 Cu 组分从整个催化剂中单独剥离出来，氧化物载体也会提供 CO_2 吸附和活化位点，从而直接参与反应。

其他体系催化剂活性中心的形成和在反应中的作用也具有复杂性。例如，采用多种载体负载，Pd 为唯一活性组分的催化剂在 CO_2 生产甲醇的反应中也表现出优异的性能。全面的动力学测试表明，只含 Pd 的催化剂将 CO_2 完全转化为 CO 后加氢转变为 CH_3OH。Pd 活性位的作用是将 CO_2 转化为 CO，并吸附和活化 H_2，随后与 CO 生成中间物种并在载体表面转化为 CH_3OH。但是，加入 CuZn 组分后，Cu 与 Pd 合金化引起 Pd 的结构/电子变化，在生成 CO 的同时直接将 CO_2 转化为 CH_3OH。

催化剂中活性物种的结构参数也是影响其作为反应活性中心的重要因素。例如，如图 5-14 所示，通过设计合成 Cu 纳米晶和 ZnO/Cu 纳米晶反相催化剂及其实验和理论计算研究，发现 Cu 晶体的不同晶面在 CO_2 加氢中具有不同的活性[53]。同时，对 Cu 单晶模型催化剂进行测试后发现，在常用反应条件下，测得的 RWGS 速率比相应的甲醇合成速率高 2～3 个数量级，而具有丰富 ZnO-Cu 界面的催化剂却能实现甲醇合成速率的极大提升。详细来说，在 Cu(110) 晶面上反应表观活化能低至 (25.3±2.6)kJ/mol，所以该晶面是 ZnO-Cu 界面处实现 CO_2 催化加氢制甲醇的高活性晶面，而 Cu(100) 晶面则是 ZnO-Cu 界面处 RWGS 反应所需的活性晶面。同时，RWGS 反应主要发生在 ZnO/Cu 反相催化剂的 Cu 表面，而 ZnO-Cu 界面并未观察到 CO 生成。

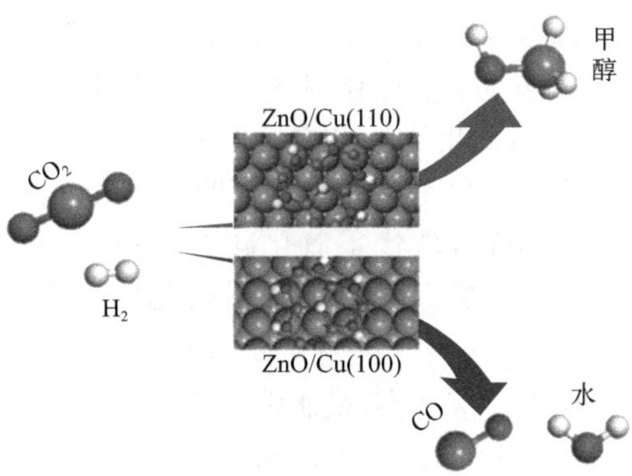

图 5-14　Cu 晶体的不同晶面在 CO_2 加氢中不同的活性

5.4.1.4　影响因素

(1) 副反应

一些竞争反应如 RWGS 的发生及该过程所产生的 CO 会导致甲醇选择性显著降低，同时副产物水容易引起 Cu 物种发生不可逆烧结，进而降低催化剂的稳定性。但从另一方面来看，CO 能够调整催化剂表面原料气的竞争吸附情况和活性位的氧化还原行为，对反应有一定的积极影响。通过向原料气中掺入具有还原性的 CO 以抑制逆水煤气变换反应并防止表面氧化中毒。例如，为探究 CO 掺杂后对反应机理的影响，在反应条件为 250℃、5MPa 下，以不同 CO 含量的原料气评价多

种催化剂对 CO_2 加氢合成甲醇性能的影响。结果显示，所测试的多个催化剂反应性能趋势基本相同，即随着 CO 含量的增加，CO_2 转化率和水的收率不断降低，而甲醇产率不断增加。结合表征结果发现，催化剂表面 Cu^0 物种的比例增加。以上结果均说明 CO 的引入有效抑制了 RWGS 的发生，同时，通过还原被 H_2O 氧化的活性 Cu 表面，促使更多的还原态 Cu 位点参与到甲醇合成中。但是，另一方面，CO 掺杂过量时会过度还原而引起 Cu 颗粒团聚，导致催化剂显著失活。

(2) 表面性能

对于在催化剂表面上进行的气-固反应来说，通过改变催化剂表面性质如亲疏水性可以有效调控催化剂的活性、选择性和稳定性。通常，亲疏水性对催化过程的影响作用体现在调节活性位周围底物分子浓度上。从宏观上理解，若催化剂表面为亲水性，则能够选择性吸附亲水性的底物分子如含有羟基的醇类物，而疏水性的催化剂表面则容易富集酯类和酮类等疏水性的反应物或中间产物。为从原子尺度上揭示表面亲疏水性对催化反应的影响机制，通过酸刻蚀法，以商用碳化硅为原料合成了碳化硅量子点催化材料。所得碳化硅量子点的尺寸分布较为均匀，且平均尺寸约为 3.2nm。此外，相较于商用碳化硅，在水溶液中合成的碳化硅量子点存在大量的表面 O—H 和 Si—O，说明其富含表面羟基，且羟基主要与表面硅原子成键后形成 Si—OH 并取代了氧化硅内部的 Si—O—Si 桥氧键。特殊的表面基团的分布使所得碳化硅量子点不同于商用碳化硅（疏水性），因而呈现出亲水性质。在 3.2MPa、CO_2 ∶ H_2 =1 ∶ 3 和 150℃的反应条件下，以富含表面 Si—OH 的碳化硅量子点体系为研究对象[54]，发现亲/疏水性在催化 CO_2 加氢生成甲醇的反应过程中起到了至关重要的作用，其质量活性［169.5mmol/(g·h)］较疏水性的商用碳化硅［0.1mmol/(g·h)］高出三个数量级。此外，碳化硅量子点的表观活化能降低至商用碳化硅的表观活化能（94.7kJ/mol）的一半左右（48.6kJ/mol）。由于碳化硅量子点可以有效地分解反应中产生的水而生成羟基，使得亲水性的碳化硅量子点表面富含羟基官能团，可以有效促进 CO_2 分子的活化，被认为是对反应促进作用的“来源”。反应机理研究证明，其同金属氧化物催化剂的反应机理类似，对商用碳化硅和碳化硅量子点来说，CO_2 加氢经甲酸盐中间物种（$HCOO^*$）生成甲醇，而亲水性的碳化硅量子点丰富的表面羟基官能团上的 H 原子可以直接参与到催化反应过程中，与 CO_2 作用后形成 $HCOO^*$ 中间产物。这种特殊的反应路径降低了 $HCOO^*$ 形成的活化能，促进了 CO_2 活化。

(3) 粒径

CO_2 加氢制甲醇是结构敏感型反应，因此，原子尺度的大小对催化剂构-效关系的影响至关重要，尤其是金属颗粒尺寸在催化剂的稳定性和活性位点的分布方面起着独特的作用，而这在某些条件下甚至成为催化剂活性和选择性的决定性因素。因此，此类研究通常聚焦于考察微纳米尺度的金属团簇、纳米尺度粒子以及孤立的金属活性位（亚纳米尺度）在 CO_2 加氢合成甲醇中对反应机理和反应途径、产物分布及催化剂稳定性等的潜在甚至是决定性作用。典型的例子是，即使在同一载体上负载同种金属，其高度分散于载体表面后形成的亚纳米尺度活性位和纳米颗粒活性位在竞争的多个平行反应路径中会表现出不同的催化选择性，最终会导致不同的产物分布。此外，纳米颗粒在控制稳定性方面可以发挥重要作用，如通过团簇或纳米颗粒的逐步粉化或分解来补充活性位，延缓活性物种的烧结和活性位中毒等所带来的活性位损失。

(4) 水

水是 CO_2 加氢反应过程中不可避免的副产物，其作用在不同研究中也相互矛盾。一些研究者报道了水在甲醇合成过程中的负面影响，如 CO_2 或中间物种竞争吸附在活性位上而抑制甲醇的形成，引起金属表面氧化以及在催化剂中加速金属物种的聚集和重结晶。与此相反，也有一些研究人员强调了水的积极影响，即水有利于甲氧基物质的水解，从而促进甲醇的解吸。此外，水还有助于甲酸根物质加氢为甲氧基，并以各种方式影响表面化学和基本反应步骤。具体包括促进 H 转移、降低形成甲酸盐的动力学能垒、通过稳定羧基中间产物优化替代反应路径以及保持催化剂的稳定性等。另外，有研究者通过比较具有高浓度表面结合羟基的 $Cu/MgO-Al_2O_3$ 催化剂与疏水性催化剂（使用酯化方法阻断羟基）[55]，发现吸附于 Cu^+ 上的 CO_2 能够自发活化，从而形成单齿甲酸盐，随后单齿甲酸盐的加氢是整个反应中决定速率的一步。而表面结合水及其转化的羟基在这一过程中起着关键作用。即 Cu^+ 和催化剂表面结合水产生的羟基会产生协同效应，促进甲醇生产。另外，羟基在调节产物分布方面也起着重要作用，它们可以促进甲醛直接氢化为甲醇，同时抑制过度加氢和易转化为 CH_4 的 $^*H_3CO$ 和 $^*H_2COH$ 等物种的形成，从而提高了甲醇的选择性。

5.4.2 热力学研究

CO_2 加氢制甲醇的反应体系中，不考虑生成烷烃和其他高碳醇等副反应的发生，主要反应如下：

$$CO_2+3H_2 \rightleftharpoons CH_3OH+H_2O \quad \Delta_r H(298K)=-49.5kJ/mol \tag{5-1}$$

$$CO+2H_2 \rightleftharpoons CH_3OH \quad \Delta_r H(298K)=-90.6kJ/mol \tag{5-2}$$

$$CO_2+H_2 \rightleftharpoons CO+H_2O \quad \Delta_r H(298K)=41.2kJ/mol \tag{5-3}$$

CO_2 加氢制甲醇为放热反应，同时，反应式（5-1）和式（5-2）均为熵减反应（即 $\Delta S<0$），所以低温、增压有利于平衡向右移动，如在 180℃、8.0MPa、H_2/CO_2（摩尔比）为 3∶1 时，CO_2 加氢制甲醇的平衡转化率可达 48.6%。而在 300℃、1.0MPa 时，CO_2 平衡转化率仅为约 3.3%。需要注意的是，反应式（5-3）即逆水煤气变换反应，为等分子吸热反应，所以反应压力对平衡的影响很小，但高温更利于 RWGS（CO 的生成）。由于热力学平衡的制约，一般工况下（200℃左右，2.0～3.0MPa，$H_2/CO_2=3$）CO_2 单程转化率较低（20%左右），但如果采用尾气循环工艺，CO_2 的总转化率可以成倍提高。

综上所述，结合热力学和动力学来看，CO_2 加氢制甲醇是放热反应，而该反应以 CO 为主要副产品，RWGS 副反应是吸热反应。为了提高催化剂的活性，获得可观的反应速率，常常需要提高反应温度，但提高温度会导致甲醇选择性的牺牲，使得竞争性的 RWGS 副反应在高温下更容易进行。此外，体系中已经生成的甲醇在高温下可能发生分解生成 CO，多种因素使得 CO 选择性显著上升，甲醇选择性和收率显著下降（图 5-15）。因此，反应温度的升高，CO_2 转化率和甲醇选择性在各种催化体系中通常表现出“鱼和熊掌不可兼得”的关系。以常用的商业 Cu-ZnO/Al_2O_3 催化剂为例，其在 200℃时 CO_2 转化率较低（5%），但甲醇选择性高达 75%；当反应温度提高至 250℃时，CO_2 转化率增加至约 20%，甲醇选择性却迅速降至 50%以下。

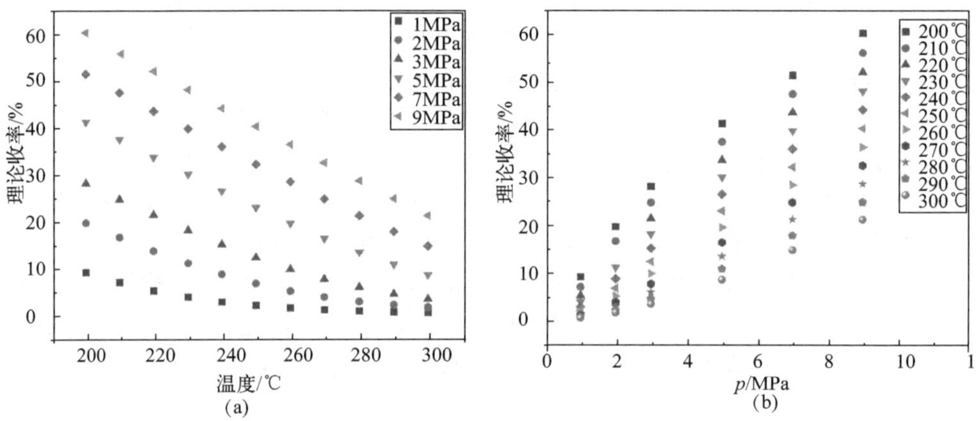

图 5-15 甲醇理论收率与反应温度和压力的关系

5.4.3 催化剂研究进展

据全球大宗品市场信息统计，2020 年全球甲醇产能超过 1.5 亿吨，实际产量达到 1.08 亿吨，而以低碳合成的绿色甲醇仅占不足 1%的市场份额。因此，通过光电、风电及水电等可再生能源电解水制取绿氢并耦合大气、烟道气等中的 CO_2 合成绿色甲醇，对实现“双碳”目标具有重要意义。在 CO_2 加氢制甲醇的催化反应中，高性能设计和制备是关键，即所用催化剂除具有可观的 CO_2 转化率外，还应具有高甲醇选择性及优异的稳定性。CO_2 加氢合成甲醇所用催化剂主要是以贵金属和过渡金属如 Rh、Pd、Pt、Au、Cu、Zn、Co、Zr、Mn、Y、Ga 等作为活性组分，将其负载于各种氧化物、分子筛、碳材料等载体上制得[56]。不过，部分活性组分在 CO_2 加氢制甲醇反应中存在较多问题，例如 Co 基催化剂由于金属 Co 具有很强的氢活化和加氢能力，因此 CH_4 是 CO_2 加氢的主要产物。近年来，采用多种策略来提高反应的甲醇产率，一种有效的方法是通过配位 N 对 Co 表面组成进行有效处理，以降低Co的电子密度和电子极化趋势。特别是在碳基质中加入特定的N物种（吡啶氮），可以进一步优化Co位点的电荷分布，即降低Co中心周围的电子局域化，最小化甲烷化反应，从而显著促进CO_2加氢为甲醇。在180℃和2MPa下，$TOF_{甲醇}$达到47.8/h，是未经氨化处理Co/C催化剂的7倍。

当前，研究较多的催化体系仍然是贵金属基催化剂和Cu基催化剂，以及最近研究较多的双金属固溶体氧化物催化剂和In_2O_3基催化剂等，详细如下。

5.4.3.1 贵金属基催化剂

Rh、Pd、Pt、Ru等贵金属由于强金属-载体相互作用，以及低温下能产生氢溢流、提高活性氢的浓度，非常有利于各种形式的加氢反应。此外，其由于具有优异的低温催化活性和抗烧结性能，更加受到了广泛关注。贵金属基催化剂一般与ZnO、ZrO_2、CeO_2、Ga_2O_3等结合使用，活性组分为金属位点或双金属合金如PdZn、$RhZr_2$、PdGa等，在反应中具有极高的甲醇选择性（接近100%），同时CO_2转化率在10%以上，而甲酸盐在这一体系中是主要的中间产物。例如，通过优化TiO_2载体的晶格错位结构，促进TiO_2中不规则原子排列的有序化，稳定晶格结构，并削弱载体与活性相之间的电子相互作用，促进金属Pd转化为PdZn合金，因此构造了高效的PdZn-ZnO/TiO_2催化剂[57]。该策略能够抑制Pd^0位点上的逆水煤气变换反应，从而有效减少了CO的产生。此外，晶格位错结构还可使活性H从PdZn合金高效溢流至ZnO，以弥补ZnO氢解离能力的不足，从而形成了用于CO_2以及反应中间体加氢的富氧空位和富羟基环境，提高了反应经甲酸盐合成甲醇的概率。与未改性催化剂相比，所得催化剂CO_2转化率未变（约8.0%），但甲醇选择性从64.2%提高至80.0%，同时CO选择性从35.0%降低到19.8%，甲醇时空收率高达9028.0mg/(g_{Pd+Zn}·h)。但需要注意的是，贵金属对CO_2吸附较弱，因此，CO_2吸附和活化是贵金属基催化剂应用的一大挑战。例如，有学者发现，CO_2易吸附于具有较高氧空位浓度的CeO_2（110）晶面上并形成碳酸盐物种，所以将CeO_2作为贵金属基催化剂的载体大大提高了其催化性能。

不过，贵金属极高的价格直接拉高了催化剂的价格，使得成本高昂成为贵金属基催化剂应用的另一大挑战。随着催化剂制备技术的发展，单原子催化剂、合金催化剂等的不断涌现使贵金属的用量大为降低，这一问题也得到了逐步的缓解[58]。Si和Zeng[59]联合制备了金属有机骨架材料MIL-101包裹Pt的单原子催化剂，在CO_2加氢合成甲醇反应中显示出优异的性能。由于Pt原子实现了原子级别的分散，其与O协作形成了高效活性中心，在DMF（*N*,*N*-二甲基甲酰胺）溶剂中、150℃低温下，甲醇选择性高达90.3%。Song和Guo等[60]构筑了SiO_2负载Pd-Cu双金属催化剂，结合DFT计算和实验结果发现，适当配比的PdCu合金有利于配位，不饱和Pd原子暴露在表面，使其优先吸附、活化CO_2和H_2分子从而促进CO_2加氢合成甲醇。作者还发现反应中产生的少量水（摩尔分数0.03%）通过降低O—H形成的能垒、改变速控步骤，最终促进了甲醇合成。

均相 Lewis 酸碱对催化剂中相邻的 Lewis 酸-碱位点组成的酸碱对可协同活化 H_2 分子并使其异裂解离，CO_2 分子亦可通过酸-碱双位点实现高效活化，即 CO_2 分子中的 C 原子与碱位点配位，其中一个 O 原子与酸位点配位。这种情况下甲酸盐物种（$HCOO^*$）等中间产物的形成速率加快，最终使得甲醇收率显著提高。对于多相催化剂来说，当金属位点的尺寸减小到原子水平时，其与载体上某些活性位可以形成 Lewis 酸碱对，二者之间通过电子相互作用调变金属中心的电子态，同时形成独立并均匀分布的吸附位，具有类似于均相 Lewis 酸碱对的活化能力。受此启发，Lou 等人[61] 设计并构建了 In_2O_3 负载 Pd 单原子催化剂（Pd_1/In_2O_3），其孤立的 Pd 原子与相邻的 O 和 In 原子组成局域 Lewis 酸碱对。通过该 Lewis 酸碱对活化 CO_2 和 H_2 分子并形成甲酸盐（$HCOO^*$）等过渡产物，大大提高了甲醇时空收率和选择性（99.4%）。在同等反应条件下（200℃和 3.3MPa），甲醇时空收率比目前报道的最佳催化剂高 70%左右。

5.4.3.2 铜基催化剂

Cu 基催化剂因具有分散度高、热稳定性好、活性好、成本低等优点而被广泛应用于多种化学品的生产中，特别是 1966 年成功开发的 Cu-ZnO/Al_2O_3 催化剂，其已广泛应用于以 CO 或 CO_2 为原料的甲醇合成工业应用中。但是，在该反应中，Cu 基催化剂虽然活性高，但甲醇选择性和稳定性却无法满足特别是大规模工业生产的要求。

在 CO_2 加氢制甲醇反应中，Cu 基催化剂的催化机理主要涉及两种反应中间体：羧酸盐（$COOH^*$）和甲酸盐（$HCOO^*$）。这是因为 CO_2 中的 O 和 C 分别靠近最高占据分子轨道（1πg）和最低未占据分子轨道（2πu），使得富电子的 O 成为弱电子给体（Lewis 碱），缺电子的 C 则为弱电子受体（Lewis 酸）。当与质子结合后，CO_2 可以转化为 $COOH^*$；而与氢化物反应后，CO_2 则加氢为 $HCOO^*$。

Bell 等人[62] 提出了 Cu 基催化体系中 CO_2 加氢制甲醇的具体反应机理，Meunier 等人[63] 和 Li 等人[64] 进一步以 CuO/ZrO_2 等催化体系为例，详细阐明了反应所遵循的具体路径（如图 5-16 所示），CO_2 首先吸附于碱性位或缺陷位等活性位并转化为甲酸盐。之后，H_2 解离吸附在金属 Cu 表面并溢流至 Cu-ZrO_2 界面，大量甲酸盐中间体与氢原子结合为甲氧基，甲氧基最终加氢形成甲醇。不过，这两种机理之间也存在较大差异，Bell 强调甲酸盐基本上产生于 ZrO_2 等载体上，而 Meunier 却认为甲酸盐同时存在于 Cu 和 ZrO_2 上，但只有覆盖于 Cu 物种表面的甲酸盐是主要的反应中间体。具体而言，Bell 等人以 Cu/SiO_2 和 Cu/ZrO_2/SiO_2 催化剂作为研究对象，通过原位红外光谱研究了甲醇合成过程中 CO_2 和 H_2 分子与催化剂的相互作用。其中，在 Cu/ZrO_2/SiO_2 催化体系中观察到碳酸盐和碳酸氢盐等物种且其形成均与 ZrO_2 有关。H_2 吸附在 Cu 上并解离成 H 原子，所以在高活性氢原子大量存在的情况下，这些物种与邻近 Cu 位点所溢流的 H 原子结合为甲酸盐，进而转化为甲醇盐物种。最后，甲醇盐物种的水解促进了甲醇的形成。因此，铜位点的存在很重要，它可以大大加速碳酸盐/碳酸氢盐加氢生成甲酸盐，以及甲酸盐后续加氢生成甲醇盐，但不会同时促进逆水煤气变换反应。相比之下，Meunier 等人借助全定量红外分析和瞬态方法，观察到反应途径涉及三种不同类型的甲酸酯或羰基物种，其中一种位于金属 Cu 上，另外两种与 ZrO_2 结合。前者（与铜结合的甲酸盐）仅占表面甲酸盐的 7%左右，是唯一能够转化为甲醇的甲酸盐中间物种。因此，铜物种不仅吸附/活化 H_2，还为甲醇生产提供了关键的甲酸盐中间体。

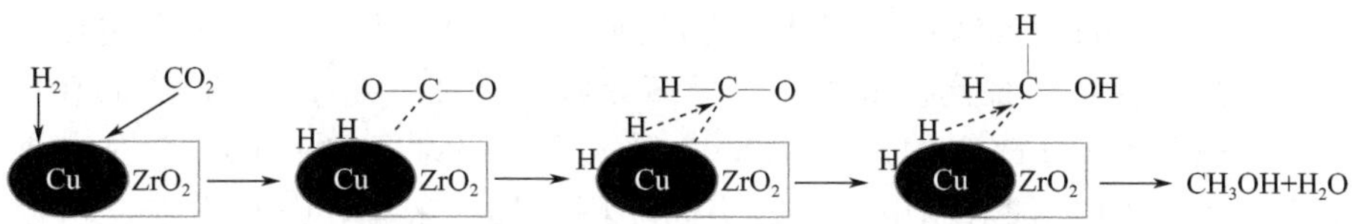

图 5-16　CuO/ZrO_2 催化剂上甲醇合成机理（Bell 等人）

虽然 Cu 基催化剂在加氢反应中应用广泛，但其性能通常较低，尤其是甲醇选择性和稳定性均较差，严重制约了其在 CO_2 加氢制甲醇中的大规模工业化应用。为提高 Cu 基催化剂的催化性能，需引入适当的助剂（B 等非金属、Pd 等贵金属、K 等碱金属、Ga 等其他过渡金属和稀土金属）和载体（Al_2O_3 及 SiO_2 等惰性载体，或具有氧化还原性质、可提供氧空位的载体如 ZnO、ZrO_2、CeO_2、TiO_2 和 Zn-Zr-O、Mg-Ti-O、Ce-Zr-O 等多元载体，以及钙钛矿、水滑石、石墨烯等新型载体）来修饰活性组分 Cu。

(1) 助剂

助剂起到调节 Cu 物种结构的作用，使 Cu 的分散度、Cu 的电子状态、Cu 与载体的相互作用及载体的性质发生变化，从而改变其催化性能。例如，Au 助剂可抑制 Cu 基催化剂烧结，提高热稳定性；Ag 助剂有助于降低活化能并通过阻止 Cu 颗粒尺寸增大而维持其活性；Mn 助剂有助于提高催化剂的中/强碱性位的浓度，有助于 Cu-ZnO 活性位点生成，使 Cu 基催化剂的性能显著提升。因此，具有多组分协同效应、丰富的界面结构和金属-载体强相互作用的 Cu 基多元金属催化剂体系能够显著提高催化性能，但其精准合成以及真实的催化活性位点和反应机理仍存在较大争议。在铜基催化剂中助剂的作用是其研究的一个重要内容。对于常用的 ZnO 助剂，改变 Cu/Zn 摩尔比调节 Cu-ZnO-ZrO_2 的三元协同作用后发现，催化剂表面形成的 CuZn 合金和 Cu-ZnO_x 之间的紧密界面是催化剂活性提高的主要原因。同时，原位 DRIFTS 表明，在该催化剂上 CO_2 加氢主要按照甲酸盐途径进行，而 ZnO 与载体 ZrO_2 间的相互作用促进了氧空位的产生，进一步提高了 CO_2 的吸附和活化，起到稳定 ZnO-ZrO_2 界面上甲酸盐物种的作用。随后，Cu 物种在 H_2 解离和甲酸盐中间体转化为甲醇的过程中起到了决定性作用。使用机械研磨法可以快速制备 Cu/ZnO 催化剂用于 CO_2 加氢制甲醇，其中，ZnO 和具有超高比表面积的

ZIF-8（沸石咪唑骨架材料）促进了 CuO 的高度分散，因此获得了更高的 Cu^0 表面积和更小的 Cu 晶粒尺寸（约 14nm）。除此之外，所得催化剂具有紧密的 CuO/ZnO 界面接触，因而表现出较高的催化活性，反应温度低至 200℃时甲醇的时空产率高达 128.7g/(kg_{cat}·h)，远高于传统共沉淀法和浸渍法制备的催化剂以及商业中使用的成熟 Cu/ZnO 催化剂。原位 DRIFTS 表明，在该催化体系中甲酸盐是 CO_2 加氢制甲醇的关键反应中间体。

Na 等人[65] 以硅质骨架结构介孔分子筛 SBA-15 为载体，采用浸渍法合成了 CuO-ZnO/SBA-15 系列催化剂，通过研究在 CuO-ZnO 体系中引入 MnO_2 和 ZrO_2 助剂，发现 ZrO_2 的加入增强了碱性位点的强度、提高了氧空位浓度，有助于催化剂活性和甲醇选择性的提高。此外，金属氧化物的添加改变了 SBA-15 的孔径和比表面积，促进了 Cu 分散度的提高。Peng 等人[66] 探讨了 Cu-In-Zr-O 三元催化剂中的活性位点在 CO_2 加氢制甲醇中的协同作用。具体来说，CO_2 分子强吸附于具有缺陷结构的 In_2O_3 位点，与此同时产生的巨大能垒抑制了 CO_2 解离为 CO，之后其与邻近的 Cu 位点上的活性氢原子结合，这一步骤中甲酸盐中间体的生成是限速步骤，起因是 CO_2 在氧空位上的强吸附。甲酸盐中间体进一步加氢和脱氧形成甲氧基物种，在这一过程中，表面组分中不断增加的氢原子浓度会进一步削弱 C—O 键的强度，使其更容易发生解离，从而形成甲氧基组分。最后甲氧基物种加氢生成甲醇并脱附，最终实现了甲酸-甲氧基-甲醇的反应路径。

碱金属和碱土金属改性 Cu-ZnO/Al_2O_3 催化剂能显著改变 CO_2 吸附性能及加氢能力，其中 K 添加后能选择性覆盖 Al_2O_3 表面，从而降低载体对 Cu 物种的包裹，提高 CuO 的还原性，有利于甲醇生成。而 Ba 覆盖了 Cu 和 Al_2O_3 表面的甲醇合成所需的活性位点，使 CO 选择性增大。本书作者为改善 Cu 基催化剂在 CO_2 加氢制甲醇反应中效率较低、稳定性较差等问题，使用碱金属（Li、Na 或 K）作为改性助剂制备 CuO/ZrO_2 催化剂[67]。通过 XRD、N_2 物理吸附、ICP-OES、SEM/EDS、H_2/N_2O/CO_2/NH_3 化学吸附和催化活性评价实验，详细研究了碱金属对 CuO/ZrO_2 催化剂的物理化学性质和催化活性的影响。使用络合燃烧法可以使前驱体中的各种组分均匀结合，高温焙烧（700℃）进一步增强了 Cu 和 ZrO_2 之间的相互作用和协同效应。最重要的是，碱金属的引入有效地改变了 CuO/ZrO_2 催化剂的结构和催化活性，使甲醇的选择性显著增加，但也会使 CO_2 的转化率降低。例如，经 K 改性的 CuO/ZrO_2 催化剂反应 48h 后，甲醇的选择性达到 98.9%，CO_2 转化率则降至 8.8%。当转化率和选择性无法同时兼顾时，设计催化体系实现产物较高的选择性，即使牺牲部分转化率，也是值得的。

引入稀土元素作为 Cu 基催化剂的促进剂可以改善 Cu 分散度和比表面积，增强对 CO_2 的吸附继而调节表面 H 和 C 原子个数比，以及调节 Cu 和金属氧化物之间的相互作用。通过向 Cu-ZnO/Al_2O_3 催化剂中添加不同含量的 La，可以提高该催化剂对 CO_2 加氢制甲醇反应的稳定性。其中，当加入 La 的质量分数为 2.5%～5%时，Cu-ZnO/Al_2O_3 催化剂中 Cu、ZnO 的分散度显著提高且 $Cu^{0/+}$ 得以稳定，同时 Cu 的烧结和氧化得到有效抑制，从而提高了催化剂的稳定性。此外，La 的引入增强了催化剂对 CO_2 的吸附和活化。在此一系列优化下，甲醇的最高时空产率可达 814.9g/(kg_{cat}·h)。Yuan 等人[68] 以 La 修饰 SBA-15，负载 Cu 后催化 CO_2 加氢制甲醇，发现 Cu-LaO_x 界面的形成对甲醇的生成起关键作用，甲醇选择性可达 81.2%且催化剂稳定运行 100h 以上未见失活。助剂还可以充当反应中所需活性位，影响反应动力学进而改变反应路径。有研究发现，多种稀土元素对 Cu-ZnO/ZrO_2 催化剂的性能有较大影响。如 La 和 Ce 的氧化物与 Cu 之间因较强的相互作用而有利于甲醇生成，Nd 和 Pr 的添加则使催化剂的活性下降。其中，CeO_2 不但能够产生氧空位有利于 CO_2 吸附和活化，而且能够增强 Cu^+ 与 CO 的结合，使 CO 难以从催化剂表面脱附，从而抑制了 RWGS 反应和甲醇分解。在反应条件为 230℃、3.0MPa 时，Ce 掺杂催化剂的 CO_2 转化率高达 22.8%、甲醇选择性 53.0%，甲醇产率接近 3.2mol/(h·kg)。稀土 Y 掺杂后可阻止热处理和反应过程中 Cu 纳米粒子聚集或形成团簇，同时提高 Cu^{2+} 的还原性和 Cu^+ 物种的生成比例，因此可以显著提高催化剂的性能，如在 250℃、5.0MPa 下，Y 掺杂 Cu-ZnO/Al_2O_3 催化剂的 CO_2 转化率为 26.9%，甲醇选择性为 47.1%，甲醇时空收率可达 0.52g/(g_{cat}·h)。

除了添加不同原子作为助剂外，Cu^+ 也可以作为助剂进行掺杂，在选取了合适的载体后，可以最大限度地提高 Cu 基催化剂的性能。例如，以 Cu-Mg-Al 水滑石作为前驱体制备 Cu-MgO-Al_2O_3 复合氧化物催化剂，不但可以同时有效稳定 Cu 纳米颗粒（2nm）和 Cu 晶格中掺杂的 Cu^+，而且该水滑石前驱体衍生的 Cu-MgO-Al_2O_3 催化剂表面存在的孤立 Cu^+ 稳定了甲醇合成过程中的关键中间体（单齿甲酸盐），所以成为 CO_2 加氢反应的高效活性位点。

（2）载体

对于 Cu 基催化剂载体的考察也是研究者关注的焦点，载体的作用主要可以概括为：①作为骨架支撑活性组分；②分散活性组分，增加活性位数目；③与活性组分产生相互作用，稳定活性位，提高其活性。例如，作为 Cu 基催化剂的常用载体，ZrO_2 的亲水性比 SiO_2 和 Al_2O_3 要小，有助于降低水对活性位点的毒性。最重要的是，ZrO_2 是已知唯一拥有四种不同性质的金属氧化物载体：氧化性、还原性、酸性和碱性；另外，ZrO_2 还是 p 型半导体，易于产生氧空穴，因此经过特殊处理后，可与 Cu 等负载金属活性位、助剂（Cd、Ga、In 和 Zn 等）产生较强的相互作用。以上所述独特的性质在 CO_2 催化加氢中有望获得广泛的应用。ZrO_2 通常以单斜相（m-）、四方相（t-）和立方相（a-）等晶型以及无定型（am-）状态存在，其中，m-ZrO_2 和 t-ZrO_2 作为载体所得催化剂都具有较高的催化活性。一般来说，在多数反应中（仲醇脱水、二烯烃加氢、1-丁烯异构化、醇醛和羧酸酮化等）m-ZrO_2 作为载体的催化活性高于 t-ZrO_2。这是因为在 m-ZrO_2 上，酸性和碱性位邻近且紧密排列，表面密度更大，因而容易催化脱水、缩合等官能团反应，而在 t-ZrO_2 表面酸碱位是分离的，碱性或酸性要小一些。另外，在一些反应中，

ZrO_2 晶型的区别可能会导致不同的产物分布。例如，m-ZrO_2 上 1,4-丁二醇脱水生成 3-丁烯-1 醇，在 t-ZrO_2 上则更易生成四氢呋喃。Dumesic 等[69] 重点探讨了 CuO/ZrO_2 催化剂中 Cu-ZrO_2 界面位点对 CO_2 加氢制甲醇的影响，发现界面处金属物种为 Cu^0 和 Zr^{4+}，且界面处甲醇合成速率要高于其他区域数十倍。虽然 ZrO_2 作为载体在 CO_2 吸附和活化方面展现出卓越性能，但是反应中 Zr 的演变及 ZrO_2 结构对反应路径的影响还值得商榷。利用火焰喷雾热解的高温淬火特性制备了不同 Zr 含量的 Cu/Zr-SiO_2 催化剂[70]，所得催化剂中 Cu 负载于 Zr-SiO_2 二元载体上，Zr 以单位点物种的形式锚定在无定型 SiO_2 上，主要为四方相，而非高温下通常呈现单斜相，这表明在火焰喷雾热解的猝灭过程中更容易形成亚稳态结构。通过对 Zr 含量进行优化，可以实现 Zr 单位点和 ZrO_2 纳米颗粒共存。通过原位 XAS 跟踪该二元载体中 Zr 在真实反应条件下的动态演变，加上原位 DRIFTS 和理论计算可知，Cu 和单位点 Zr 形成的活性界面（Cu-Zr_1）上能够形成 Cu-C-O-Zr 配位的羧酸盐（$COOH^*$）中间体。具体来说 C 原子与 Cu 结合，一个 O 原子与 Zr 相互作用，形成 $COOH^*$ 中间体，通过逆水煤气变换为 CO 后再加氢合成甲醇。而在 ZrO_2 纳米颗粒上，CO_2 吸附更倾向于以两个 O 原子与两个相邻的 Zr 原子连接，Zr-O-C-O-Zr 配位的甲酸盐（$HCOO^*$）中间体的形成说明其遵循“甲酸盐”路径合成甲醇。两种反应路径可在不同的活性位点上平行进行，打破了单一反应路径受到的动力学限制。当该双路径在合成甲醇中的贡献占比几乎均等时，体系的催化性能最优。

Fang 课题组[71] 以 MgAl-LDHs 作为载体负载 Cu-ZnO/ZrO_2 催化剂并用于 CO_2 加氢合成甲醇，与未负载样品相比，比表面积和 Cu 的分散度分别提高了 4.3 倍和 2.9 倍，甲醇选择性（78.3%）也较商用催化剂提高了 14.4%，CO_2 转化率更是增加了 50%（反应温度为 250℃、反应压力为 3MPa、空速为 2000/h）。LDHs 可以经过简单方式如热处理等转化为 LDOs，LDOs 可以作为催化剂的优异载体。例如，将 Cu 纳米粒子固定在 MgAl-LDHs 载体上，同时利用硝酸根离子改性成功促进了氧空位的大量产生。其中，NO_3^- 处理后生成 NO_2^+ 和 O^{2-}，而表面 MgO 的晶格氧吸附游离的 NO_2^+ 并形成 NO_3^- 中间体，该中间体释放出来后会导致 MgO 表面产生氧空位，随后 NO_3^- 与解离出来的 Mg^{2+} 生成 $MgNO_3^+$，而 Mg-NO_3^+ 再次分解为 NO_2^+ 后形成 [$Mg^{2+} \cdots O^{2-}$] 离子对。释放出来的 NO_2^+ 吸附在邻近 MgO 上再次产生氧空位。另外，改变焙烧氛围为 15%CO_2/85%N_2 气氛并使用不同焙烧温度，不仅能够在 Cu 和 MgO 之间形成强金属-载体相互作用和电子金属-载体相互作用，而且能够在 MgO 上产生大量氧空位[72]。其中，在 700℃ 和 CO_2 氛围中所得 Cu 负载于 MgAl-LDOs 上的催化剂与空气中焙烧所得催化剂相比，甲醇产量和 TOF 更高。原位 FTIR 表明，氧空位的存在使更多的单齿甲酸盐形成于催化剂表面，从而提高了甲醇产量。CO_2 处理使得催化剂中 MgO 的迁移及其与 Cu 颗粒的相互作用是催化性能变化的主要因素。

La、Ce 和 Y 等稀土元素或其氧化物作为 Cu 基催化剂载体，能有效调节 Cu 分散度、表面酸碱性以及金属-载体相互作用等，从而改善 Cu 基催化剂对 CO_2 的吸附和活化性能，增强甲醇选择性及催化剂稳定性。如图 5-17 所示，以 CeO_2 为载体负载 Cu 时，CeO_2 的不同形貌（纳米棒、纳米立方体和绣球状）会对铜物种及催化剂在 CO_2 加氢制甲醇中的催化性能产生极大的影响。其中，$CuO-CeO_2$ 相互作用的强弱对载体形态的依赖性尤其显著。与纳米棒和纳米立方体 CeO_2 为载体所制 CuO/CeO_2 催化剂相比，以绣球状 CeO_2 为载体所得催化剂表现出更高的催化性能，如在 260℃ 和 3MPa 下 CO_2 转化率为 15.6%，甲醇选择性高达 92.4%。H_2-TPR、XPS 和 EPR 等研究表明，其优异的催化性能归因于表面高度分散的 CuO_x 团簇、$Cu^{2+}-O_v-Ce_x$ 等结构所产生的协同作用，即 $CuO-CeO_2$ 相互作用所形成的 $Cu^{2+}-O_v-Ce_x$ 结构促进了氧空位的生成，因而有效增强了 CO_2 的吸附能力。而高度分散的 CuO_x 团簇则促进了活性氢原子的生成，这与 CO_2-TPD 和 H_2-TPD 测试结果一致。所以，该催化剂同时具备较高的 CO_2 和 H_2 吸附能力，加之

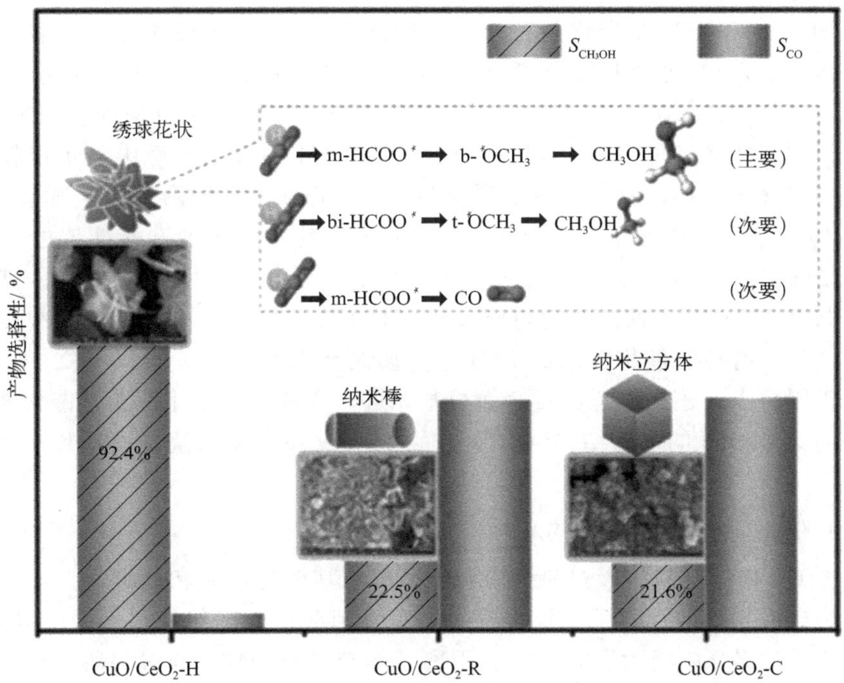

图 5-17　不同形貌的 CeO_2 对甲醇合成性能的影响[74]

$Cu^{2+}-O_v-Ce_x$ 所导致的氧空位及表面羟基密度的增大有助于甲酸盐的生成与促进其进一步加氢，所以显著提升了甲醇的收率。铜基催化剂虽具有不同的表面状态，可以控制反应途径并产生反应性 H^* 物种。然而，催化过程中产生的水氧化活性 Cu^0 物种会使表面反应活性位减少。虽然不可还原的金属氧化物载体有利于稳定金

属态，但它们产生表面氧空位的能力有限，因而阻碍了 CO_2 的活化。通过向 $La_2O_2CO_3$ 载体中掺杂 Nd[73]，通过破坏载体晶格的二元性来增强氧空位的形成。这不但提高了表面 Cu^0 浓度加速 H_2 的解离，而且显著改善了的 CO_2 的活化。由此产生的 $Cu/La_2O_2CO_3$-Nd 催化剂明显优于 $Cu/La_2O_2CO_3$ 和 CuZnAl 催化剂，在 260℃、3MPa 反应条件下，甲醇收率可以达到 9.9mol/(mol_{Cu} · h)，是 $Cu/La_2O_2CO_3$ 催化剂［7.2mol/(mol_{Cu} · h)］的近 1.4 倍。

以钙钛矿结构的 n 型半导体 $SrTiO_3$ 作为载体，通过沉积-沉淀法可得到不同 Cu/Zn 原子比的 Cu-ZnO-$SrTiO_3$ 催化剂，在 CO_2 加氢制甲醇中显示出较好的性能。通过原位表征后发现，由于 Cu 和 $SrTiO_3$ 的费米能级不同，接触后形成的莫特-肖特基结显著促进金属与载体间产生有利于反应的电子转移，而这种从载体到 Cu 上的电子转移进一步促进了氧空位的生成和铜颗粒直径的减小。受益于此，$SrTiO_3$ 和 ZnO 中的氧空位增强了对 CO_2 的吸附/活化，而与载体接触的 $Cu^{\delta+}$ 物种促进了活性氢迁移和溢流。最终，形成了反应中真正的高效活性位点——界面处 $Cu^{\delta+}$-O_v。

MOFs 材料是 Cu 基催化剂在 CO_2 加氢过程中的潜在载体并具有多种积极作用，如将 Cu/ZnO 纳米粒子固定在 UiO-bpy（一种具有小空腔的高度稳定的 MOFs）的孔隙中，制备含 Cu 物种的 Zr 基 MOFs（UiO-66 和 MOF-808）或将 Cu 纳米粒子固定在 Zn 基 MOFs 等所得催化剂在 CO_2 加氢制甲醇中显示出较好的性能。又如以离子交换法将 Cu 纳米颗粒封装在 ZIF-8（一种沸石咪唑啉骨架材料）中，在 CO_2 加氢制甲醇中表现出优异的活性和稳定性，甲醇选择性超过 90%，收率高达 2.2g/($g_{金属}$ · h)，且在 250℃ 和 5.0MPa 下稳定运行超过 150h。其优异的性能可归因于 Cu 纳米颗粒的均匀分布和 ZIF-8 骨架的稳定作用，以及载体结构缺陷可以产生具有独特催化性质的 MOFs-金属纳米颗粒界面，不仅提供 H_2 和 CO_2 的高效吸附位点，还提供了大量表面羟基，进一步增强了催化性能。催化剂稳定性提高是因为 MOFs 的多孔结构和有限空间可以减少 Cu 颗粒烧结，有利于催化性能的保持。

(3) 催化剂整体形貌/结构

改变 Cu 基催化剂的形貌和结构会显著影响其催化性能和稳定性。本书作者以葡萄糖为碳源，同时混合了多种金属盐溶液（硝酸铜、硝酸锌和硝酸铝等），进行水热反应并一锅合成吸附了大量金属阳离子的碳微球颗粒，经过将所得碳微球高温焙烧后制得金属氧化物空心球（CuO-ZnO-Al_2O_3）。需要注意的是，反应前驱液中葡萄糖：金属总量＝4：1（摩尔比）时，最终所得产物为均一的空心金属球（粒径 500～2000nm）；当调整两者比例为 8：1 时，则产生大量粒径均匀的 CuO-ZnO-Al_2O_3 纳米粒子（平均粒径 25nm）。在焙烧之前超声处理水热合成所得产物有利于减少空心球的团聚和烧结，增大最终产物的比表面积。在最佳反应条件下［H_2/CO_2 为 3、压力 2.8MPa、温度 260℃、空速 1800mL/(g_{cat} · h)］，由于该空心结构可以提供内、外双表面上的金属活性中心用于催化气相反应，所以其在二氧化碳加氢合成甲醇反应中取得了较好的催化效果，CO_2 转化率高达 19.8%，而甲醇产率保持在约 12%。加之特殊的球形空心结构使其表面相互隔离，避免了表面铜活性中心的烧结和迁移所导致的失活，因此该空心金属球催化剂的表面铜活性中心损失较少，连续使用 48h 后其催化性能未见明显下降。与大多数制备空心颗粒的方法相比，碳微球模板法无须无机颗粒、聚合物微粒、共聚物等，仅以葡萄糖为碳源，且在水热合成过程中不使用任何引发剂、有机溶剂和表面活性剂，这些物质在制备 SiO_2 及聚合物球时常会用到，因此该方法对环境友好，是一种绿色的合成方法。

突破催化剂的传统结构，反相催化剂是利用活性组分和载体的反转设计，来增强在多相催化反应中的稳定性和选择性。通过机械辅助 NaCl 模板法，利用高比表面积（$120m^2/g$）多孔 CuO 载体制备了 ZnO/Cu 反相催化剂[74-75]，当 ZnO 负载量从 5%（质量分数）逐渐增大时，甲醇产率呈火山曲线变化，即先增长且当 ZnO 负载量为 50%时达到最大，之后随着 ZnO 负载量进一步增大甲醇产率反而降低。其中，在极低的反应温度下（170℃），该催化剂显示出约 99.0%的高甲醇选择性；提高反应温度至 260℃时，ZnO 中氧空位浓度随反应温度的提高而增加，CO_2 转化率迅速增长至 20%，甲醇选择性仍能保持在一个较高的水平（56%），甲醇空时产率高达 352.7g/(kg_{cat}·h)，CO_2 转化率和甲醇选择性在催化剂连续运行 120h 下保持稳定，催化剂具有较好的稳定性。深入研究后发现，由于 ZnO 物种活化 CO_2 分子，CO_2 吸附容量随 ZnO 负载量的增加而增加。但是，ZnO 负载量的增加更多覆盖了 Cu 活性位点，使 H_2 吸附量减少。当 ZnO 负载量为 50%时，催化剂对 CO_2 和 H_2 共吸附且达到了合理的比例，使得该 ZnO-Cu 反相催化剂显示出最高的甲醇时空产率。需要注意的是，较高温度（260℃）下氧空位的增加虽然增强了 CO_2 的活化，但也同时促进了 RWGS 反应，CO 的形成对甲醇选择性产生了负面影响。

5.4.3.3 新型催化剂

相比于具有悠久使用历史的贵金属基和 Cu 基催化剂，In_2O_3 和 $ZnZrO_x$ 等可还原氧化物催化剂分别在 2015 年和 2017 年才被发现，但其表现出的高选择性和稳定性引起了学术界和工业界的广泛关注。

(1) 双金属固溶体氧化物催化剂

提高甲醇的选择性是 CO_2 加氢最大的挑战，Cu 基催化剂的突出问题是甲醇选择性较低（50%～60%），加之反应中产生的水会加速 Cu 基催化剂的烧结失活。为解决这一难题，众多研究人员集中开展了新型催化剂的研制。其中，单相固溶体（类钙钛矿、萤石和尖晶石等结构）作为新型氧化物体系，在高度无序的多组分体系中，由于不同元素约束在同一晶格中，且各种原子半径存在较大差异，所以产生结构上的晶格畸变效应导致丰富的缺陷位点形成。而热力学引起的高熵效应会避免过多相态的形成，以及动力学的变化引起的迟滞扩散效应能够显著提高材料的热稳定性和结构均匀性，加之"鸡尾酒效应"使各元素之间相互作用加强从而提高材料的反应性能[76]，该类材料在能源和环保等领域得到了广泛的研究和应用。例如，双金属固溶体氧化物催化剂如 $ZnZrO_x$（主要是 ZnO-ZrO_2）[77] 被首次应用于 CO_2 加氢反应中，有趣的是，单独的 ZrO_2 或 ZnO 仅对 RWGS 有活性，但是 ZnO/ZrO_2 形成固溶体后却能高选择性地制备甲醇。这是因为该固溶体独特的结构可以同时提供 Zn 和 Zr 双活性中心，H_2 和 CO_2 分别在其上吸附活化，且在 CO_2 加氢过程中表现出了较强的协同作用，最终形成表面 $HCOO^*$ 和 H_3CO^* 活性中间物种，实现了 CO_2 高选择性加氢合成甲醇（90%），同时 CO_2 单程转化率超过 10%。此外，该催化剂还具有一定的抗硫能力和极好的耐烧结稳定性，避免了原料气含硫而造成催化剂中毒失活（Cu 基催化剂要求原料气含硫量低于 0.0005%），在线反应 500h 无失活。金属助剂如贵金属 Pd 添加可以提升 $ZnZrO_x$ 催化剂在 CO_2 加氢制甲醇中的催化性能。采用火焰喷雾热解法合成了一系列金属（Co、Ni、Cu、Re、Ru、Rh、Pd、Au、Ag、Pt 和 Ir）掺杂 $ZnZrO_x$ 催化剂并应用于 CO_2 加氢制甲醇反应，Cu-$ZnZrO_x$ 的甲醇收率最高，甚至超过 Pd-$ZnZrO_x$[78]。这是因为 Cu 处于金属态，与小部分 ZrO_2 上还原的 Zn 原子发生强烈相互作用并形成低核数富锌 CuZn 团簇。该 CuZn 团簇可被反应中产生的氧空位所稳定，因而有效地结合 ZnO_x 和金属 Cu 的特性，从而实现中间体快速加氢转化为甲醇。在 $ZnZrO_x$ 催化剂基础上，变换 ZuO 为其他金属氧化物，进一步制备了高性能的 $MaZrO_x$（Ma=Cd、Ga）固溶体用于 CO_2 加氢制甲醇[79]，固溶体中不同金属氧化物之间具有较强的协同作用，促进了 H_2 的异裂解离，因此在较高的空速下仍保持 80%以上的甲醇选择性。利用稀土元素对双金属氧化物催化剂进行改性，可以进一步增大催化剂表面的碱性，同时促进多种金属氧化物协同形成双功能机制，有效地提高催化剂的性能。

对加氢反应来说，在 H_2 和 CO（由逆水煤气变换而来）等还原气氛中金属氧化物表面上会形成氧空位，其有利于 CO_2 的活化，所以可以采用增加氧空位浓度的策略来提高 CO_2 加氢制备甲醇的催化性能。但对某些催化体系来说，氧空位浓度变化与甲醇产率变化趋势并不匹配。Wang 等人[80] 研究了 $ZnZrO_x$ 催化剂中 Zn-Zr 间电子相互作用对催化行为的影响。研究结果表明，Zr 的含量与甲醇选择性和产率密切相关，即 Zr 含量越高，甲醇选择性和产率越高。详细表征后发现，Zn 和 Zr 间存在电子相互作用，电子从 Zr 转移到 Zn 后形成富电子 Zn 活性位。而这种电子转移越多，H_2 在其上解离越快，进而形成更多对催化加氢反应非常活跃的氢化物种（Zn-H、Zn-H-Zn 和 O-H）。同时，CO_2 的吸附也因电子转移而加强，所形成双齿碳酸氢盐和双齿碳酸盐物种的数量增多。相邻的氢化物与之发生加氢反应并生成甲酸酯和甲氧基物种，大大提高了甲醇的选择性和产率。例如，与未发生电子转移的 ZnO 催化剂相比，$ZnZrO_x$ 催化剂将甲醇选择性从 20%提高到 75%，收率增长至 3.75mmol/(g·h)，同时将反应活化能由（90.9±8.4）kJ/mol 降到 (60.6±6.8)kJ/mol。调整 ZrO_2 晶型也可以调控 $ZnZrO_x$ 催化剂的活性，例如在四方相和单斜相 ZrO_2 上，ZnO 吸附能的差异导致其不同的分散度，对 CO_2 加氢制甲醇活性的影响也不同。在四方相 ZrO_2 上 ZnO 分散度更高，易形成亚纳米尺寸的 ZnO 团簇，而在单斜相 ZrO_2 上 ZnO 易形成更大尺寸的颗粒。因此，前者具有更高的甲醇选择性（81%）和收率，而在单斜相 ZrO_2 体系中甲醇选择性和收率仅分别为 39%和 0.67mmol/(g·h)。

其他多元金属氧化物固溶体如具有尖晶石结构的锌铁氧化物（$ZnFe_2O_4$）亦可实现 CO_2 加氢高选择性制甲醇，其甲醇选择性高达 84.5%，且在反应前后该 $ZnFe_2O_4$ 物相结构保持稳定。反应机理研究发现，$ZnFe_2O_4$ 表面产生的大量氧空位可以吸附活化 CO_2 分子，并使其加氢经甲酸盐转化为甲醇。

(2) 金属硫化物或碳化物催化剂

MoS_2 催化剂在 CO_2 加氢方面表现出独特的潜力。研究发现[81]，CO_2 分子室温下可以在 MoS_2 纳米片表面的硫空位处发生解离，产生表面结合的 CO 和 O，从而使 CO_2 在低温下就能够高效地加氢转化为甲醇。多种原位光谱和微观表征与理论计算相结合表明，在面内的硫空位通过抑制 CO_2 深度加氢转化为甲烷来驱动其选择性转化为甲醇；而边缘处的硫空位则会促进 CO_2 过度加氢转化为甲烷。在反应温度为 180℃时，平面内富含硫空位的 MoS_2 纳米片催化剂的 CO_2 转化率高达 12.5%，同时实现了 94.3%的甲醇选择性，显著超过了先前报道的大多数催化剂。该催化剂在线运行超过 3000 小时后未显示出明显失活，因此具有较高的稳定性，使其在未来工业应用中具有极大的潜力。既然 MoS_2 的边缘硫空位对 CH_4 具有较高的选择性，而这也限制了甲醇的选择性。通过掺杂 K 助剂显著提高 MoS_2 催化剂上甲醇的选择性[82]，与未修饰 K 的 MoS_2（主要产生 CH_4）对比后发现，K 原子更倾向于分布在 MoS_2 的边缘位点上而稳定下来，同时通过向 MoS_2 转移电子，显著增强了 MoS_2 边缘位点处的碱性，极大地促进了 CO_2 的吸附和以较低的能垒解离活化为 CO。此外，在 K 的辅助下，CO 中间体更趋向于定向转化为甲醇而非 CH_4。

(3) In_2O_3 基催化剂

In_2O_3 结构具有特殊性，其优势的（111）晶面的晶胞晶格常数超过 1nm，且该晶胞中包含近 40 个处于不同化学环境的 In 以及 O 物种，而且 In 有 5 配位以及 6 配位，O 有 4 配位以及 3 配位等不同配位状态。In_2O_3 可以通过高浓度表面氧空位来促进 CO_2 吸附/活化并稳定甲醇中间体，因此 In_2O_3 催化剂在 CO_2 加氢反应中表现出较高的甲醇选择性（>80%）。In_2O_3 虽然是催化 CO_2 加氢制备甲醇的高效活性组分之一，但在反应过程中容易受到氢气过度还原而生成单质铟，因而降低了催化剂的热稳定性以及反应活性位的可及性。此外，在 CO_2 加氢制备甲醇反应中产生的大量分子水存在于 In_2O_3 表面，其晶胞中存在局部的疏水性区域和亲水性区域。In_2O_3 表面的亲疏水性也是影响其催化性能的重要不确定因素。所以，需要加深对 In_2O_3 基催化剂在 CO_2 加氢反应中结构演变的理解，以开发有效的策略来增强其在 CO_2 加氢制甲醇反应中的结构稳定性和活性。

1）改性 In_2O_3 催化剂

助剂或其他结构元素掺杂会影响 In_2O_3 基催化剂的活性和稳定性。例如，添加不同比例的 Co、Zr 对 In_2O_3 催化剂性能影响较大，尤其是同时添加了 Co、Zr 的 In_2O_3 催化剂相对于单独添加 Co、Zr 的 In_2O_3 催化剂具有更高的 CO_2 转化率和甲醇产率。当 Co 和 Zr 的掺杂摩尔比为 3 时，CO_2 转化率为 13.63%，甲醇产率高达 178mg/(g·h)。从 In_2O_3 烧结的诱因入手，通过高分散 SiO_x 修饰 In_2O_3 表面，即利用 In_2O_3 表面羟基以及甲氧基硅烷中硅原子的吸电子性质，在 In_2O_3 表面构筑高度稳定的 In—O—Si 键以确保反应条件下 In 物种氧化态的维持，缓解 In_2O_3 颗粒烧结，降低烧结对温度变化的敏感性以及颗粒团聚概率，最终显著增强 In_2O_3 催化剂的结构稳定性，而且使其反应速率加快了两倍以上。例如，稳态下 Si/In_2O_3 催化剂的 CO_2 转化速率可达 10.0mmol/(g·h)，而未修饰的 In_2O_3 催化剂的 CO_2 转化速率仅为 3.5mmol/(g·h)[83]。在 In_2O_3 中掺杂高分散镓所得催化剂也可以显著提高 In_2O_3 催化剂在 CO_2 加氢制甲醇反应中的活性与稳定性（在线稳定运行 60h）。由于此时高分散的镓团簇与 In_2O_3 表面的氧空位协同作用并形成了富电子界面，这种界面协同作用所导致的活性位点不仅显著增强了其对 H_2 的吸附和活化，而且抑制了 CO_2 以惰性碳酸盐等方式强吸附于 In_2O_3 催化剂表面（如形成极难从活性位脱附的单齿碳酸盐中间体），同时高效地促进了 CO_2 活化/解离为吸附态 CO^*，继而进一步加氢转变为甲醇。此外，高分散的镓团簇与 In_2O_3 载体之间的强电子相互作用，有效避免了 In_2O_3 在反应中被过度还原为单质铟，从而大大提高了催化剂的稳定性且延长了使用寿命[84]。La、Y 等稀土元素对 In_2O_3 催化剂的改性作用也比较明显，不但能够增大催化剂表面的 CO_2 吸附位点数量，同时抑制了 In_2O_{3-x} 被过度还原形成金属 In，甲醇选择性甚至接近 100%。

2）In_2O_3 负载催化剂

将贵金属（如 Au 等）沉积到 In_2O_3 上后形成 Au/In_2O_3 催化剂，其所提供的金属-氧化物界面，可以进一步提高 CO_2 转化率。当金属态铟和金形成 In-Au 合金催化剂结构时，也表现出较高的 CO_2 加氢活性和选择性。例如 In-Au（111）合金具有较高的 CO_2 转化能力，在室温下断裂 CO_2 分子并生成 InO_x 纳米结构，而该氧化物提供的氧空位加快了中间体的生成并进一步转化为甲醇。Pd-In_2O_3 协同催化是 CO_2 加氢制甲醇的高效催化体系，以 In_2O_3 作为载体负载 Pd 后，与 In_2O_3 催化剂相比，CO_2 转化速率加快，甲醇的生成速率提升幅度达到 23%。在 In_2O_3 上锚定高分散 Ga 簇所得催化剂也可以显著提升 CO_2 加氢制甲醇的催化性能。其中，Ga/In_2O_3 催化剂（Ga 负载质量分数为 0.74%）在反应温度为 300℃时 CO_2 转化率可达 12.2%，甲醇空时产率达到 0.42g/(g_{cat}·h)，该值比纯 In_2O_3 高 35.5%。此外，Ga 负载可以有效地抑制 In_2O_3 表面过度还原和 In 金属沉积，从而使催化剂结构保持稳定并提高了其在 CO_2 加氢制甲醇反应中的稳定性。

In_2O_3 上负载 Ni 等过渡金属所得催化剂在 CO_2 加氢制甲醇反应中也显示出较好的活性与稳定性，加之催化剂制备的成本优势，因而具有一定的应用价值。通过简单的浸渍法将 Ni 浸渍到 In_2O_3 上，In_2O_3 的晶型会间接影响到 Ni 物种的存在状态[85]。XRD 谱图表明，Ni 物种会进入立方 In_2O_3 的晶格里并形成固溶体或发生同晶置换，而在立方、六方混合晶型 In_2O_3 上，Ni 物种主要高度分散在载体表面。EXAFS 进一步发现在立方 In_2O_3 负载 Ni 催化剂上，存在 Ni-O、Ni-Ni 和 Ni-In 等多种配位；而立方、六方混合晶型 In_2O_3 负载 Ni 催化剂上，未发现 Ni-In 配位。所以，载体晶型不同导致 Ni 物种存在状态的不同，使得催化剂具有不同的配位数、氧空位数量及吸附性能，因而在催化性能上表现出极大的差异。由于氢解离能力的提高和表面氧空位的增加，在 2MPa、300℃和 3600mL/(g・h) 的反应条件下，混合晶型 In_2O_3 负载 Ni 催化剂的甲醇收率是立方 In_2O_3 负载 Ni 催化剂的近两倍，甲醇的选择性 96.7%，时空收率高达 15.79mmol/(g・h)。因此，利用催化剂的晶型调节实现对催化剂活性与稳定性的调节，是构建高活性和稳定性 CO_2 加氢合成甲醇所用催化剂的一条有效思路。通过添加助剂也可以促进 Ni/In_2O_3 催化剂的性能，如 Cr 掺杂后所形成的 Cr 氧化物簇使附近 In_2O_3 中的氧空位不稳定，从而促进 In_2O_3 中氧空位的形成。除此之外，Cr 氧化物簇还有效抑制了 In_2O_3 的还原诱导烧结，最终增强了 $Ni\text{-}CrO_x/In_2O_3$ 催化剂的甲醇合成性能。

虽然通过贵金属或过渡金属与氧化铟之间产生强金属-载体相互作用，可以显著提升氧化铟的加氢活性和稳定性，但是仍然存在稳定性差和活性低等一些问题。通过对氧化铟载体进行改性或修饰，如引入 ZrO_2 形成 $In_2O_3\text{-}ZrO_2$ 固溶体作为催化剂载体负载 Au、Ni、Ru、Pt 等，可以进一步提高该类催化剂 CO_2 加氢活性和稳定性。In_2O_3 负载铱催化剂对 CO_2 加氢制甲醇展现出的活性和选择性还未能令人满意，所以将 ZrO_2 加入该体系得到 $Ir/In_2O_3\text{-}ZrO_2$ 三元催化剂以达到性能提升的目的[86]。$In_2O_3\text{-}ZrO_2$ 固溶体负载 Ir 催化剂中由于氧化锆的加入，相较于单独氧化铟负载金属催化剂有着完全不同的科学问题。相比于 Ir/In_2O_3 催化剂，$ZrO_2\text{-}In_2O_3$ 固溶体与 Ir 之间存在更强的金属-载体相互作用，使得 Ir 以纳米团簇的形式高度分散于催化剂表面。同时，Ir 与 $ZrO_2\text{-}In_2O_3$ 固溶体间产生了一个新的活性界面，电子传递行为在该界面上更为活泼，其对 CO_2 的活化更有利，所以在 CO_2 加氢制甲醇反应中显示出更好的催化活性和稳定性。密度泛函理论计算结合原位红外分析结果进一步确认 CO_2 经 RWGS 转化为 CO，随后 CO 加氢是甲醇合成的最佳途径，这也是该体系能够保持高甲醇选择性的主要原因。

3）反向或金属间催化剂

较多研究表明，In 和 Au 两种金属因高相容性可以形成不同配比的合金。此外，In 的表面自由能（$0.556J/m^2$）低于 Au（$1.185J/m^2$），说明 In 可以润湿 Au 的表面并优先向水平方向扩散，避免了形成三维有序簇或渗入 Au 基底之中。事实也是如此，在 27℃下将 In 沉积到洁净的 Au 表面上，当 In 原子覆盖度小于 0.1ML 时（ML 为覆盖度的单位，表示吸附的原子占基底原子的比例，或代表单分子层），其选择性地吸附在 Au（111）表面并通过 Frank-van der Merwe 模式在 Au 基底上生长，形成尺寸为 0.3～0.5nm 的二维岛状结构。XPS 等表征显示，材料表面上 In 和 Au 原子形成了合金。当 In 的覆盖度增加后，有序度也增大，即 In 从 Au 的肘部生长并向（110）方向扩展。因此，制备了不同铟覆盖度的In-Au(111）催化剂，发现In-Au（111）在形成合金后与CO_2接触时会发生氧化。但是，低覆盖度（约0.05ML）的InO_x在富氢氛围中不稳定，227℃以上完全还原并形成Au-In金属间合金。其对CO_2加氢虽具有较高活性，但产物以CO为主，甲醇的选择性仅为约25%。进一步增加覆盖度至0.3ML后，制得稳定的反向InO_x/Au（111）催化剂。室温下，该催化剂所产生的大量氧化物-金属界面不但对CO_2转化具有良好的活性，如转化率是纯In_2O_3或Cu（111）以及Cu/ZnO（001）催化剂的10倍以上，同时显示出了较高的甲醇选择性（约80%）。对其反应机理研究后发现，反应中InO_x/Au（111）表面以碳酸根为主，随着温度升高至227℃，CO_3^*转化为甲酸（$HCOO^*$）和甲氧基（H_3CO^*）等甲醇生成的关键中间体（图5-18）。除Au外，In-Pd合金的制备和应用也获得了极大关注。In_3Pd_2和In_2O_3共存的In-Pd金属间催化剂在CO_2加氢制甲醇方面显示出巨大潜力。两种成分之间的协同关系是开发高效In-Pd金属间催化剂的关键。270℃和4MPa下对不同In-Pd催化剂进行活性测试后发现，In_2Pd_1/m-ZrO_2表现出最高的反应活性［5.1mmol/(g_{cat}·h)］，即使在线反应70h后仍能保持这一催化性能。原位FTIR和密度泛函理论进一步证实，由于在催化剂预还原中形成了稳定的铟钯金属间化合物（In_3Pd_2），其与In_2O_3相近，In_2O_3倾向于吸附和活化CO_2，而In_3Pd_2则在吸附和解离H_2方面更具有优势，弥补In_2O_3能力的不足，从而促进反应中间物的加氢。最终，两者之间的协同作用使反应更加遵循甲酸盐路径并最终得到甲醇。

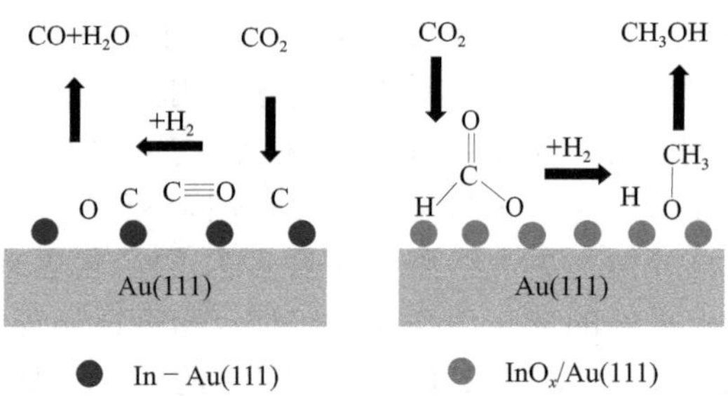

图5-18　InO_x/Au（111）催化剂在CO_2加氢制甲醇表面电子结构和催化活性[87]

In_2O_3虽然是CO_2加氢合成甲醇的高选择性催化剂组分，但是，In_2O_3的H_2活化能力较差，所以甲醇时空产率很低。有研究者合理设计了In_2O_3相和In_3Pd_2金属间化合物负载于m-ZrO_2上的催化剂[88]，由于多物相紧密共存，270℃和4MPa反应条件下CO_2转化率可达10.4%，同时甲醇选择性和收率分别可达55%和5.1mmol/(g·h)。原位FTIR和DFT计算共同证实了In-Pd金属间化合物催化剂上发生的CO_2加氢合成甲醇更符合$HCOO^*$路径。结合CO_2-TPD、H_2-TPD和密度泛函理论计算可知，In_2O_3负责吸附和活化CO_2，In_3Pd_2则在解离H_2方面发挥出独特优势，因此可以弥补In_2O_3在该方面能力的不足，最终促进反应中间产物的加氢从而生成甲醇，即 In_2O_3 和 In_3Pd_2 之间存在高效协同作用。将 Pd 和 In_2O_3 负载于 CeO_2 上所得催化剂经热还原后可得 Pd-In 合金和 In_2O_3 共存的催化剂，且两相较强的相互作用是促进甲醇形成的关键。300℃还原所得催化剂的甲醇选择性高达 78.9%，时空产率也可达 3.6g/(g_{cat}·h)。进一步提高还原温度至 500℃后，虽然促进了均质 In-Pd 合金的形成，但稀释了 Pd 位点并降低了 In_2O_3 的比例，导致甲酸盐这一 InPd/CeO_2 催化剂上 CO_2 加氢制甲醇的关键中间体减少，最终导致甲醇产率变差。以上结果充分说明，InPd/CeO_2 催化剂中 Pd 和 In 的变化与 CO_2 加氢活性密切相关，即相关金属相（包括 Pd 纳米粒子、In_2O_3 和 In-Pd 金属间合金）间的协同作用对 CO_2 加氢制甲醇的活性/选择性有很大影响。

除上文中详细介绍的 In 基合金催化剂外，Cu 基、Ga 基等合金催化剂以其独特的电子和几何特性，电子效应引起的电荷转移和能带改变、几何效应（配位数增大）以及通过几何效应改变吸附强度和构象，在 CO_2 加氢制甲醇反应中均表现出了较高的活性和选择性。总体来说，通过添加第二种金属与活性金属合金化后，可以显著改变活性金属的电子和几何状态，进而优化其对 CO_2 的吸附和活化能力。此外，合金催化剂对反应条件的适应性也更强，能够在更宽的温度和压力范围内保持稳定的催化性能，为工业应用提供了更广阔的空间。因此，这是一种有效提高催化剂性能的方法，因而在 CO_2 加氢制甲醇反应中展现出了巨大的潜力和应用价值。

4）单原子催化剂（SACs）

2011 年有学者共同提出了“单原子催化剂”概念，由于该类催化剂独特的电子和几何结构，其已经成为多相催化领域最前沿的研究方向之一[89]。相比于传统的微米或纳米颗粒催化剂，单原子催化剂具有极高的原子利用率、可调控的微观结构和极高的甲醇选择性，以及独特的产物分布和明确的配位结构，2018 年以后 SACs 开始应用于热催化 CO_2 加氢制甲醇领域的报道逐渐增多，反应体系主要为气-液-固体系的间歇式反应器与气-固固定床反应器（图 5-19）。

SACs 虽然在热化学 CO_2 转化中表现出巨大的潜力，但随着对催化剂性能和稳定性要求的日益提高，单原子催化剂的局限性也逐渐凸显，如反应速率和甲醇选择性低、稳定性较差以及催化剂表征受限等，使用于甲醇合成的单原子催化剂尚不足以满足当前工业生产的需求，极大地抑制了其在实际生产中的广泛应用。鉴于此，设计高效的甲醇合成单原子催化剂并发掘新的改进方向和策略具有十分重要的意义。

总体来说，SACs 的设计和构造应从以下几个方面考虑。

① SACs 的载体应拥有数量可观的“限域位点”（如晶格空位、位错或间隙缺陷等）和较大的比表面积，以有效锚定金属并形成单原子位点。此外，载体表面还应分布较多的缺陷位和/或碱性位等，除增强对 CO_2 的吸附/活化外，还与金属原子形成协同作用，促进中间物的产生和转化。

图 5-19 金属单原子催化剂在热催化 CO_2 加氢为甲醇中的应用[89]

② SACs 中单原子活性位应具备优异的 H_2 吸附和解离能力，同时能将活性 H 原子迅速传递至邻近活化的 CO_2 物种并与之结合，这对于加快 CO_2 加氢反应速率尤其是控制 $HCOO^*$ 转换为 CH_3O^* 等过渡物种的决速步骤尤为重要。此外，金属活性位对逆水煤气变换产生的 CO 中间体强吸附，有助于 CO 进一步加氢为甲醇而不是直接脱附形成副产物 CO 而降低甲醇选择性。

③ SACs 中金属与载体间的相互作用应适中，过弱则不利于单原子活性位的稳定，而过强则可能抑制催化活性。

④ 目前还缺乏先进和灵敏的表征方法以提供更准确的结构、活性等信息，这不利于单原子催化剂在 CO_2 转化为甲醇反应中的研究和发展。

⑤ SACs 中由于活性金属负载量极低（原子含量一般小于 3%，甚至低于 0.5%），甲醇产物的生成效率相对较低，单原子催化剂的工业化应用仍然受到生产能力较低等技术阻碍。

(4) 均相络合物固载催化剂

CO_2 加氢制甲醇通常需要较高的反应温度（>300℃），因而能耗过高，通过优化金属催化剂后可降低反应温度，但增加了副产物甲烷和 CO，进而降低了甲醇的选择性。利用胺类辅助 CO_2 加氢制甲醇，即胺与 CO_2 进行 *N*-甲酰化反应后再进行酰胺加氢反应，最终可以得到甲醇。但是，该反应需要在均相催化剂（如 Ru 配合物）作用下才可以顺利进行。面对均相催化剂分离回收困难、稳定性差等问题，将均相催化剂负载到固体载体上形成多相催化剂成为一种极有前景的策略，这样做既有利于催化剂和产物的分离，又可利用负载催化剂尺度变化导致的异质性来优化反应步骤，从而有效提升整体催化性能。

具有多活性物种的催化剂在理论上对于此类多步反应至关重要，因此，有研究者制备了一类以 Ru 物种（即金属态和氧化态 Ru 共存）为特征的 Al_2O_3 负载 Ru 催化剂[90]。密度泛函理论计算表明，金属态 Ru 更有利于 N-甲酰化步骤，而氧化态 Ru 物种则表现出增强的酰胺加氢活性。所得最佳催化剂含有独特的 Ru 簇，其中共存金属态和氧化态 Ru 物种，在一锅法通过两步加氢过程中以优异的甲醇选择性（>95%）有效地协同 CO_2 转化为甲醇。如图 5-20 所示，吗啉辅助 CO_2 加氢制甲醇的反应路径如下：吗啉与 CO_2 首先反应生成两性离子氨基甲酸盐，金属态 Ru 物种、活性 H 将此两性离子还原为中间体。接下来，该中间体消除一个羟基生成 N-甲酰吗啉，同时释放的羟基与吗啉阳离子反应生成吗啉和 H_2O。此外，中间体中的氧原子可能与氧化态 Ru 位点配位生成另一种中间体，经氢解生成甲酸和吗啉，这可能是甲酸副产物的主要来源。在酰胺加氢步骤中，N-甲酰吗啉在氧化态 Ru 物种（Ru_1 和 Ru_c）作用下发生 C—N 键断裂，生成吸附态甲醛和再生的吗啉，甲醛随后加氢生成甲醇。

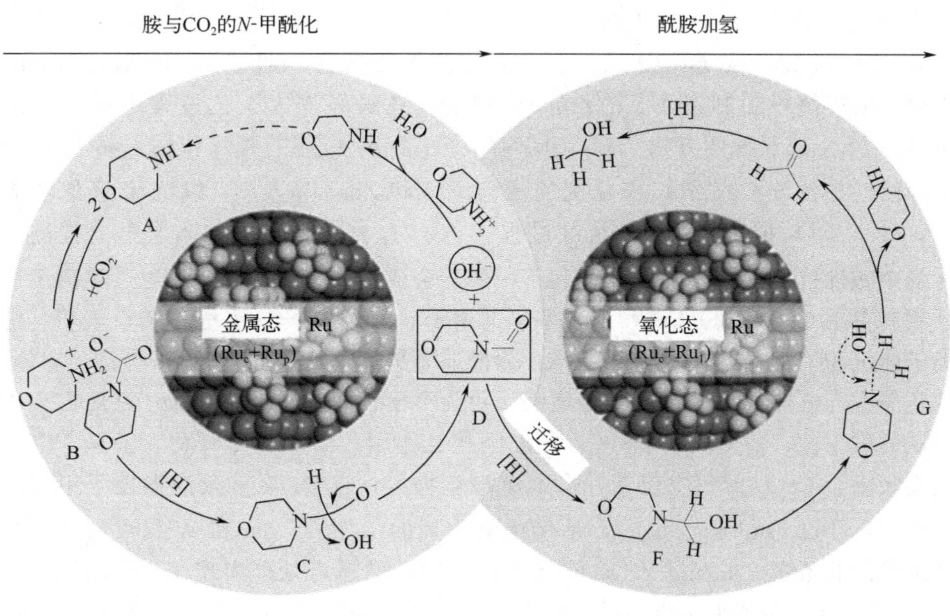

图 5-20 吗啉辅助 CO_2 加氢制甲醇的反应路径[90]

5.4.4 催化剂设计的优点

众多研究表明，对铜基、贵金属基等催化剂来说，其催化 CO_2 加氢制甲醇是结构敏感性反应，不同的设计和制备方法能够显著影响催化剂结构和形貌，进而影响其催化性能。如第 2 章所述，CO_2 加氢制甲醇催化剂的常用制备方法有共沉淀法、固相合成法、低温燃烧合成法、浸渍法以及溶胶-凝胶法等。近年来，一些新的催化剂设计和制备方法极大地促进了该技术的发展。

5.4.4.1 传统方法

Xu 和 Guo 等人[91] 以蒸氨法制得 Cu/SiO_2 催化剂并应用于 CO_2 加氢制甲醇反应中，其极高的 $Cu^+/(Cu^0+Cu^+)$ 比例使得 CO_2 转化率高达 28%（接近反应条件下的平衡转化率），连续反应 120h 后催化剂仍未见明显失活。Tsang 等人[92] 借助水溶性有机溶剂处理合成了 $(CuZn)_{1-x}Ga_x$-CO_3 层状双氢氧化物纳米片，并以此为前驱体制备了 Cu/Zn/Ga 催化剂，大大提高了 Cu 的分散度和表面积，其加氢催化活性远高于传统 Cu 基催化剂。本课题组[93] 使用氨基酸络合法制备 CuO-La_2O_3/ZrO_2 催化剂，由于氨基酸不同的碳链长度和官能团性质，所制备的催化剂显示出不同的形貌、比表面积、Cu 分散度、表面酸碱位数量和强度等。其中，L-谷氨酸具有两个亲水羧基和中等长度的碳链，以其为络合剂所制备的 CuO-La_2O_3/ZrO_2 催化剂具有优异的表面 H_2 活化性能、丰富的表面碱性位，以及较大的 Cu^+ 和 Cu^0 表面积，而这些特性赋予该催化剂在甲醇合成反应中良好的催化性能，如在 2.2MPa、220℃、$H_2/CO_2=2$、气时空速为 3000/h 条件下，甲醇选择性和产率可达 87.9%和 120mg/(g_{cat}·h)，催化剂稳定运行超过 144h。Yu 和 Sun 课题组[94] 使用火焰喷雾热解法制备了 Cu/ZrO_2 催化剂，在瞬间淬火工艺过程中的极高温度（2000℃）下生成亚稳四方相 ZrO_2，同时增强了金属-载体的相互作用，其 CO_2 加氢制甲醇活性是传统 Cu/ZrO_2 催化剂的三倍。Li 和 Zhao 等人[95] 以沉淀-还原法制备了 $Cu/ZnO/ZrO_2$ 催化剂，在共沉淀过程中 $NaBH_4$ 作为还原剂加入会显著提高所得催化剂中碱性位的数量和强度，有利于甲醇的合成。Guo 等人[96] 则通过等离子体电子蚀刻制备了 $CuO/ZnO/CeO_2$ 三元催化剂用于 CO_2 加氢合成甲醇，结果表明，由于等离子体沉积，催化剂具有特殊结构，因而显著提高了比表面积和 Cu 分散度，Cu 物种的还原度与载体的相互作用明显增强，更为突出的是，电子轰击使 CeO_2 产生了数量可观的氧空位，对 Cu、Zn 和 CeO_2 之间相互作用的增强极为有利。于是，CO_2 分子优先吸附于 CeO_2 的氧空位处并形成碳酸盐物种，在 260℃的反应温度下甲醇的空时产率可达 162.7mg/(g_{cat}·h)，是传统催化剂的 1.5 倍。Du 和 Webley 等人[71] 通过共沉淀法制备了 Cu-ZnO-ZrO_2 催化剂，之后借助超声处理实现了 CuO-ZnO-ZrO_2 在 MgAl-LDO 表面的纳米级分散，在 CO_2 加氢合成甲醇反应中表现出优越的性能。

5.4.4.2 新方法-原子沉积法

利用气相原子层沉积技术构建的 Cu/ZnO 催化剂在 CO_2 热催化加氢制甲醇中表现出了优异的性能[97]。所得 $ZnO/CuSiO_3$ 催化剂与传统浸渍法制备的 CuO-ZnO/SiO_2 催化剂相比，在 275℃和 3MPa 反应条件下，无论是甲醇选择性（68.1%相对于

38.1%）还是甲醇空时产率［0.39g/(g_{cat}·h）相对于0.24g/(g_{cat}·h）］均显著提高，原位FTIR等表征和密度泛函理论计算揭示了催化剂结构与CO_2加氢制甲醇催化性能之间存在密切的关系，通过原子层沉积技术精准调控ZnO薄膜的厚度，进而可以精确调节Cu-ZnO界面。使用ALD技术还成功地将InO_x精确涂覆于PdCu双金属纳米粒子上[98]，所制得催化剂能够在反应温度为250℃下实现80%的甲醇选择性，同时CO_2转化率约20%（接近该反应条件下的热力学极限）。原位DRIFTS等光谱表征和针对性实验结果表明，由于在CO_2加氢反应条件下形成了InO_x/Cu和InO_x/PdIn双金属亲密接触界面，其中InO_x/PdIn界面易于吸附/活化CO_2分子并形成甲酸盐中间体，而接下来相邻的InO_x/Cu界面则进一步加速了甲酸盐向甲氧基物种、甲醇的转化。通过两种活性界面的协同作用，在维持高CO_2转化率以及高甲醇选择性的前提下，极大地提高了甲醇产率。因此，InO_x涂覆于PdCu双金属催化剂上显著改变了反应路径，即CO_2先发生RWGS生成CO，随后CO加氢为甲醇路径转变为CO_2经甲酸盐路径转化为甲醇（图5-21）。与气相ALD相比，液相ALD交替注入精确化学计量的试剂，构建具有原子级精度的催化剂结构，从而实现活性点精确调控。使用液相ALD设计合成了在强碱性MgO载体（或酸性氧化铝载体）低配位点处近原子级精度生长的Cu/ZrO_x簇并用于CO_2加氢制甲醇[99]。过渡金属氧化物簇结构不仅可以提供大量吸附位点用于催化过程，而且由其亚纳米结构导致的低核性，使其与金属纳米粒子的电子密度不同，容易与其他过渡金属产生独特的界面结构。根据Sabatier原理，调节中间体的吸附强度可优化催化性能和产品选择性。因此，该受控的簇结构调节CO_2的结合强度并通过

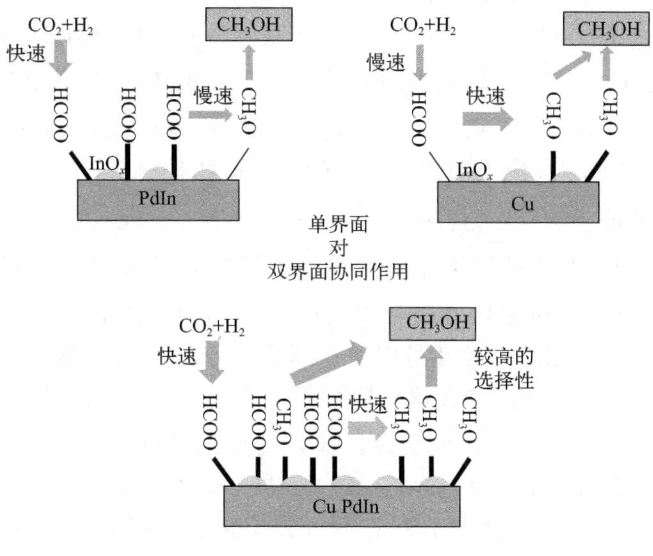

图5-21 甲醇在InO_x/PdIn界面、InO_x/Cu界面以及紧密的InO_x/Cu和InO_x/PdIn双界面处合成的反应途径示意图

对单齿甲酸盐吸附强弱的控制适度稳定反应的重要中间体，最终实现了较高的甲醇选择性（反应温度为200℃和250℃时分别为100%和76.7%），且甲醇产率相比浸渍法制备催化剂高出10～100倍。理论计算表明，Cu/ZrO_x 簇由于 ZrO_x 簇的结构扭曲，与Cu簇形成的界面处Zr原子得到最佳还原，即通过调节Zr的氧化-还原循环，从而控制催化剂上反应中间体的稳定性。

5.4.4.3 新方法-MOFs模板法

MOFs的化学成分和结构可调，是在分子水平上设计活性位的绝佳材料，借助MOFs晶体工程策略来设计多元催化剂的活性位点，有望使得更多的金属组分迁移至载体或实现多组分紧密结合进而提升催化性能。Ye等人[100] 通过将Cu和Zn原位取代至Ce-MOF前驱体中，获得了CuZnCe催化剂，在反应条件为260℃、2.8MPa和20000mL/(g_{cat}·h）下，其甲醇选择性和时空产率分别高达71.1%和400.3g/(kg_{cat}·h)，反应活化能显著降低且催化剂稳定运行170h以上。通过对比实验、表征和DFT计算表明，Cu和Zn物种迁移进入富含氧空位（O_v）的 CeO_2 中，形成大量Cu/Zn-O_v-Ce活性位，极大地促进了催化剂上 H_2 的解离和 CO_2 活化，促进了甲酸中间体（$HCOO^*$）的形成，并使反应路径沿着甲醇生成方向进行，同时有效抑制RWGS反应，大大提高了 CO_2 加氢制甲醇性能。Wang等人[101] 以Zr基金属有机骨架材料MOF-808为平台，通过Zn修饰后成功构建了具有双功能活性中心的MOF-808-Zn催化剂，发现其在 CO_2 加氢合成甲醇反应中展现出优异的催化活性，甲醇选择性高达99%，空时产率190.7mg/(g_{Zn}·h)，催化剂在线稳定运行超过100h。X射线吸收光谱和电子密度差谱分析表明该催化剂的反应活性位点为 Zn^{2+}-O-Zr^{4+}，并非ZnO团簇。另外，H_2 程序升温脱附和同位素示踪法表明 H_2 分子在 Zn^{2+} 位点吸附和活化，而 CO_2 程序升温脱附实验则充分说明了配位不饱和的 Zr^{4+} 位点对于 CO_2 分子吸附和活化的重要性，通过原位DRIFTS进一步揭示了反应中间体为吸附的甲酸盐物种。

5.4.4.4 其他方法

其他一些新的或改进的制备方法所得催化剂在 CO_2 加氢制甲醇中也显示出卓越的性能。例如以火焰喷雾热解制备出斜硅铜矿结构衍生的 Cu/SiO_2 催化剂，其催化性能与 Cu/ZrO_2 相近，尤其是甲醇选择性高于之前报道的传统氨蒸法、浸渍法等所制 Cu/SiO_2 催化剂。在火焰喷雾热解制备过程中，独特斜硅铜矿型前驱体的形成导致更多的 Cu^+ 物种得以稳定，而该物种既可以抑制CO的脱附，又能够稳定 CO^* 中间体并使其进一步加氢为 CH_3OH，使更多的 CO_2 分子经RWGS转化为CO后最终形成甲醇。另外，胶体合成技术具有良好的可重复性且容易调控，是制备Cu基金属氧化物纳米晶的一种优良方法。但是，该方法大量消耗金属前驱体中昂贵的有机配体和溶剂，其高昂的成本严重阻碍了胶体合成技术的实际应用。研究人员开发了固体热注射溶剂-循环胶体合成方法，首先通过廉价的无机金属盐

（如 $CuSO_4$ 等）和有机配体乙酰丙酮制备了金属-乙酰丙酮配合物，随后制备了一系列高纯度、高产率、大比表面积的单金属氧化物纳米晶体。在合成过程中有机配体、合成溶剂和纯化溶剂乙醇都成功回收，成功制备了 Cu 基多金属氧化物纳米晶体。其中，$CuO/ZnO/ZrO_2$ 纳米晶体催化剂应用于 CO_2 加氢制甲醇中［反应条件：260℃、3.0MPa、液时空速 14400mL/(g_{cat} · h) 及 $H_2/CO_2=3$］，甲醇选择性为 77.5%，产率高达 413.0mg/(g_{cat} · h)，优于许多文献中关于 Cu 基催化剂在 CO_2 加氢制甲醇中的催化性能。

5.4.5 小结

2023 年，全球甲醇年产能约为 1.8 亿吨，而近几年我国甲醇产能占全球总产能的 60%以上，表观消费占全球总消费量的一半以上。在甲醇产能中，煤制甲醇占 80%、天然气制甲醇占 8%、焦炉气制甲醇占 12%。按原料来源，甲醇可分为绿色、蓝色、灰色和棕色甲醇。其中，传统的煤气化制取的甲醇为棕色甲醇，以天然气重整后所得甲醇为灰色甲醇，蓝色甲醇是由不可再生 CO_2 和绿氢所合成，绿色甲醇是用绿氢（通过可再生能源电解水或者生物质重整所制氢气）和可再生 CO_2（如来自生物质重整、空气捕集等）合成的甲醇。对 CO_2 的来源而言，从工业烟道气中捕集 CO_2 和从空气中捕获 CO_2 在碳减排方面同效，因此可视作绿色来源，所得甲醇为蓝色或绿色甲醇。

传统的煤制甲醇的年总碳排放接近 2 亿吨，即每生产一吨棕色甲醇会排放 5.85 吨 CO_2。相比之下，每吨绿色甲醇的碳排放仅为 0.08～0.2 吨，也就意味着若采用清洁能源和生物质可再生 CO_2 合成绿色甲醇，其碳排放将趋近于 0。与煤制甲醇相比，不仅可减少 96%～99%的碳排放，还可额外吸收 1 亿吨以上的 CO_2，降碳效应非常显著。CO_2 加氢制绿色甲醇产业符合“双碳”目标的战略需求，但该技术能否快速发展并实现规模化产业应用，生产成本是关键因素。其中，由绿电价格决定的绿氢制取成本是 CO_2 加氢制绿色甲醇的主要成本影响因素。另外，甲醇选择性也成了影响分离成本和能耗的一个重要因素。从提高甲醇的选择性角度考虑，对所用催化剂的要求较高，即其不仅能够吸附和活化 CO_2，还应在反应起始阶段保持 CO_2 分子中 C—O 键的部分完整。总之，想要降低绿色甲醇生产成本，当务之急是通过工艺升级、节能增效和运用新技术等降低绿电价格。另外，降低绿色甲醇生产成本和实现 CO_2 加氢制甲醇工艺大规模工业化生产仍需进行诸多催化剂方面的研究，例如铜基催化剂活性中心结构仍争议不断，催化剂稳定性较低这一关键问题也未得到很好解决。因此，结合产业政策和经济形势，实现 CO_2 加氢制甲醇技术产业化的瓶颈在于高效可再生能源制氢技术和高选择性、高活性 CO_2 加氢制甲醇催化体系的研发。总之，通过 CO_2 加氢制绿色甲醇是实现碳中和目标的有力承接方案，随着该技术和相关工艺的深入研究和开发，届时将体现显著技术经济效益，值得推广应用。

最后在这里需要提一句，传统的以甲醇介导的一些反应如甲醇介导甲基侧链烷基化反应都可以引入或偶联 CO_2 加氢制甲醇反应并通过多功能催化体系将所有反应一步完成。例如，向 $ZnZrO_x$-ZSM-5 催化剂中引入 Al_2O_3，构建 $ZnZrO_x$ 组分催化 CO_2 加氢、Al_2O_3 组分催化甲醇脱水、ZSM-5 分子筛催化二甲醚与苯烷基化的三元复合催化体系，苯与 CO_2/H_2 烷基化合成甲苯和二甲苯可以通过该集成多功能组分的催化剂一步完成。此外，在 ZnZrO/ZSM-5 多功能催化剂上，甲苯可被 CO_2 和 H_2 甲基化后生成二甲苯。如图 5-22 所示那样，李灿等人[102] 进一步报道，通过使用二元金属氧化物/沸石串联催化剂（$Zn_{40}Zr_{60}O$/CsX）的双重功能，以 CO_2 加氢反应代替甲醇，进行 4-甲基吡啶（MEPY）侧链烷基化反应。该催化剂在 CO_2 加氢反应同时进行的作用下，MEPY 单次转化率可达 19.6%，4-乙基吡啶（ET-PY）选择性更是高达 82%，与甲醇作为烷基化剂相比，活性提高 6.5 倍。通过原位 FTIR 和密度泛函理论计算等深入研究后发现，在 $Zn_{40}Zr_{60}O$ 上 CO_2 加氢形成 CH_xO^*（CH_2O^*）等 C—C 键耦合的关键中间体物质，而在 CsX 沸石上 sp^3 杂化的 C—H 键被激活并发生 C—C 键偶联，同时串联反应之间的热力学和动力学耦合也使得 C—C 键能够高效耦合。

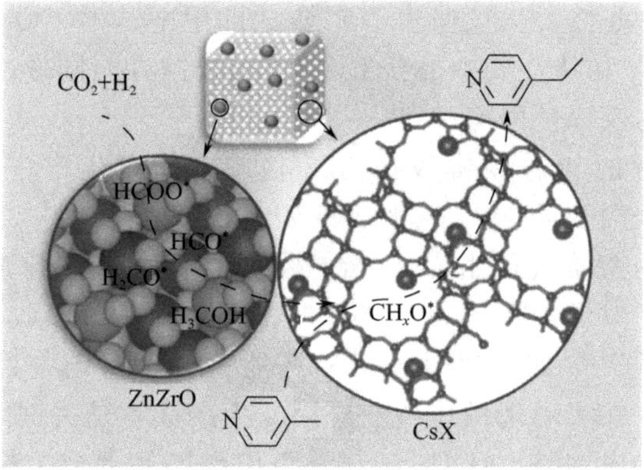

图 5-22　串联催化剂上 CO_2 加氢反应代替甲醇偶联 4-甲基吡啶侧链烷基化反应机理[102]

5.5　CO_2 加氢制碳氢化合物

在“双碳”目标的要求下，CO_2 催化加氢合成基础的化工原料是 CO_2 资源化利用的重要途径。烷烃和烯烃尤其是低碳烯烃（乙烯、丙烯和丁烯）是现代化学工业的基石。一般来说，碳氢化合物的传统来源严重依赖于石油、天然气和煤炭等化石资源，而 CO_2 催化加氢合成烷烃、烯烃和芳香烃等则是一条新兴的绿色环保路线，具有重要的工业应用意义。又如从可再生资源而来的“绿色航煤”（$C_8 \sim C_{15}$ 液体烃类燃料），即可持续航空燃料，通过形成 C—C 与 C—H 化学键实现高效储能，能量密度可达锂离子电池的 80 倍。因此，在不久的将来，要在全球范围内实现航空燃料 100%使用可持续航空燃料替代传统化石燃料。这样一来，航空工业达成近零排放和建立“绿色屏障”使得可持续航空燃料售价是传统化石资源基航空燃料的 4 倍，促使其成为绿色能源可盈利过程的先行范例。

如图 5-23 所示，CO_2 热催化加氢为碳氢化合物有三种途径：一种是费托合成路线，但受 Anderson-Schulz-Flory（ASF）规则限制因而产物分布较广[103]；一种是甲醇中间体路线（可以突破产物分布和热力学平衡的限制）；最后一种则是通过改性催化剂将 CO_2 直接加氢为碳氢化合物[104]。铁基催化剂是常用的费托合成催化剂，其成本低廉且对烯烃具有较高的选择性，因而在该反应中受到了研究人员的广泛关注。Ge 和 Sun 等人[105] 制备了 Na-Fe_3O_4/HZSM-5 复合催化剂，该金属氧化物/分子筛双功能催化剂将 CO_2 高效转化为汽油烃类组分，即 C_5～C_{11} 碳氢化合物（选择性 78%），汽油烃类组分以高辛烷值的异构烃为主，同时 CO_2 转化率可达 22%，甲烷选择性仅为 4%。但铁基催化剂活性低、产物分布较宽，加之 RWGS 反应产生的 H_2O 会氧化高活性的铁碳化物（如 Fe_3C 和 Fe_5C_2）为活性较低的 Fe_3O_4 和 Fe_2O_3，进一步降低了在反应中的稳定性，大大限制了其工业应用。针对该问题，研究人员引入了 Pt/TiO_2 催化剂与 Fe_3C 催化剂相结合的高效串联催化剂系统，促进 RWGS 过程中在 Pt/TiO_2 上产生的中间物种快速转移到 Fe_3C 活性位点进行费托合成，从而优化了整体串联催化过程，在高空速下将 CO_2 直接转化为 C_2～C_4 碳氢化合物。在 GHSV 为 100000mL/(g·h) 和 1MPa 下，该串联催化剂的 CO_2 转化率为 24.0%，C_2～C_4 碳氢化合物的选择性高达 51.1%。反应机理研究发现，该催化反应遵循 *HOCO 中间体途径，即 CO_2 首先在 TiO_2 催化剂上形成 *HOCO 中间体后解离形成 *CO，部分 *CO 中间体在反应过程中碳化形成

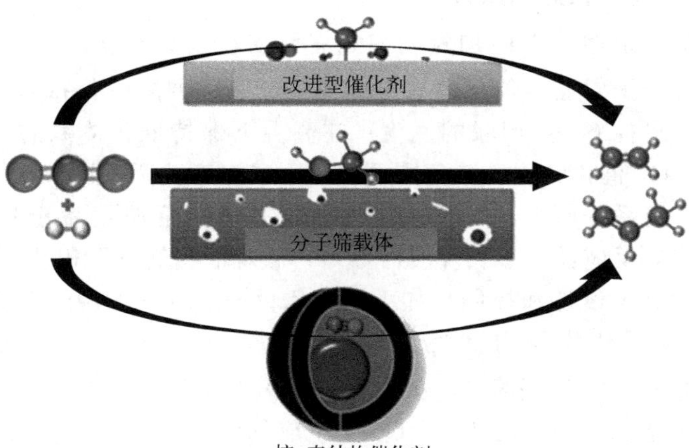

图 5-23　CO_2 热催化加氢为碳氢化合物常用的反应体系

Fe_3C 活性相，另一部分则被加氢为 $^*CH_2$ 物种，进一步的 C—C 耦合和加氢导致 C_{2+} 碳氢化合物的生成。反应中所需活性 H 物种由处于单原子状态的 Pt 所提供并溢流至 Pt/TiO_2 和 Fe 基组分之间的接触界面。

部分研究者致力于金属氧化物/沸石复合催化剂的研发，利用 In_2O_3、Cr_2O_3、$ZnAlO_x$ 和 $ZnZrO_x$ 等氧化物催化 CO_2 加氢生成甲醇，然后在沸石组分上（SAPO-18、SAPO-34、ZSM-5）将甲醇转化为低碳烃或芳烃等[106]。中国科学院大连化学物理研究所开发了 $ZnZrO_x$/SSZ-13 串联催化剂用于 CO_2 高选择性加氢反应，由 $ZnZrO_x$ 产生的中间体物种迁移到 SSZ-13 分子筛，并可立即转化为轻质烯烃、烷烃或芳香烃等碳氢化合物。另外，通过提高 SSZ-13 分子筛的 Si/Al（摩尔比）可以获得更多的丙烯，这是因为 $ZnZrO_x$/SSZ-13 较高的 Si/Al 比可以抑制轻质烯烃过度氢化为烷烃，并导致生成碳数较低的烃。例如，SSZ-13 分子筛的 Si/Al 比低时，烷烃的选择性接近 94%。最终，该催化剂的 CO_2 转化率可达 9.1%，C_2～C_4 烯烃选择性和丙烯选择性分别高达 89.4%和 52%，而 CH_4 的选择性被抑制到 2%，并且未观察到催化剂明显的失活。深入表征后发现，SSZ-13 表面高分散的中等酸性的 B（布朗斯特）酸位点促进了 $ZnZrO_x$ 产生的中间体物种的快速转化，从而增强了反应的动力学偶联，抑制了烷烃的形成，从而提高了轻烯烃的选择性。而 SSZ-13 表面较弱酸性的 B 酸位点则促进了中间体转化为具有 4～6 个甲基的芳烃。

5.5.1 CO_2 加氢制烷烃

5.5.1.1 CO_2 加氢制备烷烃反应机理

CO_2 加氢制烷烃可以通过低碳烯烃加氢或聚合加氢完成，或者经逆水煤气变换反应制得合成气后通过费托合成转化为烷烃。

5.5.1.2 催化剂及其他影响因素

由于反应的复杂性，CO_2 加氢制烷烃需要在较宽的温度、压力与空速范围内柔性操作。这在分子层面对催化体系设计提出较高的要求：保持 CO_2 深度加氢能力的同时防止不可控 C—C 偶联的发生；在高温下保持催化体系的长寿命。因此，对分子层面的 CO_2 催化转化、装备层面的高压多相流动调控以及系统层面的反应-传递工艺集成进行系统研究，以解决催化过程中出现的问题。鉴于此，将宏观的复杂反应器（如串联反应器和多相反应器等）与微观催化剂特性相结合，可以实现对复杂催化体系的有序设计和控制。如 Fe-Zn-Zr@HZSM-5-Hbeta 双壳层核-壳催化剂可将 CO_2 直接转化为异构烷烃[107]，其中 C_4、C_5 等人异构烷烃选择性可达 81.3%。Gao 等人[108] 采用溶剂热法和离子交换法制备了 K-Fe_3O_4 与 Ni-AlMCM-41 串联催化剂，发现 CO_2 首先在 K-Fe_3O_4 上生成低碳烯烃，然后在 Ni-AlMCM-41 的酸性位点上发生聚合、加氢等反应，最终转化为高碳烃。Fan 等人[109] 开发了 $GaZrO_x$/H-SSZ-13 复合催化剂，其 CO_2 转化率为 43.4%，丙烷选择性高达 79.5%，丁烷选择性 9.9%，催化剂稳定运行 500h 后未见失活。实验和理论计算发现，ZrO_2

中掺入适量的 Ga 后可以产生高浓度的表面氧空位，从而导致适度的 CO_2 吸附强度，更多的 $HCOO^*$ 和 CH_3O^* 中间体促进了甲醇的形成。另外，H-SSZ-13 具有大量强酸性位点，有效抑制了所形成的甲醇在高 H_2 压力下转化为芳烃及芳烃循环，同时利于烯烃循环加氢，有效避免了乙烯和乙烷的生成。

反应过程中会产生大量的水，因此其对反应的影响不容忽视。有研究发现[110]，$ZnZrO_x$/SSZ-13 双功能催化体系所遵循的路径不同于传统的串联催化，尤其是反应中产生的水促进反应的进行，并与串联反应结合形成了一个"催化循环网络"（图 5-24）。在该涉及串联反应原位生成水的"催化循环体系"中，CO_2 的转化率高达 44.7%，丙烷选择性和收率显著增长至 70.3% 和 26.1%，而 CO 选择性保持在 17% 以下。通过原位 DRIFTS 和 DFT 计算证实，在低空速下，反应中产生的水通过传质扩散促进串联反应，并形成了一个正反馈回路，显著改善了 CO_2 加氢性能，而沸石（SSZ-13）的酸度和疏水性对反应性能的协同作用共同决定了反应的最终效率。

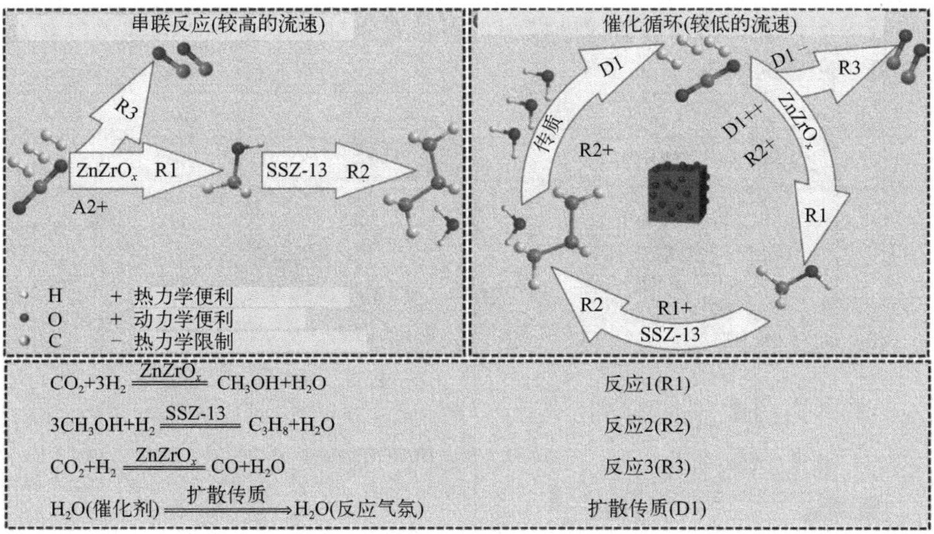

图 5-24 水在 CO_2 加氢制备碳氢化合物反应中的作用

5.5.2 CO_2 加氢制烯烃

5.5.2.1 CO_2 加氢制备烯烃反应机理

对单金属催化体系来说，如 Fe（100）晶面上 CH^* 的形成遵循 $CO_2^* \rightarrow CO^* \rightarrow HCO^* \rightarrow HCOH^* \rightarrow CH^*$；或通过改进的费托反应路线，$CO_2$ 首先通过逆水煤气变换反应转化为 CO，然后通过费托反应将 CO 加氢为 C_{2+} 烯烃。如图 5-25 所示，Song 和 Guo 等人[111] 通过 DFT 计算 CO_2 加氢反应中 Cu-Fe 双金属催化剂上乙烯的合成机理后发现，反应路径截然不同，即 CH^* 是生成 CH_4 和 C_2H_4 的活性中间物，其中，两个 CH^* 物种通过 C—C 偶联后进一步加氢为 C_2H_4。即在 Cu-Fe（100）晶面处，反应所遵循的路径为 $CO_2^* \rightarrow HCOO^* \rightarrow HCOOH^* \rightarrow HCO^* \rightarrow HCOH^* \rightarrow CH^*$，其中 $HCOO^* \rightarrow HCOOH^*$ 和 $HCO^* \rightarrow HCOH^*$ 两步为反应速控步骤。CH_4 的形成在动力学上虽然较 C_2H_4 有利，但 Cu-Fe 双金属催化剂产生了较高的 CH_2^* 加氢能垒，显著抑制了 CH_4 的形成从而利于 C—C 偶联和 $CH—CH^*$ 转化为 C_2H_4。因此，双金属催化体系可以降低 CO_2 转化的反应能垒，改变反应路径从而调节乙烯进一步加氢成为乙烷等高附加值产物。助剂对双金属催化剂的性能具有较大影响，以 Na 掺杂 Co-Fe 双金属催化剂为例，在反应条件为 320℃、2MPa、$H_2/CO_2=3$ 且空速为 8000mL/(g_{cat}·h) 时，烯烃时空产率高达 1810.8mg/(g_{cat}·h)。研究还发现，两种金属摩尔比例的不同会形成不同活性的物种。当 Co/Fe 原子比为 1∶2 且两者紧密结合时，所形成的 Co_1Fe_2 活性位能够显著促进 $CoFe_2O_4$ 向 Co_xFe_y 合金的快速转化，在反应过程中进一步碳化为具有高活性且对烯烃生成具有较高选择性的 χ-$(Co_xFe_{1-x})_5C_2$ 合金碳化物。除此之外，该合金碳化物在 CO_2 吸附过程中不但展现出独特的促进作用，而且有效抑制了表面中间体的氢化反应，同时降低了积碳的发生。

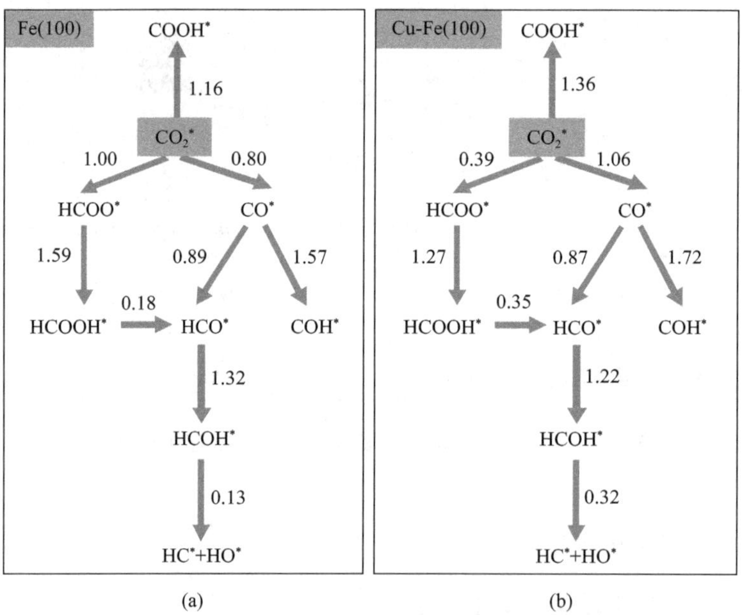

图 5-25　CO_2 加氢制备乙烯反应中 Fe-Cu 双金属催化剂上的 C—C 耦合示意图[111]

一般来说，目前对于多相催化体系，大多数研究者认为 CO_2 加氢生成烯烃主要依赖两条反应路径进行：第一种是 CO_2 经费托合成路线（Co 基和 Fe 基催化剂为主），第二种则是 CO_2-甲醇合成路线，主要使用串联催化剂，即由金属氧化物和分子筛组成。

5.5.2.2 催化剂及其影响因素

(1) Fe 基催化剂

作为常用的费托合成催化剂，Fe 基催化剂由于价廉、易得且具有良好的催化活性和稳定性，被广泛应用于 CO_2 加氢制烯烃反应中。对于 Fe 基催化剂来说，CO_2 加氢生成烯烃一般是通过 CO 中间体路线，即 CO_2 首先进行逆水煤气变换反应后转化为 CO 中间体，接下来 CO 在铁碳化合物的催化作用下进行后续的费托反应并最终生成烯烃。尽管 Fe 基催化剂应用于 CO_2 加氢制烯烃反应当中已有较多研究报道，但是，费托合成反应遵循 ASF 分布，并且同一催化体系内 CO、甲烷和低碳烯烃等产物分布多变，因此铁基催化剂的性能尤其是产物分布调控方面面临着巨大挑战。在 Fe 基催化剂的改性和产物选择性调控方面，向其中添加碱金属助剂 Na、K 等可以调节催化剂界面的电子结构，从而提高 CO_2 的吸附强度，促进活性相 Fe_5C_2 的生成，因此低碳烯烃产率增大，而甲烷的生成受到极大的抑制。例如，有研究者开发了含有 Na（7%）和 Co（2%）的 Fe 基催化剂[112]，在 240℃和气速为 1000mL/(g·h) 的条件下，CO_2 转化率和烯烃选择性可达 22.0%和 55.9%。降低反应温度至 180℃，提高气速至 4000mL/(g·h)，上述催化剂仍表现出较好的活性，烃类中烯烃含量超过 25%。该催化剂在连续运行 500h 后仍可以保持稳定。经过大量表征和计算后发现，添加高含量的 Na 作为电子促进剂，提高了低温下活性 Fe_5C_2 相的稳定性。向该催化剂中加入 Co 后，Co 作为结构促进剂，与 Fe 形成 Fe_xCo_y 合金相继而促进形成更高活性的 $(Fe_xCo_y)_5C_2$ 相，这与传统的碳化物和合金碳化物显著不同。这种依赖于电子和结构促进剂之间的协同效应可以提高催化剂性能，提升反应效率，降低成本。

碱金属助剂（Li、Na 和 K）的添加可以调节 Ba 掺杂 Fe 催化剂的反应微环境，甚至可以提高 CO_2 加氢制 α-烯烃的产率。其中，Na-Ba-Fe 催化剂有利于生成富含 $C_{2\sim4}$ 的 α-烯烃，而 K-Ba-Fe 催化剂表面更有利于富含 C_{5+} 的 α-烯烃的生成。最终，Li-Ba-Fe 催化剂表现出较低的 α-烯烃选择性，而 Na-Ba-Fe 和 K-Ba-Fe 催化剂的效率最高。例如，Na-Ba-Fe 实现了最高的 α-烯烃选择性（68.8%），使其成为一种高效的 CO_2 加氢制 α-烯烃 Fe 基催化剂。一系列表征结果发现，由于碱金属助剂诱导 FeC_x 位点增加，催化剂还原性、表面反应性和烯烃选择性显著增强。原位 DRIFTS 证实，与 Ba-Fe 催化剂相比，Na-Ba-Fe 促进了 CO 的形成和随后的加氢，易于渗碳也同时促进了链增长并减少了 CH_4 和 CO 生成。

另外，掺杂过渡金属氧化物助剂（Co、Cu、Zn、Mn 等）于 Fe 基催化剂中，通过所形成高活性 Cu-Fe_5C_2 和 ZnO-Fe_5C_2 界面，加之 Fe-助剂间金属相互作用的调节，Fe 基合金催化剂可以显著提高烯烃选择性和产率。Sun、Ge 和 Wei 团队分别构建 Co-Fe 合金碳化物催化剂体系[113] 和 NaFeZr-MOR 分子筛催化剂体系[114]，实现了低碳烯烃的高效合成，同时揭示了反应过程中活性位的动态演变和动态限域效应。考虑到Co氧化物和Fe氧化物两活性组分在还原、渗碳和催化中转变为不同的相（如Fe金属、Co金属、CoFe合金、CoO、Co_2C、ε-Fe_2C以及Co-掺入χ-Fe_5C_2和θ-Fe_3C等），其中，渗碳处理起着至关重要的作用，尤其是催化剂表面CO的解离导致动态渗碳和再渗碳。通过改变渗碳气体中碳和氧的化学势，能够实现催化剂表面的相组成。研究发现，CO含量较高的气氛（CO含量33%）渗碳有利于提高CoFe催化剂对CO_2的吸附和活化能力，使CO_2转化率显著提高。具体来说，通过调节对$CoFe_2O_4$前驱体的渗碳时间和温度，经过除氧和渗碳后，获得特定的CoFe合金碳化物混合相［主要是χ-$(Co_xFe_{1-x})_5C_2$相］。随后，χ-$(Co_xFe_{1-x})_5C_2$相脱碳形成贫碳的θ-$(Co_xFe_{1-x})_3C$碳化物相，但是需要注意的是，θ-$(Co_xFe_{1-x})_3C$相含量的增加会导致CO_2转化率增加，同时CH_4选择性也增加，而χ-$(Co_xFe_{1-x})_5C_2$相含量的减少将导致C_{2+}烯烃选择性降低。所以，合理调节CoFe催化剂中两物相的比例对CO_2加氢制烯烃很重要。在$H_2/CO_2=2$、320℃和渗碳8h处理条件下，CoFe合金催化剂具有合适的相组成和较好的烯烃合成性能［328.1mg/(g_{cat}·h)］。最后，与单金属Fe催化剂相比，CoFe合金催化剂经渗碳处理后调整了掺杂到Fe_5C_2和Fe_3C碳化物中的Co原子的相对分布，从而显著提高了烯烃合成的催化性能。此外，以Ba和Na作为助剂[115]，通过增强FeC_x活性位的抗水汽氧化能力，进一步促进了CO_2转化率（38%）和低碳烯烃选择性（66.1%）。Han等人[116]将碳纳米管加入Fe_5C_2-ZnO催化体系中，利用其表面的供电子效应和大量海格碳化铁的存在，有效地抑制了反应过程中CH_4和CO的生成，极大提高了烯烃（$C_5\sim C_8$）选择性。铁基催化剂在催化CO_2加氢合成$C_5\sim C_8$重烯烃过程中，CH_4的生成会极大地影响烯烃产率[117]，所以，甲烷形成机理的探讨和调控就显得尤为重要。该课题组聚焦Fe基催化剂中活性组分（Fe_5C_2）对CH_4生成的影响。其通过对Fe_5C_2包覆疏水结构进行表面疏水改性，调控水汽分压，结合原位光谱表征及理论计算，详细阐明了滞留于催化剂表面上的水汽限制了CO_2的活化且增大了C—C偶联的键能，使得CH_4的形成比C—C偶联的竞争反应更容易，因此利于甲烷的生成。所以Fe_5C_2表面经疏水处理后，反应条件趋于温和、反应产物易得、催化剂稳定性增强以及反应效率提高，最重要的是实现了对产物分布的调控。

CeO_2可以用作CO_2甲烷化以及RWGS反应的活性组分，其表面丰富的可迁移氧空位被认为是C═O键裂解的活性位点。所以，由于对CO_2具有解离活化的能力，CeO_2可作为载体或助剂加入Fe基催化剂对其进行改性。CeO_2作为助剂时，可以通过降低催化剂表面对H_2的吸附和活化阻碍CH_4的生成。与此同时，CO_2吸附和活化得以加强，烷烃/烯烃的选择性提高。所以，通过引入CeO_2改变催化剂中Fe_3O_4与Fe_5C_2的比值，改变表面Na富集水平以及中间体物种（CO^*、CH_x^*等）的生成及脱附，间接影响了逆水煤气变换反应平衡程度以及后续费托反应速率，进而调控了产物分布[118]。具体来说，首先，催化剂的还原和渗碳能力即

形成 Fe_3O_4 和 Fe_5C_2 的比例因 Ce 的引入而改变，其中 Fe_3O_4 的增加会促进 RWGS 正向进行并生成更多的 CO。Fe_5C_2 作为费托合成的活性位，其含量的减少会导致后续的费托合成速率降低，无法及时转化前一反应所生成的 CO。其次，催化剂表面 Na/Fe 比值和 Na 的富集度也因 Ce 的引入及其含量的增加而发生变化，如 Na/Fe 比值的提高可促进表面碳物种的形成，通过抑制加氢反应增加烯烃与烷烃的产率。最后，中间产物 CO^*/CH_x^* 的形成和解吸因 Ce 的引入而发生改变，较低的 Ce 含量有利于关键中间产物 CO^*/CH_x^* 的形成并促进后续费托合成反应，而较高的 Ce 含量导致催化剂表面较高的氧空位含量，加速了 CO^*/CH_x^* 的解吸。尽管 CeO_2 的掺杂能对 CO 和烯烃的比例乃至烯烷比产生一定的调控，但是过高的 CeO_2 含量会导致产物由以 C_2～C_5 烃类的生成为主转变为以生成 CO 为主。例如，催化性能测试显示，当 Ce 含量较低时（0%～1%），CO 选择性在 15%以下。随着 Ce 含量增加至 10%后，CO 的选择性从 15%逐渐增加到约 59%。CO_2 转化率则先增加至 40%后逐渐降至 20%。进一步表征后发现，CO 的选择性随 Ce 含量的增加而降低是由于费托反应速率随着 Ce 含量的增加而降低，所以经 RWGS 生成的 CO 来不及被消耗就被释放。Ce 含量的增加还对烷烃和烯烃的选择性有着极大的影响，当 Ce 含量为 1%时，甲烷的选择性为 34.3%，对应 C_2～C_4 烯烃产物以及 C_{5+} 产物的选择性最大分别为 41.4%和 19.1%。当 Ce 含量增加至 10%时，甲烷的选择性增加至 80.7%。C_2～C_4 烯烃产物以及 C_{5+} 产物的选择性急剧下降。

(2) 双功能催化剂

在“经甲醇中间体合成烯烃”所用催化剂的研发方面，可以通过双功能催化剂将 CO_2 加氢制甲醇和甲醇脱水制烯烃两步串联反应结合于一个反应中。例如，双金属催化剂（In_2O_3/ZrO_2）是优异的甲醇合成催化剂，其和甲醇制烯烃催化剂（SAPO-34）复合后，使 CO_2“选择加氢”定向转化为乙烯和丙烯，烯烃选择性高达 80%～90%，同时 CO_2 转化率接近 20%[119]；或将具有尖晶石结构的 $ZnGa_2O_4$ 和 SAPO-34 复合[120]，利用 $ZnGa_2O_4$ 表面氧空位活化 CO_2 分子，所形成的甲醇在 SAPO-34 上脱水偶联为烯烃，370℃下一步将 CO_2 高选择性转化为 C_2～C_4 烯烃（86%），CO_2 转化率 13%。

CO_2 通过加氢直接制备异烯烃是传统石化工艺的一条极有潜力的替代路线，众多实验表明，可以通过串联催化体系实现 CO_2 和 H_2 直接合成 C_4～C_7 异烯烃。例如，首先在掺杂钾的铁氧化物催化剂上将 CO_2 加氢转化为 C_4～C_7 正烯烃，随后该正烯烃在 SiO_2-Al_2O_3 干凝胶上选择性异构化为 C_4～C_7 异烯烃[121]。其中，C_4～C_7 异烯烃选择性可达 35.2%，CO_2 转化率则高达 37.8%。研究发现，SiO_2-Al_2O_3 干凝胶中酸性位点的种类［L（路易斯）酸和 B 酸］、强弱及其密度是影响异/正烯烃比的关键，即高密度 L 弱酸位点的形成和 B 强酸位点的缺失可以抑制富氢气氛下异构化反应中烯烃中间体的裂解或加氢，从而促进 C_4～C_7 异烯烃的选择性形成。

Fe 基费托合成催化剂也可以经过设计、合成之后形成双功能催化剂。Tsubaki

等人[122] 对具有高活性界面的 Na 掺杂 Fe-Co 双金属协同催化剂进行了合理的设计，以促进 CO_2 加氢高选择性合成低碳烯烃。通过溶胶-凝胶策略构建了 Fe-Co 双金属活性中心催化剂，所形成的 Fe-Co 活性中心的协同布局构建了高活性界面，在 4.0MPa 下表现出极高的 CO_2 转化率（56.9%）和极低的 CO 选择性（3.6%），同时保持了较高的低碳烯烃选择性（40.5%）和产率（22.2%）。表征结果显示，Fe-Co 双金属活性中心协同形成的高活性界面是低碳烯烃较高产率的根本原因。其中，催化剂的总碱性受 Co 的影响更大，换句话说 Co 诱导产生的碱性位更有利于 CO_2 的吸附。此外，Co 的存在促进了 Fe_5C_2 的形成和稳定，显著抑制了 Fe_5C_2 在反应中的氧化。这样一来，逆水煤气变换而来的 CO 中间体在 Fe_5C_2 的催化作用下进行费托反应并最终生成烯烃。

5.5.3 CO_2 加氢制芳香烃

5.5.3.1 CO_2 加氢制备芳香烃反应机理

芳烃被认为是航空燃料添加剂和众多精细化学品的理想合成原料，因而具有较大的市场空间。然而，传统芳烃生产路线依赖大量化石资源。因此，从技术经济和可持续发展的角度来看，利用可再生能源将 CO_2 定向转化为芳烃，除了为传统的基于化石资源的芳香烃合成路线提供了可持续且环保的替代方案，还可以极大地促进航空运输和精细化学品制造等行业的脱碳，甚至实现近零排放目标的达成。由于芳烃的高不饱和度和复杂结构，加之反应过程存在较高的 C—C 耦合势垒，甚至还伴随许多竞争反应的限制，所以与烯烃、烷烃等产品相比，芳香烃产物的合成体系较为复杂（图 5-26）。根据现有报道，CO_2 加氢制备芳香烃一般遵循甲醇介导途

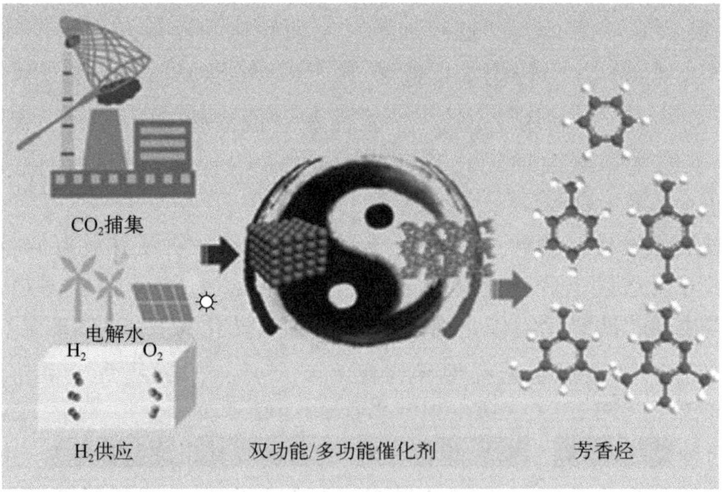

图 5-26 CO_2 加氢制备芳香烃[123]

径，即“CO_2→H_2CO^*→芳烃”或“CO_2→$HCOOH^*$→芳烃”。其中 H_2CO^*/$HCOOH^*$ 作为串联催化中的关键中间体，两个 H_2CO^* 分子在受限空间内（如分子筛孔道内）吸附于 Al-OH 等分子筛的酸性位点附近并形成 CH_3CHO，引发第一次C—C 偶联。随后羟醛缩合反应的发生促进了进一步的C—C 偶联，直到形成长链六碳含氧化合物。随后，该类产物经环化和芳构化等过程最终形成苯等芳香烃。在这一过程中，H-ZSM-5 等分子筛有效地将反应途径从“CO_2→H_2CO^*→CH_4”改变为更利于芳构化产物生成的“CO_2→H_2CO^*→芳烃”过程。

此外，CO_2 加氢耦合芳香烃功能化反应也是利用 CO_2 为原料制备高附加值芳香烃的有效方法。例如，由氧化物 $ZnZrO_x$ 和分子筛 ZSM-5 组成双功能催化剂，可实现 CO_2 加氢耦合甲苯烷基化制备对二甲苯（PX）。该过程不但能够有效利用 CO_2 从而减少碳排放，而且易于形成 CH_xO^* 等中间体，在极大地促进反应进行的同时可以有效地调节产物分布，最终获得高选择性的对二甲苯。

5.5.3.2 催化剂及其影响因素

结合动力学从微观层面上来讲，高的芳烃选择性源于空间上活性位的合理分布和串联过程顺序进行。当 CO_2 和 H_2 在特定活性位上被吸附活化后，主要生成 C_1 中间体或自由基。之后通过沸石有限的酸性孔将其捕获并催化转化为芳烃。也就是说，调节沸石的结构和酸性可以实现对芳烃选择性的调节。但是，由于热力学平衡中加氢反应的限制，CO_2 转化率较低（10%～30%），所以芳烃收率也较低。另外，双功能催化剂中 CO_2 加氢和 C—C 偶联互补活性位点不平衡，同时实现催化剂高的活性和选择性仍然具有挑战性，也会导致意想不到副反应的发生。近年来，CO_2 催化加氢制备高附加值芳烃产物方面取得了突破性进展。多项研究表明，在串联催化过程中，金属氧化物、Fe 基催化剂等与分子筛间的组装方式、活性组分之间的协同作用、分子筛的孔结构、表面酸性以及反应条件均对产物分布影响显著。

目前，大量研究集中在开发高效的金属氧化物/分子筛（oxide-zeolite，OXZEO）复合催化剂上，即利用金属氧化物（如 In_2O_3、$ZnZrO_x$ 和 $ZnAlO_x$ 等）上 CO_2 加氢产生的甲醇，在分子筛（如 H-ZSM-5、SAPO-34 等）组分中转化为芳烃。需要注意的是，分子筛能够催化 C—C 偶联和烃异构化，但无法单独催化 CO_2 加氢，因此，CO_2 加氢反应其实发生于金属氧化物活性表面。总的来说，CO_2 加氢制甲醇与甲醇制芳烃反应的协同耦合使得以 CO_2 为原料直接高选择性生产芳烃成为可能。

(1) 固溶体催化剂/分子筛串联体系

Zn 基催化剂如锌/尖晶石、锌固溶体催化剂是近几年发展的高效 CO_2 加氢催化组分，Zhu 和 Liu 等人[124] 报道了 $ZnAlO_x$-ZSM-5 用于 CO_2 加氢合成芳烃，获得了 73.9%的芳烃选择性，同时甲烷选择性极低（0.4%），CO_2 转化率 9.1%。在该催化体系中，甲醇和二甲醚等通过甲酸盐中间体在 $ZnAlO_x$ 表面加氢而得，之后扩散至邻近的 H-ZSM-5，经脱水、偶联并最终形成芳烃。Li 课题组[125] 将 ZnZrO 固溶体和 H-ZSM-5 分子筛合理组合，使芳香烃选择性进一步提升至 78%，CO_2 转化率也提高至 14%。研究还发现，ZnZrO 固溶体有利于 CO_2 耦合加氢，而过程中产生的水汽及提高 CO_2 浓度对芳烃生成有较大的促进作用，除此之外，两者存在于反应体系当中还能抑制芳烃缩聚为多环芳烃，提高复合催化剂的稳定性。调控组分形貌也可以实现较好的催化效果，如调节沸石（H-ZSM-5）的形态为空心管状的同时以水汽辅助结晶法对其外表面的酸性位点进行钝化，与 $ZnZrO_x$ 复合制成的串联催化剂在 CO_2 加氢制对二甲苯反应中显示出了较高的活性[126]，当反应温度为 320℃、压力 3.0MPa、气时空速 2400mL/(g·h) 且 H_2/CO_2 为 3 时，PX 的选择性高达 76.2%。调控分子筛的形貌对芳香烃的制备也有较大的影响，将不同形貌的 H-ZSM-5（球形、中空、片状或链状）与 In_2O_3、Cu-Zn-Al、ZnZrO 物理混合后，在掺杂了片状 H-ZSM-5 的串联催化剂上，CO_2 转化率为 14.5%，芳烃选择性高达 75.7%（其中苯-甲苯-二甲苯混合物的选择性为 64.1%）。而 PX 的分子动力学半径接近 H-ZSM-5 的 b 轴孔半径，所以混合了链状 HZSM-5 的串联催化剂实现了对二甲苯的高度选择性生成（选择性 43.6%）。利用 $ZnCr_2O_4$、$ZnAl_2O_4$ 或 $ZnIn_2O_4$ 和纳米片状 ZSM-11 分子筛构建了双功能催化剂，该系列催化剂在 CO_2 加氢转化为芳烃的反应中对芳烃的选择性均远远超过了 ASF 的限制。其中，$ZnCr_2O_4$/ZSM-11 催化剂表现最为优异，在 300℃、3.5MPa 和空速为 1800mL/(g·h) 下，CO_2 被吸附于 $ZnCr_2O_4$ 表面的氧空位中并活化，通过 $HCOO^* \rightarrow CH_3O^*$ 反应途径转化为甲醇中间体，随后中间体扩散到 ZSM-11 的酸性中心发生甲醇制芳烃反应。最终，CO_2 单程转化率可达 23.6%，芳烃选择性为 90.5%且无 CO 产生。此外，ZSM-11 分子筛利于反应中产生的 $C_8 \sim C_{12}$ 单环芳烃的及时扩散，因此促进了该类单环芳烃的生成（占芳烃总产物的 97.2%，而多环芳烃仅占 0.2%）。即使在 100h 活性测试后，该催化剂仍保持了较高的催化活性。

通过 CO_2 加氢一步高选择性地合成单一芳香族产品仍然是一个巨大的挑战。有学者设计了 ZnZrO/改性 ZSM-11 串联催化剂，在 CO_2 加氢反应中，芳烃的选择性高达 96%，同时该芳烃中四甲基苯的选择性高达 83%。研究发现，合成 ZSM-11 时，有机碱四丁基氢氧化铵的添加与四丙基氢氧化铵的添加相比，更有利于 ZSM-11 中产生均匀介孔，提高了芳烃和四甲基苯的选择性。此外，二次酸处理主要去除首次有机碱处理时产生的额外骨架 Al 物种，显著增加了强 B 酸的相对量，从而有助于进一步提高芳烃和四甲基苯的选择性。

(2) 铁基催化剂/分子筛串联体系

由于可以遵循强化费托路线反应，铁基催化剂对于 CO_2 加氢生成芳烃具有优异的活性，但与 H-ZSM-5 结合后芳烃选择性不理想。一般来说，在铁基氧化物活性位上以轻质烯烃（$C_2 \sim C_4$）的生成为主（选择性 40%～65%）。此类中间体进一步扩散至沸石孔道中后，有机会进行 C—C 偶联和环化反应继而生成芳烃。然而，这一类催化体系包含复杂的反应网络：CO_2 活化加氢和随机的 C—C 偶联发生在氧化铁上，而进一步的 C—C 偶联发生在沸石内部。当铁氧化物和沸石之间的 C—C 偶联速率不匹配，以及沸石通道内烯烃的异构化副反应的大量发生时，Fe 氧化物/分子筛催化体系对烃类中芳烃的选择性（<70%）差强人意。虽然各种调控策略（例如引入适量的碱金属）可以提高芳烃选择性，但因碱金属逐渐迁移至沸石中而降低催化性能。

针对上述问题，将串联体系中的 CO_2 加氢活性位与 C—C 耦合活性位适度分离是提高铁基催化剂芳烃选择性的潜在途径。鉴于此，铁基钙钛矿应运而生。钙钛矿氧化物的通式为 ABO_3，实际由共享角的［BO_6］八面体骨架构成，同时间隙中填充具有较大原子半径的 A 阳离子。Fe 一般占据 B 位，因此能够形成具有共享角的［FeO_6］骨架，这与 Fe_2O_3、Fe_3O_4（反尖晶石）和 AFe_2O_4 尖晶石等 Fe 氧化物中共享棱边或平面的骨架有很大不同。这种差异导致的最明显不同是 Fe 和 Fe 之间的原子间距，例如，Fe_2O_3 中［FeO_6］连接最紧密，Fe-Fe 距离最短（2.92Å）；AFe_2O_4 或 Fe_3O_4 主要含有共边［FeO_6］八面体，Fe-Fe 距离为 2.94～3.10Å；Fe 基钙钛矿的 Fe-Fe 距离显著变大（3.7Å）。这一特性使反应过程中由铁氧化物到铁碳化物的相变所导致的 Fe 的迁移距离显著延长，也表明 Fe-Fe 相互作用较弱，从而延缓了 Fe 粒子的聚集。同时，La 离子作为 A 位阳离子镶嵌于钙钛矿［FeO_6］骨架中，不但起到支柱作用，还能够保留 Fe 系催化剂的较强加氢能力且进一步抑制了渗碳过程中铁的迁移，从而维持其加氢活性并削弱其上的 C—C 偶联能力。Fe_2O_3、AFe_2O_4 尖晶石和 Fe 基钙钛矿（$LaFeO_3$）的 CO_2 加氢活性评价显示，Fe_2O_3 和 $ZnFe_2O_4$ 的产物主要为 C_2～C_4 和 C_{5+} 范围内的烃（总选择性>87%）。相比之下，$LaFeO_3$ 以甲烷作为主要烃类产物（92.5%）。根据报道，Fe_2O_3 和 $ZnFe_2O_4$ 氧化物在反应中形成 Fe 碳化物而发生显著的相变，因而是费托合成中 C—C 偶联的优异活性位。奇怪的是，$LaFeO_3$ 却在反应中未发现该类铁碳化物生成。将上述 Fe 基催化剂与 H-ZSM-5 结合后，产物分布截然不同。例如，Fe_2O_3/H-ZSM-5 和 $ZnFe_2O_4$/H-ZSM-5 虽表现出较高的 CO_2 转化率（38.1%和 42.5%），但芳烃选择性（34.6%和 45.8%）却远低于 $LaFeO_3$/H-ZSM-5（83.8%，其中三甲苯和四甲苯占总芳烃选择性的 80%）。此外，H-ZSM-5 可以通过特殊途径有效利用某些在 $LaFeO_3$ 中缓慢生成的中间体，促进了反应平衡的移动，使 CO_2 转化率从 36.1%（未复合 H-ZSM-5）上升至 50.8%。这也充分证明了该类 CO_2 加氢中间体在 H-ZSM-5 酸性孔道中的芳构化可能比铁氧化物表面上 CH_4 的深度加氢偶联更快。为进一步匹配氧化物活性中心的加氢速率和沸石活性中心的 C—C 偶联速率，通过调整 $LaFeO_3$ 和 H-ZSM-5 质量比后发现，当两者比例为 2∶1 时，可获得最佳的 CO_2 转化率和芳烃选择性。对钙钛矿-分子筛耦合催化体系进一步调控后（增加抗渗碳性、抑制铁氧化物上不受控制的 C—C 耦合、隔离分子筛中芳烃的形成和增加表面含氧物种等），其在 CO_2 加氢反应中获得了超过 60%的 CO_2 转化率和超 85%的芳烃选择性，催化剂使用寿命超过 1000h[127]。亚临界水热法制备的 NaFeGaZr

纳米颗粒结合 H-ZSM-5 复合型催化剂实现了大规模商用汽油（主要由碳链长度为 $C_6 \sim C_{10}$ 的芳香烃组成）的选择性生产，空时收率高达 0.9kg/(kg_{cat} · h)。其中，NaFeGaZr 催化组分具有卓越的碳化能力，从而促进烯烃的生产。通过碱修饰形成中空结构及增强 B 酸浓度，从而优化沸石中空通道的传质，提高了产物的传质效率，同时进一步加强了从 NaFeGaZr 扩散而至的烯烃的芳构化。

5.5.4 小结

在 CO_2 加氢制烯烃、异构烷烃、汽油和芳香烃等碳氢化合物领域中已经进行了大量研究，但想要进行放大甚至工业生产，仍有诸多问题需要解决。CO_2 加氢制备 C_{2+} 化学品的过程因反应网络复杂而难以控制产物的选择性，所以无论采用催化体系遵循费托过程还是甲醇中间体过程，都有较多的副产物 CH_4 和 CO 等产生，因此如何减少副产物的产生成为亟待解决的问题。另外，多功能或串联催化剂中的分子筛组分会发生积碳，从而导致活性位被覆盖以及副产物增多，所以需调控分子筛催化剂及其孔道结构和表面酸性位点以降低催化剂积碳速率、延长催化剂的寿命。加之从 C_1 产物到多碳产物需要经过 C—C 偶联反应过程，所以该类串联催化体系的构建及活性组分间的良好匹配是实现目标产物高选择性的重要条件，而研发多功能催化剂有序耦合各步骤反应可极大地提高碳氢化合物的选择性和产率。即通过设计特定的反应中间体和反应顺序，实现对复杂多相催化反应的有效控制。一般来说，该类催化体系主要由金属、金属氧化物和分子筛等构成。所关注的重点在于金属氧化物对 H_2 和 CO_2 的吸附/活化及其与传统过渡金属或贵金属催化剂在机制上的差异，以及分子筛表面 L/B 酸位点、限域效应对碳链的重构机理和路径，包括烯烃的加氢、烷烃异构化、甲醇到烃类的转化等。总之，CO_2 热催化加氢制备碳氢化合物的热力学/动力学有效匹配、介观尺度下催化剂功能组分的精准组装以及反应中间体及产物的扩散控制，是设计高效串联催化体系的关键。

迫于温室气体日益增多对环境的危害，随着研究的深入，CO_2 利用方式日趋多样化，以 CO_2 为原料之一和其他反应耦合制备碳氢化合物也是一种有益的尝试。例如，PX 可以通过甲醇-甲苯烷基化反应一步制得。由于甲醇中间体与甲苯在 ZSM-5 上发生烷基化反应得到 PX，而 CO_2 与 H_2 通过甲酸盐路线生成甲氧基中间体（CH_3O^*），所以采用双功能催化剂（例如 $ZnAlO_x$/ZSM-5），利用 CO_2 加氢耦合甲苯烷基化，最终可得 PX。反应是将 CO_2 加氢制甲醇反应与甲苯烷基化反应集合在同一个催化剂上完成，其遵循的反应路径为：CO_2 与 H_2 在固溶体的催化下得到甲氧基中间体，该中间体迁移到 ZSM-5 分子筛孔道中与甲苯发生烷基化反应，通过分子筛酸性位点和择形作用最终生成 PX。

5.6 CO_2 羧基化/羰基化/环化反应制精细化学品

相较于加氢过程需要较高的能量输入以实现 CO_2 的还原转化，从 CO_2 出发合成羧酸（酯）或碳酸酯等精细化学品所需的能量较低，其能量利用率和经济性较高，能够有效完成 CO_2 的非还原转化。而且，CO_2 价廉易得且无毒，在有机合成反应中是理想的羰基/羧基源。此外，从反应热力学和能量利用角度考虑，将 CO_2 与环状物、烯烃、炔烃等高能底物反应，可以降低反应能垒，间接地促进 CO_2 活化以提高其在温和条件下的高效转化。所以，通过环化反应构建含羰基杂环化合物，或以 CO_2 作为羧基化试剂整体插入 C—H、C—O、C—C 和 C—N 等化学键，合成聚碳酸酯、羧酸、氨基甲酸酯等精细化学品，是绿色化高效利用 CO_2 的典范。

由于 CO_2 的热力学稳定性极高，要实现 CO_2 在羧基化等反应中的有效转化，需要提供合理的催化体系将 CO_2 分子活化。常用策略包括：通过过渡金属和亲核试剂进攻缺电子的碳原子，使线性 CO_2 分子结构发生弯曲或电荷重新分布，从而形成活化物种。此外，促进反应体系中电子或负氢的转移也可提高 CO_2 的反应活性。因此，催化剂表面适宜的过渡金属位、亲核位、电子或负氢物种是其对 CO_2 分子活化的关键，同时设计活性位附近独特的化学环境和空间，控制 CO_2 的转化路径，实现其定向转化，是催化剂合成的另一关键目的。如图 5-27 所示，碳材料具有巨大的比表面积和丰富的孔隙结构，并包含大量官能团和缺陷结构，为催化活性位的引入和负载提供了条件。此外，通过 N、B 等杂原子掺杂，还能调控碳材料表面的电子分布，从而形成新的催化活性中心。MOFs 材料则因空腔大小、金属结点以及有机桥连配体结构可调，具有极大的可设计性而有利于设计多功能催化剂。众多合理设计且具有多活性位点的碳材料和 MOFs 可以同时实现 CO_2 分子和底物的协同活化，在热催化 CO_2 转化为环状碳酸酯、羧酸和噁唑烷酮等产物中表现出优良的催化效果，同时实现了催化剂的回收和多次重复使用。

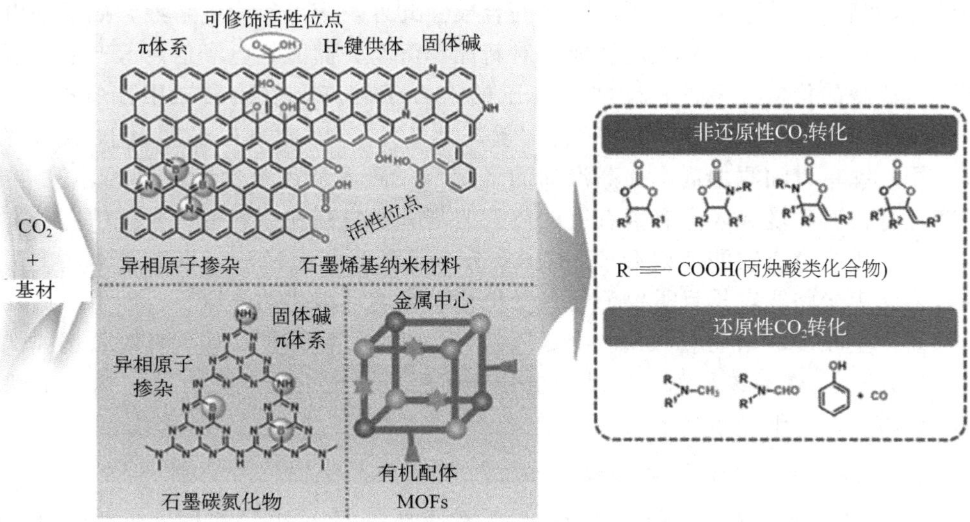

图 5-27　功能化碳材料和 MOFs 在 CO_2 羧基化/羰基化/环化反应中的应用

CO_2 羧基化/羰基化/环化反应一般在反应釜中完成，反应温度较低（100℃左右）。另外，由于反应原料 CO_2 为气态，压力影响其在反应体系中的溶解度和扩散性，因而对反应的影响较大。以环氧丙烷和 CO_2 合成环状碳酸酯为例，在 0～2.5MPa 压力范围内，环状碳酸酯产率逐渐增加，说明 CO_2 压力的增加可以提高其在反应体系中的溶解度；在 2.5～5.0MPa 之间，环状碳酸酯产率保持稳定，不再随 CO_2 压力的增加而增大；压力进一步增大至 5.0MPa 之后，产率略微下降，这是因为过高的压力会导致环氧化物进入气相，降低了固体催化剂周围反应物的浓度，因此减少了反应物与催化剂之间的接触和作用。

在此需要说明的是，由于对 CO_2 作为 C_1 原料形成 C—C 键进行增值是实现碳循环的关键，利用 RWGS 可以实现 CO_2 这一惰性分子活化为 CO，随后高活性 CO 分子可以进行各种羰基化反应，该方法可扩展到使用 CO_2 进行各种羰基化反应，合成大宗和精细化学品。例如，将 RWGS 和 CO 羰基化两个反应集成到一个反应器内进行，同时基于多功能催化剂的多重催化特性完成这一过程。封装在小孔 LTA 分子筛中的 Pt 在温和的反应条件下选择性地进行 RWGS 反应并生成 CO，随后羰基化反应连续消耗所产生的 CO 来改变平衡，显著突破了 RWGS 反应的热力学限制，同时促使反应平衡向生成 CO 方向高速移动并最终完成羰基化反应，避免了在中等羰基化温度下平衡受到严重限制。

5.6.1 CO_2 和醇制碳酸酯

碳酸酯被誉为绿色化学化工的新基石，其分子中含有多种官能团，作为一类平台化合物，可充当羰基化或烷基化试剂，代替光气、卤代烷烃等剧毒物，用于多种精细化学品如聚碳酸酯、异氰酸酯等的合成。此外，其可作为电解液，确保锂电池在低温下仍具有较高的充放电性能，对新能源汽车、储能、电子信息等产业发展具有不可或缺的价值。另外，碳酸酯分子的氧含量较高，以碳酸二甲酯（dimethyl carbonate，DMC）为例，分子中氧含量高达 53%，因此可以像甲基叔丁基醚一样，用作绿色汽油添加剂，提高汽油的辛烷值。碳酸酯还是性能优良的环保溶剂，可广泛替代对环境和人类有毒有害的传统溶剂，在农药和涂料等的生产中有着广泛的应用。传统合成碳酸酯如 DMC 的主要方法是两步酯交换法或甲醇尿素法。两步酯交换法工艺路线较长且需要消耗大量价格较高的环氧化物作原料；而甲醇尿素法过程易产生较多的副反应（如产物氨气易与 DMC 发生反应），导致 DMC 选择性降低。现以 CO_2 作为羧基源，通过多组分环化反应合成含羰基化合物，构建链状或环状碳酸酯，详细介绍如下。

5.6.1.1 CO_2 和醇制链状碳酸酯

CO_2 和甲醇直接合成碳酸二甲酯是一种重要的 CO_2 非还原固定方法，其路线短、原料廉价且副产物只有水，符合绿色化学生产要求，具有巨大的应用潜力。但由于直接合成过程在热力学上是不利的，且缺乏对反应机制的深入认识和高效催化剂的设计策略，其效率远未达到应用要求。根据现有报道，DMC 收率均在 5%以下。该反应面临的关键问题是，甲醇和 CO_2 直接合成 DMC 的反应为可逆反应，基于平衡移动原理，及时移除体系水分将促进平衡向右移动，因此，脱水剂或偶联剂的使用将有助于提升反应平衡转化率，使目标产物收率在很大程度上得到提高。另外，CO_2 和甲醇吸附活化行为的差异，导致了难以形成关键中间体（$^*CH_3OCOO$）。尽管传统富含氧空位的催化剂具有良好的 CO_2 吸附活化能力，但远不能满足在活化 CO_2 的同时形成活性甲氧基的关键需求。因此，设计一种既可活化 CO_2 又能诱导形成活性甲氧基的新活性位点有望实现反应物的快速偶联并获得高收率的 DMC。在此启发下，借助高温煅烧晶体重构策略在 CeO_2 催化剂上引入了丰富的晶体缺陷位点，从而构建了丰富的电子富集晶格氧物种，可以在 CO_2 活化同时控制弱吸附活性甲氧基的形成[128]。通过对 CeO_2 催化剂晶格氧电子结构的调控，实现了对催化剂酸碱性质和反应物吸附行为的精准控制，在优化工况后，获得了 22.2mmol/g 的 DMC 产率，催化剂经 5 次循环后依旧表现出良好的稳定性。原位实验和理论计算结果证明，富电子的晶格氧不仅显著地促进了 CO_2 和甲醇的偶联，而且 $^*CH_3OCOO$ 的吸附也明显减弱，这使得反应的决速步从 $^*CH_3OCOO$ 的生成转变为 $^*CH_3OCOO$ 的解离，因此降低了 DMC 形成的反应能垒。

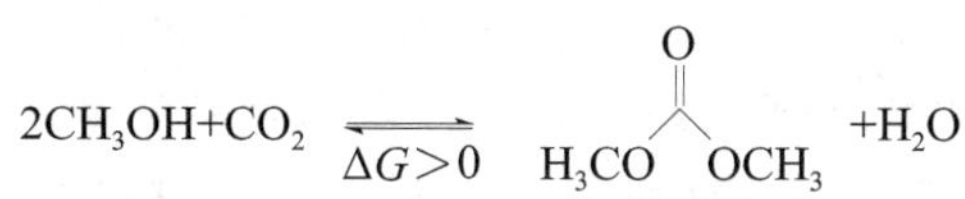

DMC

关于 CO_2 作为羰化试剂直接合成碳酸二酯的相关报道较多，所用多相催化剂主要有负载型金属有机化合物催化剂、杂多酸催化剂、负载金属或金属氧化物催化剂等。对负载催化剂来说，由于载体优良的分散性能和机械/热稳定性，金属或金属氧化物活性位增多、抗失活能力增强，所以是该反应的研究焦点。如负载 Cu 基催化剂，高分散的 Cu 在表面以 Cu^0、Cu^+ 和 Cu^{2+} 形式存在且均为催化活性中心。对该类催化剂，表面路易斯酸/碱位和氧空位在催化 CO_2 和醇合成碳酸二甲酯的反应中起到非常重要的作用。

5.6.1.2 CO_2 和醇制环状碳酸酯

环状碳酸酯因具有极性、高溶解性、高沸点、低毒、可降解等性能，广泛应用于燃料添加剂、萃取分离、化妆品生产、有机合成以及聚酯、聚碳酸酯等高聚物或精细化学品的制备领域，是具有广泛用途的高附加值工业原材料。碳酸甘油酯（glycerol carbonate，GC）是其中一种非常重要的环状碳酸酯。

生物柴油是具有优越燃烧性能的可再生清洁能源，已经成为传统化石能源的优异替代者。然而，利用生物质大量生产生物柴油后，产生大量的副产物甘油，将过量的甘油转化为高附加值产品就尤为重要。甘油与 CO_2 直接羰基化是比较有吸引力的制备高附加值化工产品即碳酸甘油酯的途径，但该反应受到热力学平衡的限制，所需反应温度较高且反应时间较长，而且甘油的转化率和 GC 选择性也较低。

但是，甘油与 CO_2 耦合合成 GC 是一种原子经济型和环境友好型工艺方法，因此，开发简便高效的多相催化剂用于甘油和 CO_2 的催化转化具有极大的现实意义。按照目前研究报道，该反应所用多相催化剂有无机/有机碱、单组分金属氧化物、复合氧化物和负载固体碱催化剂等。例如，采用水热法合成不同 Cu-Zr 物质的量之比的复合氧化物，相较于单个金属氧化物催化剂，复合氧化物能够提供酸碱协同作用，在甘油与 CO_2 羰基化反应体系中具有良好的效果。当 Cu-Zr 之比为 0.99∶0.01 时，Zr 进入 CuO 结构中，且均匀分布，晶格氧含量越高以及 L 酸/碱位点数量越多，越有利于甘油与 CO_2 的羰基化反应。此外，反应条件对催化活性的影响较大，最佳反应温度为 120℃，反应时间为 5h，CO_2 压力为 3MPa，甘油的转化率和 GC 的选择性分别达到了 64.1%和 85.9%。并且 $Cu_{0.99}Zr_{0.01}O_2$ 催化剂在经历六次循环后，甘油的转化率和 GC 的选择性仍无明显变化，体现了该催化剂良好的稳定性。使用碱性 Cu-Zr 复合氧化物作为甘油与 CO_2 反应体系的催化剂，在反应过程中，甘油分子可能被吸附在 $Cu_{1-x}Zr_xO_2$ 催化剂的碱性位点上被解离。此外，采用过渡金属（Cu）来活化 CO_2 也是甘油羰基化过程中的一个重要步骤，特别是过渡金属与 L 碱之间的协同效应有利于反应的正向进行。

甘油与 CO_2 羰基化反应的吉布斯自由能为正，在热力学上是不利的，反应很难自发进行。以 CeO_2/Al_2O_3 多相催化剂为例，反应 15h 后甘油的转化率仅为 2.5%。但采用加入脱水剂或偶联剂的方法改变热力学平衡，显著提高了甘油的转化率和碳酸甘油酯的产率。需要注意的是，脱水剂会引起副反应并增加分离难度，导致碳酸甘油酯的选择性和收率显著降低。

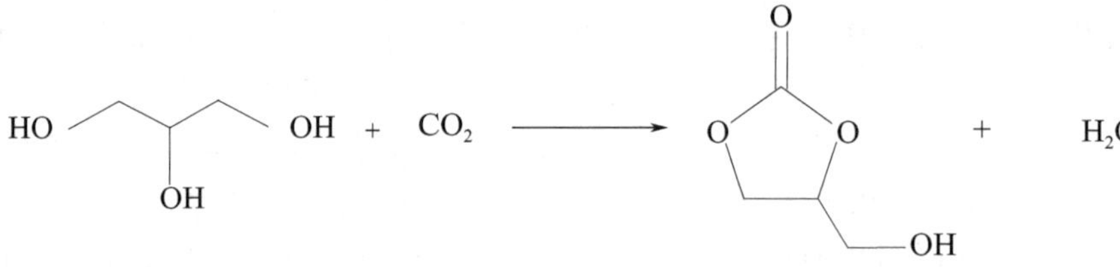

其他醇类也可以在热驱动下以多相催化方式实现 CO_2 非还原性转化为碳酸酯，例如炔丙醇与 CO_2 的多组分串联羧化环化得到 α-亚甲基环状碳酸酯（$C_4H_6O_3$）。而 α-亚甲基环状碳酸酯是有机合成中的重要中间体，与醇发生醇解反应可得到多种产物。

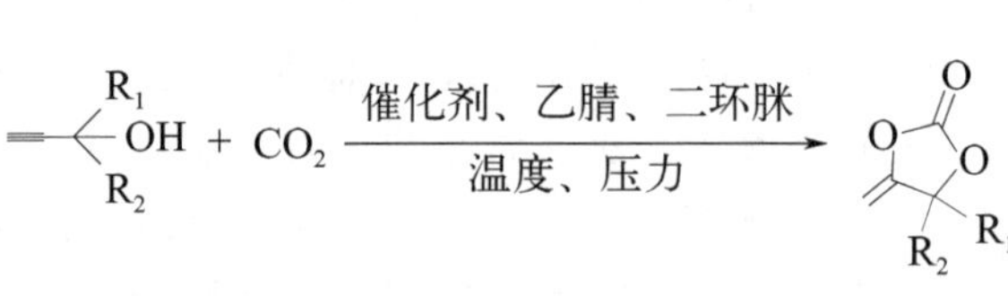

5.6.2 CO_2 和环氧化物制环状碳酸酯等产物

从 CO_2 与环氧化物出发合成环状碳酸酯是具有 100%原子经济性的反应，也

是 CO_2 羧基化最广泛的应用，其产物环状碳酸酯广泛应用于极性溶剂、生物医药及锂电池等领域。此外，反应条件温和也是该类反应的一大特点。例如，环氧丙烷与 CO_2 反应生成环状碳酸酯的反应焓变为－97.1kJ/mol，反应吉布斯自由能为－33.95kJ/mol，在催化剂作用及温和条件下即可实现该反应。

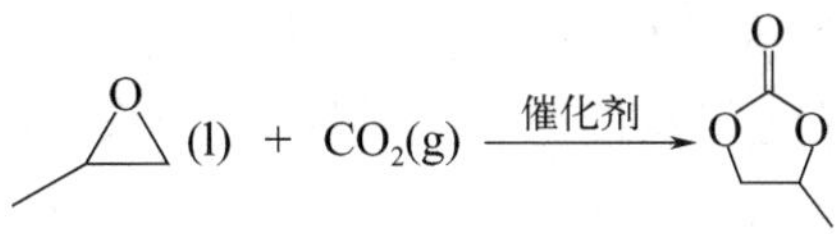

5.6.2.1 反应机理

以含氮高分子聚合物催化剂为例，环氧化物通过与两个不同的氢键供体基团形成氢键而被活化，同时，CO_2 也被聚合物中的氮原子吸附、活化。此时，催化剂上的其他氮原子作为亲核试剂攻击阻碍较少的碳原子，促进环氧化物开环形成氧阴离子中间体。接下来被氮原子活化的 CO_2 插入氧阴离子中间体并形成新的碳酸烷基中间体，最后在分子内形成环状碳酸酯，催化剂释放出来而得以再生。

对金属氧化物催化剂，其产生的 O 空位是 CO_2 的吸附位点，而表面金属对环氧化物进行活化吸附，即 O 空位和表面金属在协同作用下实现 CO_2 与环氧化物合成环状碳酸酯。以 ZnO 催化 CO_2 与环氧乙烷反应为例，首先 CO_2 吸附在 O 空位和邻近的不饱和 Zn 位点上形成三齿碳酸盐而被活化，接下来，环氧乙烷与表面饱和配位 Zn 相互作用并降低开环能垒，从而促进其开环。随后，亲核试剂 Br^- 攻击环氧化物的 β-C 原子，引发开环形成溴代烷氧中间体并相互作用形成环状碳酸酯中间体。最后，环状碳酸酯形成并从 ZnO 表面解吸。

5.6.2.2 催化剂及其影响因素

某些环氧化物具有非常强的环张力，同时 C—O 键具有较强的极性，其化学性质比较活泼。另外，环氧化物中不同取代基团会影响其反应活性，其中尤以被吸电子基团取代的环氧化物具有更高的反应活性。位阻较小的环氧化物例如环氧丙烷，有利于开环并被亲核试剂攻击，而具有较大空间位阻和供电子基团的环氧化物活性则较低。但无论如何，催化剂的作用对于该类反应来说不可或缺。

热驱动多相催化 CO_2 环加成反应的催化剂主要有含氮或含磷化合物固载催化剂、无机金属氧化物及其盐类、CO_2 和环氧化物制其他产品及所用催化剂等。其他如 MOFs、POP 等材料作为催化剂的研究也被大量报道。

(1) 含氮或含磷化合物固载催化剂

Li 等人[129] 合成了一系列介孔蜜勒胺材料并用于 1,4-丁二醇二缩水甘油醚与 CO_2 的环加成反应中，由于比表面积增大，催化剂活性显著提高，在 130℃、2.0MPa 条件下，1,4-丁二醇二缩水甘油醚转化率为 99.3%，环状碳酸酯选择性为 99.5%。

该体系常常需要在溶剂和助催化剂共存的条件下才能够实现 CO_2 环加成反应较好的效果，因此，寻找可以取代金属和亲核试剂的基团，开发出无须卤素助剂的

非均相体系吸附 CO_2 并同时实现 CO_2 的高效环加成是一种有效策略。考虑到氢键供体基团如羟基、氨基和羧基等可以通过氢键激活环氧化物，达到和金属同等的效果，而具有亲核性的 N 原子的孤对电子可以充当亲核试剂攻击环氧化物，从而促进开环。基于该策略，利用简单聚合的方法，合成具有丰富氢键供体基团和 N 位点的三聚氰胺聚合网络。其微孔结构是影响 CO_2 吸附能力的重要因素，由于该聚合物与 CO_2 分子之间存在很强的相互作用（吸附热＞31.9kJ/mol），在 0℃时 CO_2 吸附量可达 1.65mmol/g。受益于氮杂环引入的附加活性位点（如咪唑杂环的多位点协同活化），在 120℃、1.0MPa（CO_2 分压）、8h 条件下，CO_2 和环氧化物的环加成催化性能显著提高，环状碳酸酯选择性为 99%，产率高达 93%[130]。

(2) 无机金属氧化物及其盐类

在合成多功能固体酸-碱催化剂方面，Li 等人[131] 简易合成多功能 Fe 掺杂多孔材料并用于 CO_2 环加成反应，酸-碱活性位、骨架 Fe 和聚二烯丙基二甲基氯化铵协同催化，使 CO_2 高效转化为环状碳酸酯，如环氧氯丙烷转化率 97.4%，氯丙烯碳酸酯选择性 92.9%。金属氧化物因具有酸碱性易调变及优异的 CO_2 吸附/活化能力，被广泛应用于 CO_2 环加成反应中。通过水热合成并在不同气氛下（氩气、空气和氢氩气氛）进行热解，制备可控晶面的 ZnO 纳米片材料。该催化剂形成机理为首先水热晶化形成碳酸锌物种，之后通过碳酸锌物种的热解，多晶 ZnO 向单晶 ZnO（002）晶面富集且有序转变。研究发现，ZnO（002）晶面上的 O 空位、表面 Zn 和催化活性之间存在定量关系，结合表征和 DFT 计算进一步确认，O 空位与表面 Zn 之间协同催化，即 O 空位吸附/活化 CO_2，而表面饱和配位 Zn 则完成对环氧化物的活化，最终在 125℃和 2MPa 的条件下，ZnO 催化剂在反应 4h 后即可实现 93.4%的碳酸苯乙烯酯收率。

(3) MOFs、POP 等催化剂

Ma 等人[132] 在温和条件下合成了一种高效的多相催化剂——手性-Cu(Ⅱ)@MIL-101(Cr)CO_2，并用于 CO_2 环加成反应。这种双活性中心体系可以使 CO_2 捕获和转化发生于同一过程中，常温、常压下即可获得碳酸丙烯酯可观的产量(87.8%)。Xiao 等人[133] 以乙烯基功能化的金属卟啉和季鏻盐作为单体制备了一种新型多孔有机聚合物（POP-PBnCl-TPPMg－x），两者分别作为 CO_2 捕集和环加成反应中的 L 酸和 L 碱活性中心并在分子水平上实现了结合与协同。然而，由于有机材料的复杂性，目前实现工业规模生产仍具有挑战性。

(4) CO_2 和环氧化物制其他产品及所用催化剂

CO_2 经羧基化反应还可以合成其他精细化学品，如 CO_2 与环氧化合物共聚直接合成具有生物降解性的脂肪族聚碳酸酯，能够开拓该类聚合物的绿色应用范围。为了提高催化剂的表面积等性质并增加其循环使用能力，提高产物的热力学和力学性能，一系列有机金属基负载型催化剂（本质是将活性组分负载于无机或高分子载

体上）和稀土三元催化体系被开发出来并成功用于该反应中，使反应温度可以得到提高，反应时间得以延长，从而获得耗能低且稳定性高的主产物，同时副产物收率显著降低，最终提高了主产物的热力学性能。

利用具有丰富表面羟基和大孔的羟基磷灰石（hydroxyapatite，HAP）作为固定载体，n-氯丁酸等 n-卤酸为键合剂，成功将离子液体键合到 HAP 的表面上，其中 HAP 的表面羟基为结合位点。该催化剂被用于 CO_2 和环氧丙烷的环加成反应，产率和丙烯酸盐的选择性分别达到 98.7%和 100%。原位 DRIFTS 研究了 CO_2 环加成反应的反应中间体和反应机理，揭示了环氧丙烷的开环是速率控制步骤。

5.6.3 CO_2 和不饱和烃制丙烯酸（酯）、丙炔酸类化合物

以 CO_2 作为羧基化试剂，与不饱和烃直接反应（将其插入端基炔烃的 C—H 键）是制备丙烯酸（酯）、丙炔酸类化合物的新颖方法。但由于该反应的重点在于 CO_2 和乙烯、炔烃等分子的活化，为降低 CO_2 的活化能，一般需要借助 CO_2 与金属有机络合物的配位，才能促使 CO_2 进一步转化，反应多使用均相催化剂来提高反应效率。而多相催化体系往往具有反应条件苛刻以及需要可溶性的共催化剂等缺点，高性能多相催化剂用于该反应的报道还较少，因此具有较大的研究空间。通过将有机络合基团、金属-有机配体等负载于载体或限域封装在多孔材料内，实现均相催化剂多相化，可以解决该类反应中存在的很多问题，因此是未来该领域的重点研究方向。

5.6.4 CO_2 氨甲酰化反应

5.6.4.1 CO_2 制氨基甲酸酯类化合物

氨基甲酸酯是一类具有生物活性的重要化合物，其传统的合成方法需要使用剧毒的光气或异氰酸酯衍生物为原料，造成严重的环境污染和安全问题。例如，N,N-二甲基甲酰胺（N,N-dimethylformamide，DMF）不但是“万能溶剂”，而且是多个行业尤其是医药、农药及有机合成中不可或缺的中间体。传统的工业合成方法是通过 CO 与二甲胺在甲醇钠催化下反应而得。然而，该工艺也存在一些严重的问题，例如本方法中，DMF 的制备严重依赖化石资源产生的 CO，不符合绿色低碳可持续发展的生产理念。况且，甲醇钠催化剂的分解会产生盐类副产物，导致管路堵塞等引起设备故障。利用 CO_2 合成氨基甲酸酯引起了研究者越来越多的兴趣，也取得了较大的进展。CO_2 与胺合成氨基甲酸酯大多通过均相催化来完成，但随着过渡金属催化剂的使用，该反应也可以通过多相催化体系进行，其中，固体路易斯酸-碱协同活化 CO_2 是反应的关键。

5.6.4.2 CO_2 制酰胺类化合物

酰胺类化合物是一类重要的化工原料和溶剂，广泛应用于医药、农药、日用化学品及石油化工等众多领域且需求量巨大。工业上，甲酰胺是通过 $NaOCH_3$ 催化

胺与甲醇反应制得。可喜的是，在还原剂存在的条件下，以 CO_2 为羰基源，通过高效催化体系的建立，可以实现其与胺反应合成甲酰胺。其中，反应所用多相催化体系可分为 Ir、Pt、Ru 等贵金属催化剂（如 Ir/TiO_2 催化剂、碳纳米管负载聚苯胺功能化 Pd-Au 双金属催化剂），Ni、Cu、Co、Al 等非贵金属催化剂，常用的还原剂为硅烷、硼烷和 H_2 等。例如，以二甲胺硼烷为还原剂，介孔 Al_2O_3@MCM-41 可用于胺和 CO_2 的甲酰化反应，产物收率最高可达 99%。

硅烷和硼烷键能较低，硼氢键和硅氢键容易断裂，因此反应条件较为温和，但原料价格昂贵，难以大规模生产。而氢气来源广泛、价格低廉，是该类反应理想的还原剂。多功能纳米催化材料具有胺、CO_2 和 H_2 共吸附、活化和转化能力，所以具有较好的应用前景。如图 5-28 所示，Shi 课题组[134] 在均相、多相催化剂的融合策略的启发下，通过 1,10-菲啰啉配体在 $CuAlO_x$ 表面聚合，制备出氮掺杂碳膜“固体配体”修饰的均-多相融合纳米 Cu 基催化剂（氮掺杂碳层可以在氢存在的情况下由 $CuAlO_x$ 和 1,10-菲啰啉在原位反应生成），成功实现二甲胺（dimethylamine，DMA）和 CO_2/H_2 可控合成 DMF，同时有效避免了产物进一步催化加氢为三甲胺（trimethylamine，TMA）。CO_2 分子具有 HOMO（最高占据分子轨道）和 LUMO（最低未占据分子轨道），所以表面富电子的催化剂可以有效活化 CO_2，进而完成加氢反应。通过沉积沉淀法制得 ZrO_2 负载的亚纳米尺度的 Au 纳米簇表面富集电子，以二甲胺为原料，在 140℃、CO_2/H_2 为 3 且压力 3MPa 的反应条件下，DMF 合成的 TOF 可达 830/h，收率高达 92%。利用直接超交联策略成功构建了 Ir 基多孔金属有机聚合物[135]，该催化剂在 CO_2 甲酰化反应制备 DMF 中表现

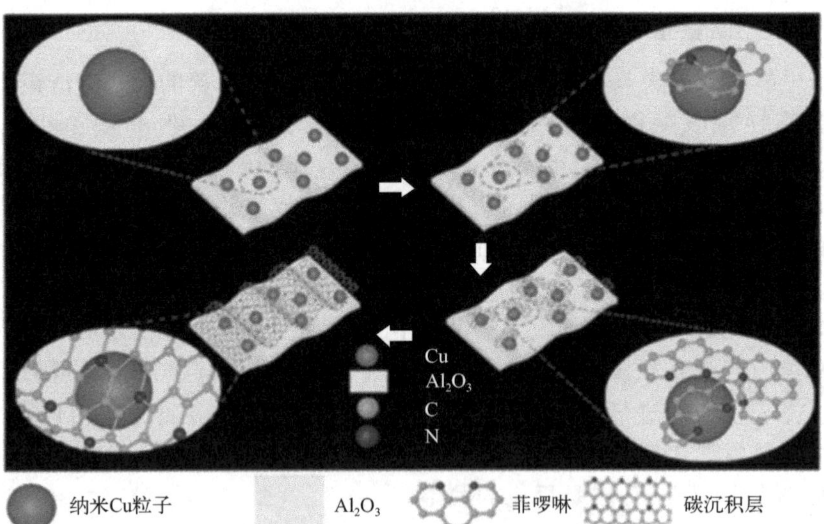

图 5-28　用于 CO_2 氨甲酰化反应的碳包覆铜催化剂制备示意图[134]

出极高的催化活性，且催化剂可循环使用12次而未见显著失活。实验结合DFT理论计算揭示了N-甲酰化反应机理，即首先在催化剂作用下生成甲酸关键中间体，随后该中间物种无须催化剂即可与二甲胺盐结合得到DMF。体系中二甲胺的存在能够帮助绕过能量上不利的氧化加成过程，从而有助于形成甲酸，而第二分子的甲酸则通过质子接力的方式促进了最终DMF的生成。

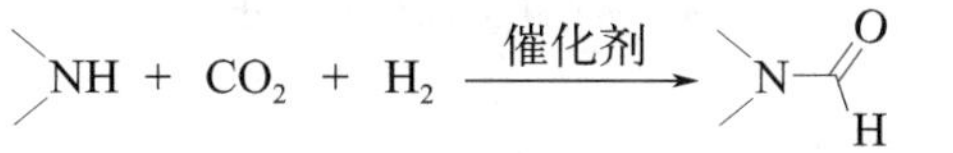

如下式所示（ZTO为ZnO-TiO_2固溶体催化剂），兰州大学李灿院士等利用固定床反应器和ZnO-TiO_2固溶体催化剂（Zn掺杂量15%），通过连续流动反应系统高效地将CO_2、H_2和DMA转化为DMF[136]。在DMA的单程转化率接近热力学平衡时（15%），DMF的选择性高达99%。此外，该催化剂在线连续运行1000h未见失活，因而表现出优异的热稳定性。DRIFTS和DFT计算证明，ZnO-TiO_2固溶体催化剂在Zn掺杂后主要以Zn-O-Ti位点的形式存在，Zn和Ti位点的协同效应导致了其优异的活性，不但促进CO_2高效加氢转化为$HCOO^*$物种，而且$HCOO^*$作为关键中间物种直接与DMA反应生成DMF。更为重要的是，$HCOO^*$加氢生成CH_2O^*反应在动力学上需要克服较高的能垒，而CH_2O^*是与DMA生成TMA的关键中间物，因此有效抑制了副产物三甲胺的生成。

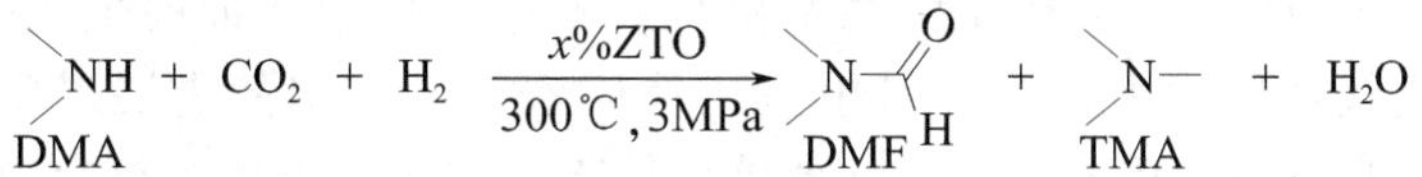

5.6.4.3 CO_2制噁唑烷酮类化合物

噁唑烷酮是很多药物在化学合成中重要的中间体，其合成方法近年来层出不穷，以二氧化碳为碳源的方法更是吸引了诸多研究工作者的极大兴趣，如可以通过炔丙基胺类或氮杂环类化合物与CO_2的环化获得。除此之外，CO_2还可以和2-氨基醇等化合物在不同反应条件下得到噁唑烷酮类化合物。若能通过巧妙的制备策略获得可以同时催化这类反应的催化剂将会是一件具有很强吸引力，同时也是极具挑战性的工作。焦等人[137]通过溶剂热法将Co^{2+}和羧酸盐配体5-[2,6-双（4-羧基苯基）吡啶-4-基]间苯二甲酸合成了独特的[CO_3]簇三维金属-有机骨架材料$(CH_3NH_2CH_3)_2[Co_3(BCP)_2]\cdot 6H_2O\cdot 4DMF)_n$，成功实现了“一石二鸟”高效催化$CO_2$转化为噁唑烷酮。经过表征和性能评价，发现该催化剂表现出良好的溶剂稳定性和热稳定性。催化实验结果表明，其可以在CO_2分压为0.5MPa、反应温度为30℃时高效催化氮丙啶与CO_2环加成反应来制备噁唑烷酮，或CO_2分压为0.1MPa、反应温度为80℃时催化炔丙基胺类化合物与CO_2羧化环化反应来制备噁唑烷酮，并且催化剂对两种反应都具有广泛的底物普适性和良好的循环使用性。对照实验和核磁共振测试表明，所合成的新型催化剂中路易斯酸和碱位点的共存是高效催化的原因。

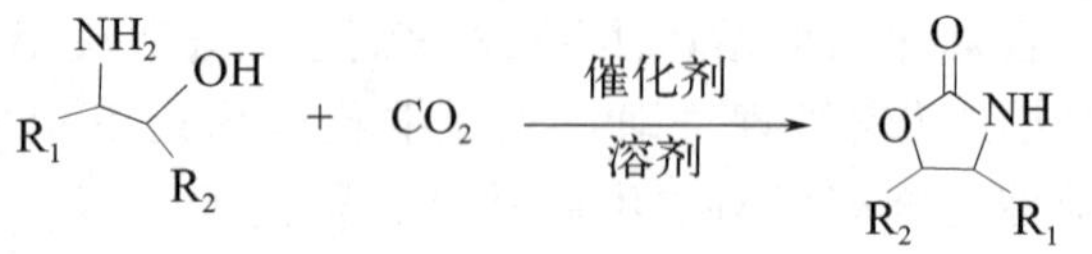

R_1=H,CH_3,异丙基，Ph
R_2=H,CH_3,CH_2CH_3，Ph

5.6.5 CO_2 氢甲酰化反应

醛是一类重要的有机化合物，在精细化学品、药物和特殊化学品生产领域都有重要应用。合成醛类化合物的经典方法是利用烯烃与 CO/H_2（合成气）在催化剂（活性组分为过渡金属）作用下，在烯烃双键上同时加上氢原子和甲酰基并生成比原烯烃多一个碳原子的两种异构醛（直链醛和支链醛）的反应过程，该反应即为羰基合成，也称氢甲酰化反应、罗兰反应。

CO_2 可作为羰基源替代合成气进行氢甲酰化反应，从反应途径上，CO_2 氢甲酰化反应遵循两种途径：一是采用双反应器体系，首先在第一个/段反应器内将 CO_2 通过 RWGS 还原为 CO，然后 CO 在第二个/段反应器和催化剂的作用下与烯烃和 H_2 进行氢甲酰化反应，最终生成醛类产物；二是通过催化作用，原位将 CO_2 转化为 CO，之后羰基插入金属-烯烃配位化合物中间体中并最终生成醛类化合物。CO_2 作为合成气替代物进行烯烃氢甲酰化反应取得了一定的进展，反应活性、选择性都有了显著进步，在未来随着高效催化体系的出现，有望达到直接使用合成气进行氢甲酰化反应的水平。

5.6.5.1 反应机理

首先进行 CO_2 的还原，如在 L 碱溶剂如 *N*-甲基-2-吡咯烷酮（NMP）中，CO_2 被廉价易得的硅氢聚合物还原成 CO 并伴随形成少量的 H_2 和 HCOOH，或者通过 RWGS 将 CO_2 转化为 CO。接下来进行氢甲酰化反应，即上一步生成的 CO 在金属铑膦络合物等催化剂的作用下与 H_2 和烯烃发生氢甲酰化反应，生成相应的醛。从反应机理的角度出发，羰基插入步骤是 Rh 基等催化多相氢甲酰化反应的关键步骤，也是决定产物中醛和烷烃分布的关键基元反应。

在该反应中，选择性控制是一个重要内容，例如在醛和 CO_2 同时存在的反应体系中，CO_2 优先与硅氢聚合物反应，直至后者消耗殆尽，从而避免醛被还原为相应的醇。在氢甲酰化过程中，直链或支链醛的选择生成也是评判催化性能的一个重要指标。

5.6.5.2 催化剂及其影响因素

CO_2 氢甲酰化反应总体来说是放热反应（反应热在 100kJ/mol 以上），反应平衡常数在反应温度范围内较大。从平衡观点来看，反应可以常压下进行，但为了保持催化剂的稳定性，反应最好在加压下完成。所以，该反应条件相对来说较为温和，通常在常温或稍高的温度下进行，压力条件也较为适中。在均相催化体系中，各种过渡金属羰基络合物对氢甲酰化反应均有催化作用，其中钴和铑的羰基络合物催化效果尤其显著。但是均相体系存在着催化剂的回收、循环、产物分离以及设备腐蚀等问题，同时所得产物中的正、异构醛之比较低，导致附加值较低的异构醛大量生成。目前，通过均相催化剂的固载化，所得固体催化剂既具有均相催化剂的高活性和选择性，又具有负载型催化剂的优点，尤其是避免了产物与催化剂分离的问题。以有机膦配位铑催化剂为例，通过固载和包裹等方式所得多相催化剂的活性高、热稳定性好，而且醛类选择性高，且产物中正、异构醛之比甚至高于 10。例如，将单原子 Rh 催化剂包封于多孔非均相双膦酸盐配体中[138]，用于芳香族和脂肪族烯烃与 CO_2 的氢甲酰化反应，在烯烃/CO_2 氢甲酰化反应中显示出媲美均相催化剂的优异催化活性，转化率高达 91%，醛类化合物收率 89%。此外，催化剂重复使用至少三个连续的循环后活性未见损失。通过 FTIR、XPS、XRD、TEM、N_2 物理吸附、热重分析和 ICP-OES 对催化剂进行详细表征，证明了催化剂结构的优越性。

CO_2 作为甲酰源面临的一个困难是必须抑制烯烃底物加氢还原为相应的烷烃，否则会降低醛类产物的选择性。为了提高化学选择性，最有效的方法是改变催化剂的电子结构，如双金属催化剂、单原子催化剂的使用，或掺杂第二种元素等。目的是降低金属中心的电负性，使表面金属原子带有部分正电荷，从而降低羰基插入能垒，进而显著提高催化剂活性和化学选择性。

直链和支链的区域选择性成为多相 CO_2 氢甲酰化的另一难题，为克服该问题，需要对催化剂引入空间位阻来提高产物选择性，例如螯合膦配体和氮配体、碱金属改性、多孔材料包裹、有机大分子接枝等。同时，由于不同产物的反应路径存在差异，优化反应温度和压力也可以提高醛的区域选择性。

5.6.6 小结

苯氨基甲酸甲酯（MPC）是合成二苯甲烷二异氰酸酯的关键原料，以 CO_2 作为碳源，加入苯胺和甲醇三组分采用一锅反应法可以高效合成 MPC，反应所用催化剂有 CeO_2、Cu-Fe/ZrO_2-SiO_2 等，或使用 CeO_2 作为多相催化剂，实现了 CO_2、苯胺和醇一锅法合成脂肪族氨基甲酸酯。类似 CO_2 经过羧基化、羰基化或环化反应制精细化学品的报道已大量见诸报端。总之，CO_2 作为自然界最丰富的 C_1 资源，又是最主要的温室气体，其活化并增值为更高附加值的精细化学品具有重要的意义。除碳酸二甲酯和碳酸乙烯酯等少数反应外，CO_2 羧基化/环化反应大多数还局限于实验室研究阶段，其工业化推广的关键在于开发高效催化剂和探索合适的反应条件，即高效催化剂需要同时具备 L 酸/碱位点，用于活化环氧化合物和 CO_2 分子等。此外，反应体系需有利于 CO_2 的扩散和在溶剂中浓度的提高，在此过程中设计有利于气相扩散的新型反应器尤为重要。另外，在 CO_2 资源化利用更加绿色环保的前提下，改变反应多在高温高压下进行的弊端、提高催化剂利用率、降低副产物生成，是业界亟需解决的问题。最后，脱水剂、牺牲剂等的使用在很多反应体系中虽不可避免，但是需要权衡反应速率和由此带来的产物分离难易程度。

最后，加大 CO_2 基可生物降解功能材料全产业链的开发力度，提高市场对脲、碳酸酯、酰胺、氨基甲酸酯及其他高分子材料的需求导向是促进 CO_2 羧基化/羰基化反应制精细化学品的研发飞速发展的一条有效途径。

5.7 CO_2 转化为其他含氧化合物

5.7.1 CO_2 转化为乙醇

燃料乙醇作为重要的清洁能源，是化石燃料的最佳替代品之一。相比常规化石燃料，其污染小且符合环保要求，是重要的车船燃料，如作为汽油添加剂，在提高汽油性能（辛烷值和抗爆性等），降低 CO、NO_x 和碳氢化合物的排放等方面具有较大优势。乙醇作为燃料的另一个用途就是用作燃料电池的原料。与其他燃料电池相比（氢的能源密度小，甲醇毒性较大），乙醇燃料电池由于其能源密度高、易贮存及效率高等优点，使用起来安全、便捷；乙醇还作为重要的有机化工原料，制取乙烯、乙醛、乙醚、乙酸乙酯、乙胺等化工产品，同时也是制取染料、涂料、洗涤剂等产品的原料；乙醇因优良的溶解性和较低的毒性，常用作溶剂和消毒剂（如生物学中叶绿素等的提取、医疗中的医用酒精等）。乙醇一般通过石化路线如乙烯水合或高昂的生物发酵方法制得，也可以通过煤炭或生物质等气化为合成气后催化转化合成。

以 CO_2 为碳源，通过热催化方式合成乙醇是具有应用前景和市场潜力的新途径。根据目前研究报道，热催化 CO_2 转化为乙醇的方式主要有：①利用甲烷干重整技术将 CO_2 和 CH_4 共转化为乙醇；②CO_2 经加氢转化为乙醇。对于第一种转化工艺，借助双金属催化剂（如 Pd 基双金属或 CoCu 催化剂等），在极高的温度（>800℃）下通过两步合成法将 CO_2 和 CH_4 成功地转化为乙醇。该技术的关键在于所用催化剂不但具有能够实现 CO_2 吸附和活化的活性位，同时也能促进 CH_4 脱氢和 C—C 偶联反应的进行。例如，以沉淀-沉积法制备 Zn-Ce/ZSM-5 催化剂，并利用两步合成法实现热催化 CO_2 与 CH_4 偶联为乙醇的反应。由于形成了丰富的 Zn-O-Ce 界面，Zn-Ce/ZSM-5 复合催化剂在 150℃和常压下，得到唯一液体产物乙醇，且生成速率高达 161.0μmol/(g·h)。为验证反应路径及乙醇来源，分别在 $CO_2+H_2+H_2O$、$CH_4+H_2+H_2O$ 和 $CH_4+CO_2+H_2O$ 三种气氛下测试所制备的 Zn-Ce/ZSM-5 催化剂的反应性能及产物。结果表明，在 CO_2 和 H_2 气氛中未检测到产物，说明该催化剂对 CO_2 加氢反应不具有催化能力。当体系中没有 CO_2，但 CH_4 和 H_2O 共存时，发生了少量甲烷被水氧化为甲醇的反应，产率为 1.8μmol/(g·h)。在引入 CO_2 至 CH_4 和 H_2O 中后，除甲醇外，同时获得乙醇，

这进一步表明 CH_4 和 CO_2 偶联可以促成 C—C 键的形成并最终获得乙醇。从反应机理来看，由于 Zn-Ce/ZSM-5 催化剂在反应中形成大量氧空位和包含于 Zn-O-Ce 界面的 $ZnOH^+$ 和 Ce 物种，加之在沸石中存在适量的中强酸/碱中心，CH_4 首先吸附于 $ZnOH^+$ 位点并解离成 CH_3^* 和 CH_2^*，同时 CO_2 吸附到与之相邻 Ce 位点的氧空位上并活化为 CO^* 和 COO^* 中间体。之后 COO^* 与 CH_3^* 相互作用形成 CH_3COO^*，而 CH_2^* 插入 CO^* 后形成 CH_2CO^* 中间体，从而实现 C—C 偶联。CH_3COO^* 和 CH_2CO^* 中间体经过加氢最终生成乙醇[139]。

对于通过热催化将 CO_2 加氢转化为乙醇，这一过程由于较大的技术优势而具有较高的应用潜力。虽然近年来在该方面取得了较大进展，但乙醇选择性及产率低、副产物较多等问题仍然困扰着该技术的进一步发展。此外，双/多活性位点的多功能协同催化可以突破单活性位点催化剂的反应限制而受到日渐增多的关注，但复杂的组成和组分间相互作用原理等困扰着该类催化体系的发展和应用。本部分内容将对热催化 CO_2 加氢转化为乙醇的研究进行详细而深入的探讨，剖析催化剂不同组分、结构及多功能活性位之间的协同作用对 CO_2 转化以及各类活性物种的介入对于乙醇生成的促进作用，同时考察影响 CO_2 加氢制取乙醇的各种因素，并对现存几种反应机理和路线进行了讨论与分析，为 CO_2 加氢制备乙醇的催化剂合理设计、合成工艺条件优化以及催化机理的探究提供参考。

5.7.1.1 CO_2 加氢制备乙醇反应机理

由于 CO_2 极强的化学惰性和较高的 C—C 偶联势垒，通过 CO_2 加氢直接生成含多个碳原子的产物具有很大难度。因此，从反应机理来看，部分学者认为，CO_2 分子首先吸附于金属活性位并解离为 CO 中间物种，之后 H 原子和 CO 插入，实现 C—C 偶联并最终形成乙醇。该反应过程中，催化剂表面 CO 解离和 CO 插入是合成乙醇的关键步骤。更多的学者倾向于 CO_2 直接加氢为甲醇，而甲醇经同系化反应后变为乙醇。从热力学角度来看［式（5-4）～式（5-7）］，CO_2 加氢制乙醇的总焓变为负值，属于放热反应，且反应的平衡常数较大，从热力学平衡移动的角度来讲低温有利于乙醇生成。但是，该反应对催化体系的要求比较苛刻，如催化剂需要具备双活性位点协同作用来完成催化 CO_2 活化和 C—C 偶联，否则甲醇、甲烷等 C_1 产物的生成不可避免，极大地增加了反应的难度。加之碳中间物种（$^*CO$、$^*CH_xOH$ 和 $^*CH_x$ 等）容易直接脱附或反应为 CO、CH_3OH 和 CH_4 等副产物，以及中间物种之间的链增长难以控制而易生成各种不同碳数的产物，进一步增加了该催化反应机理的复杂性。下面就广受争议的几种反应机理进行详细论述（图 5-29）。

$$CO_2+H_2 \rightleftharpoons CO+H_2O \quad \Delta H^0_{298K}=+41kJ/mol \tag{5-4}$$

$$2CO+4H_2 \rightleftharpoons CH_3CH_2OH+H_2O \quad \Delta H^0_{298K}=-255.9kJ/mol \tag{5-5}$$

$$2CO_2+6H_2 \rightleftharpoons CH_3CH_2OH+3H_2O \quad \Delta H^0_{298K}=-173.6kJ/mol \tag{5-6}$$

$$CO_2+3H_2 \rightleftharpoons CH_3OH+H_2O \quad \Delta H^0_{298K}=-50kJ/mol \tag{5-7}$$

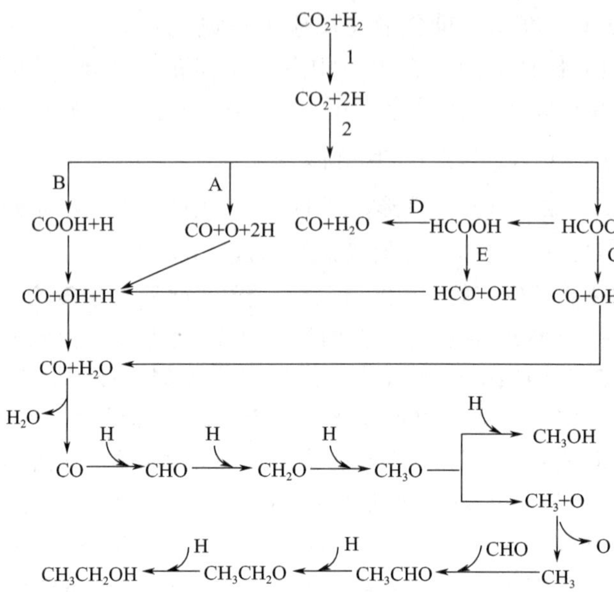

图 5-29　CO_2 加氢制备乙醇机理

(1) CO 插入机制

这种机理也可被认为是 CO_2 转化为 CO 和合成气转化为乙醇两个反应的结合，以 Fe 基和 Co 基催化剂为代表。首先，通过 RWGS 反应将 CO_2 还原为 CO，经催化活性组分吸附活化后的 CO 发生解离并与活性 H 形成 CH_x 中间物种，而部分未解离的 CO 直接插入 CH_x 中，最终与吸附活化的 H 原子发生反应，而形成乙醇。反应过程中还伴随着一些副反应，如烷烃的产生以及中间体的相互转化。通过 RWGS 过程将 CO_2 转化为 CO，不仅可以降低反应能垒，而且在 CO 活化解离为 CO^* 之后的反应中可以促进 C—C 偶联，为生成乙醇等多碳产物提供良好的条件。但是，对催化剂来说，合成高碳链的化合物需要同时协调 CO_2 吸附/活化、C—C 键形成和有序加氢等问题。过程中所产生的高活性自由基如甲酰基（CHO^*）等很难及时进行 C—O 键断裂和 C—C 键偶联，或过度加氢为烷烃，所以甲烷、甲醇等 C_1 产品和其他烷烃产品的生成难以避免。

(2) 甲醇同系化机制

部分学者发现，CO_2 加氢所制乙醇中的 C 原子是由甲醇形成的，水可以促使甲醇质子化从而使其更方便解离成 CH_3^* 物种，而该物种可以进一步与 CO 反应，产生 CH_3CO^* 并经后续加氢反应转化为乙醇，以 Cu 基催化剂为代表。在该路线中，过渡产物甲醇分解得到的甲氧基是 C—C 偶联的重要中间体。乙酸甲酯作为合成乙醇的最后中间体，对乙醇选择性提高起着关键的作用。需要注意的是，甲醇在催化剂表面被原位羰化生成醋酸，醋酸经加氢过程生成乙醇；或者甲醇脱水偶联为二甲醚，随后二甲醚羰化反应生成乙酸甲酯，最终乙酸甲酯加氢生成乙醇。在部分催化体系中乙酸甲酯可以通过甲醇羰化反应直接得到。相比于 CO 插入机理，该路线虽经过甲醇合成、甲醇羰基化和加氢等增多了反应步骤，但每一步的高选择性提高了原料利用率，降低了乙醇分离和提纯难度，同时能够合理利用各步中的能量，降低生产能耗。

(3) 甲酸盐中间过渡机理

部分研究表明，以贵金属基催化剂等为代表，CO_2 通过 RWGS 途径在金属催化剂上转化为 CO 时，首先会产生 HCOOH 中间体，也就是说 CO_2 分子吸附在催化剂表面活性中心上未发生直接解离，而是与活性 H 原子共同形成 $HCOO^*$ 中间物种，$HCOO^*$ 在进一步分解的同时与 CH_3^* 物种偶联形成 CH_3CO^*，最后该物种加氢转变为乙醇。其中，$HCOO^*$ 依次转变为 CHO^*、CH_2O^*、CH_3O^*、CH_3^*、CH_3CHO^*、$CH_3CH_2O^*$，最后形成 C_2H_5OH。其中转化的关键步骤是 CH_3^*O 的形成及 CO 插入 CH_3^* 后的逐步加氢过程，而决定生成速率和碳链增长的关键步骤是 CH_3O^* 解离为 CH_3^* 和 O^*。由于 $HCOO^*$ 分解为 CHO^* 比 CO 氢化为 CHO^* 所需能垒更低，同时 CHO^* 自由基间距明显减小，使 C—C 偶联变得容易，所以，以甲酸盐为中间产物生成乙醇的反应路径可能具有更高的转化效率。

虽然 CO_2 加氢制备乙醇存在三条不同的反应路径，但是每种反应机理之间也存在着一些必然的联系并面临共同难题，如都需要平衡 CO_2/H_2 活化吸附和 C═O 键断裂、C—C 偶联和加氢程度等之间的关系，这就要求催化剂能够提供充足且分布合理的多活性位，以促进中间产物的演变和串联反应步骤的有序进行。此外，将不同机理中的相关步骤进行耦合，提高反应中间体的利用效率，是提高 CO_2 转化率、乙醇选择性和产率的关键。

5.7.1.2 催化剂及其影响因素

CO_2 加氢制乙醇所用的催化剂主要有贵金属如 Pt 基、Rh 基、Ru 基、Au 基等催化剂，以及 Cu 基、Fe 基、Co 基等过渡金属催化剂，还有 In_2O_3 等金属氧化物新型催化剂。所用载体通常是分子筛、金属氧化物、钙钛矿、二氧化硅、有机骨架材料或金属碳化物等。其中，贵金属催化剂虽然活性和乙醇选择性较高，但催化剂高昂的价格限制了其在工业生产中的广泛应用。而非贵金属催化剂在低温下的性能较差，提高反应温度后容易促进副反应如 RWGS 的发生，使 CO 等副产物增多、产物分布变广，增大了产物分离难度。

(1) 贵金属催化剂

众多学者致力于贵金属催化剂的改性研究。在 Pd 基催化剂制备方面，Huang 等人[140] 精心设计了高度有序的 Pd-Cu 纳米催化剂负载于纳米 TiO_2 上，实现了高达 92.0%的乙醇选择性。详细的机理研究后发现，CO_2 分子吸附活化后形成的 $^*CO$ 加氢为 $^*HCO$ 是整个反应的决速步骤。2023 年 5 月，江南大学某教授团队创新性地采用结构封装法，构筑了纳米“蓄水”膜反应器。具体过程为首先利用超声辅助浸渍法将双 Pd 前驱体封装至 Ce-MOFs 中，高温焙烧后可得 CeO_2 负载 Pd-Pd 双原子催化剂，之后通过在其表面包覆疏水 SiO_2 壳层，成功制备了既能够封装 Pd-Pd 双原子活性位点又可以富集水分的纳米反应器[141]。在 240℃、3.0MPa 反应条件下，将其装于连续流动的固定床反应器中，可实现 CO_2 定向转化为乙醇［选择性 98.7%、产率 11.6g/(g_{Pd}·h)］，同时无 C_1 产物生成。其优异的催化性能源于 Pd-Pd 双原子之间的协同作用高效地将 $^*CH_xOH$ 过渡物种中的 C—O 键断裂为 $^*CH_x$ 自由基，同时 $^*CH_x$ 与 $^*CO$ 物种因 Pd-Pd 双原子活性位点的富电子结构而高度活化并发生 C—C 偶联。此外，纳米反应器的疏水 SiO_2 壳层可以富集反应过程中原位生成的水，因此 Pd-Pd 双原子位点的稳定性增强，所构建的 Pd-Pd 双原子位点催化剂在连续 60h 的乙醇合成反应中表现出优异的稳定性。

Rh 基催化剂在 CO_2 加氢合成乙醇方面显示出巨大的潜力，不过反应通常在高压釜内（部分在连续流动的固定床反应器），借助水作为溶剂辅助完成。例如，构建活性 Rh-TiO_x 界面位点可以实现高效催化 CO_2 加氢制乙醇。研究在不同晶相组成如锐钛矿、金红石和 P25（平均粒径为 25nm 的锐钛矿和金红石混合相 TiO_2）的 TiO_2 上合成的 $RhFeO_x$ 催化剂发现，$RhFeO_x$/P25 催化剂呈现出高分散的 Rh 纳米粒子，并在锐钛矿/金红石界面处形成了丰富的 Rh^0-$Rh^{\delta}O_v$-Ti^{3+} 界面位点，该界面位点在反应过程中起到了至关重要的作用，即 Rh^0 位点促进了 CO_2 的活化和加氢，而 Rh^0-$Rh^{\delta}O_v$-Ti^{3+} 界面位点则促进了 C—C 偶联生成乙醇。进一步优化后的 $RhFeO_x$/P25 催化剂展现出高的乙醇时空产率［18.7mmol/(g_{cat}·h)］和 TOF_{Rh}(544.8/h)，同时乙醇选择性达到了 90.5%。将 Rh 原子嵌入 Ti 掺杂的 CeO_2 载体上可制得 Rh/$CeTiO_x$ 单原子催化剂，在一定反应条件下（水溶剂中、250℃、3.0MPa、H_2/CO_2=3∶1、5h、400r/min），Ti 掺杂和 Rh 单原子之间的协同效应使得该催化剂在 CO_2 加氢中展现出优异的催化性能，如乙醇选择性接近 99.1%、TOF 达到纪录值（493.1/h）[142]。经过详细表征后发现了乙醇选择性显著增长的原因，即 Ti 的掺杂促进了 CeO_2 中氧空位的形成，所以载体酸性显著提高，同时 Rh 单原子的电荷密度增大，所形成的氧空位-Rh 路易斯酸碱对不但有利于 CO_2 的吸附、活化，而且加速了 CH_xOH^* 和 $COOH^*$ 断裂为 CH_x^* 和 CO^* 物种，随后两物种间发生 C—C 偶联继而加氢为乙醇。催化剂稳定性提高是因为 Ti 的掺杂可以诱导载体结构重构，而 Rh 与载体的相互作用增强，Rh—O 键长得以缩短，Rh 单原子的迁移和聚集得到有效抑制，从而使其经过高温反应后的高分散性仍得以保留。通过调节活性金属位点的配位和电子环境来提供高效的含 Rh 位点对催化体系，可实现位点对在 CO_2 加氢高活性、高选择性合成乙醇反应中较高的协同催化性能。如 P 取代原子分散的 Rh-N_4 中的 N 原子后形成 Rh-N_3P_1 位点，可实现高效 CO_2 选择加氢制乙醇（图 5-30，参见彩插）[143]。在该策略中，鉴于 MOFs 材料分散金属位点和空间限域的特性，通过水热合成过程将三苯基膦（PPh_3）原位封装在 ZIF-8 中并与 Rh 前驱体混合，之后将其作为模板与含氮碳源在惰性气氛下经高温（950°C）热解后，最终所得原子分散的 Rh-N_3P_1 位点对可以使 CO_2 加氢产物由甲醇为主（91.3%）转变为乙醇为主要产物（81.8%），同时 TOF 高达 420.7/h。乙醇生成和 CO_2 转化的显著提升（高出 69%）由于 Rh-P 位点对中 P 原子的供电子效应，提高了对 CH_3OH^* 中 O 原子的亲和力，拉长了 C—O 键的键长，从而有效削弱了 C—O 键能，促进 CH_3OH^* 分裂为 CH_3^* 以及 CO^* 与 CH_3^* 的耦合。

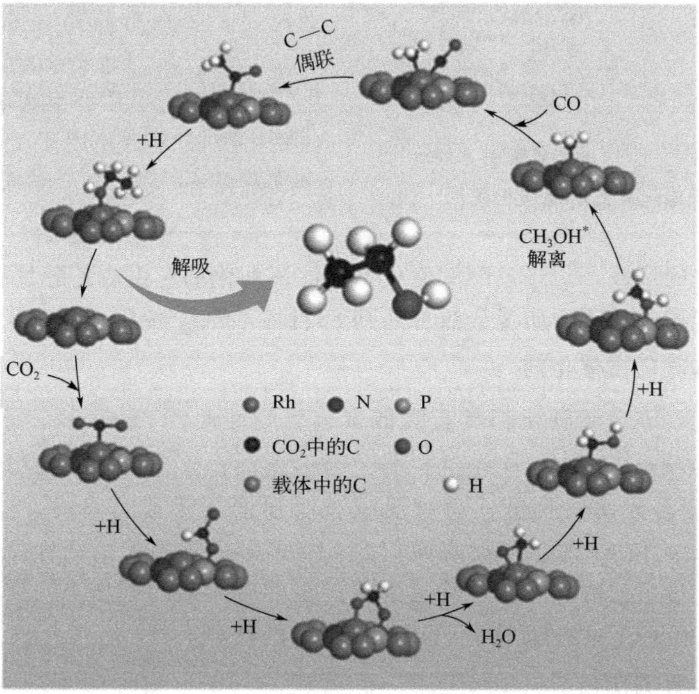

图 5-30 P 取代 Rh-N_3P_1 原子分散位点对用于高效催化 CO_2 加氢制乙醇[143]

其他贵金属作为活性组分所制备的催化剂在 CO_2 加氢合成乙醇方面也显示出较好的活性，如 Pt/Co_3O_4 催化剂可以在温和条件下（140～220℃）、水/1,3-二甲基-2-咪唑烷酮混合溶剂中催化 CO_2 加氢制乙醇及其他多元醇[144]。通过同位素示踪技术，发现该反应通过甲醇中间体生成乙醇，而且水汽和 Pt/Co_3O_4 催化剂之间较强的协同作用会加速反应过程的进行和乙醇的生产。

(2) 双金属催化剂

Wang 等人[145] 采用独创的 Fe-Cu 复合多功能催化剂将 CO_2 转化为乙醇，通过对催化组分表界面性质和空间组合方式进行调控，合理有序地引导中间产物的生成，获得优异的乙醇选择性和较高的 CO_2 单程转化率。除此之外，该多功能催化剂易于制造、再生和回收，适合进行工业化应用。Qian 和 Han 等人[146] 以二甲醚

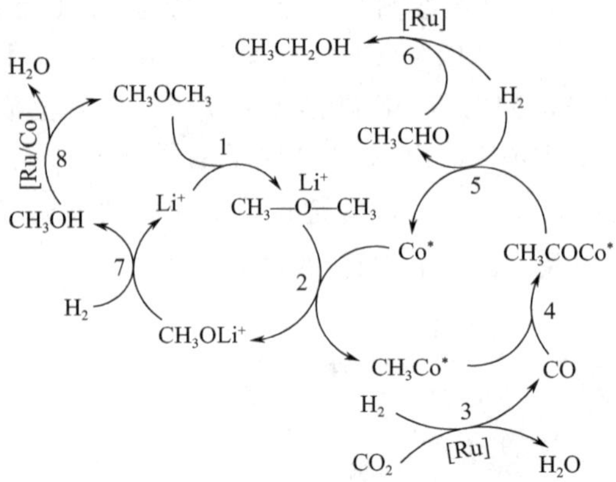

图 5-31 利用 Ru-Co 双金属催化剂进行 CO_2 加氢催化制乙醇反应机理图[146]

和 CO_2 共进料，借助 Ru-Co 双金属催化剂在 1，3-二甲基-2-咪唑烷酮溶剂中完成催化加氢反应，乙醇在液相产物中的选择性高达 94.1%，其在总产物中的选择性也接近 72%（图 5-31）。

(3) 复合氧化物催化剂

在非贵金属催化剂研究方面，Liu 等人[147] 采用柠檬酸络合法合成一系列 $LaCo_{1-x}Ga_xO_3$ 钙钛矿型复合氧化物前驱体，还原后得到 Co/La-Ga-O 复合氧化物催化剂并用于 CO_2 加氢直接合成乙醇的反应中。结果显示，由于 Co^0 和 $Co^{\delta+}$ 的协同作用，加之 Ga 的掺杂可抑制甲烷的形成，促进乙醇的生成，因此该催化剂对生成乙醇具有很高的选择性，如液相产物中的乙醇质量分数可达到 88.1%，CO_2 转化率为 9.8%。

(4) 金属碳化物催化剂

由于 Mo_2C 等金属碳化物具有类似贵金属的性质，Thompson 等人[148] 考察了 M/Mo_2C（M=Cu、Pd、Co 和 Fe）复合催化剂在 1，4-二氧六环溶剂中低温催化 CO_2 加氢制多元醇的性能，通过反应温度和掺杂元素的分析，在反应温度为 200℃，掺杂 Co 和 Fe 时，高比表面积的 Mo_2C 形成了独特的活性位，利于 C—C 偶联，因而促进了乙醇和 C_{2+} 产物的生成。在反应体系的创新上，适当引入甲醇、甲醛等与 H_2 和 CO_2 共同反应，可以提高乙醇的收率。

(5) 其他负载催化剂

负载催化剂中载体选取对催化剂整体性能的影响具有关键作用，以分子筛为例，具有四方晶系或斜方晶系的 β 分子筛可以与金属活性组分之间产生很好的协同作用，同时产生多种反应必需的中间产物。详细来讲，其能够限制吸附位点的 CO_2 活化能力，这样可以防止原料中 CO_2 充分还原。当部分 CO_2 有选择性地还原为 CO 后，在 Cu 活性中心的作用下，其通过加氢转变为 CH_3，而在上一步中保留下来未还原的 CO_2 有充分机会与 CH_3^* 反应生成 CH_3COO^*，为乙醇的合成提供了便利，同时抑制了甲烷、甲醇和甲酸等副产物的生成。此外，沸石晶体作为空间阻隔物，可以将活性金属包裹到其中，避免金属烧结和中毒，从而提高催化剂稳定性。又如，金属氧化物载体如 ZnO、TiO_2、Al_2O_3 及 ZrO_2 等表面含氧官能团（如表面羟基）可以作为金属原子的锚定位，对 CO_2 和 H_2 分子的吸附和活化有一定的帮助。另外，利用活性组分与金属氧化物载体表面酸碱性位点和缺陷位点之间的相互作用，不但可以显著改善催化剂的催化性能、调节中间物种分布、择优选取利于乙醇生成的反应路径并使各串联反应有序进行，同时也提高了催化剂在高温下的稳定性。例如，金属活性组分和载体表面上的氧空位形成了局部L酸-碱对，有力地促进了CO_2的吸附和活化。不同金属之间强的电荷转移，增强了表面氧化物的还原性，为C—C偶联提供了条件，提高了乙醇的选择性和催化剂的稳定性。部分学者认为，一些难还原金属氧化物载体会在反应过程中形成氧化物-金属界面，为CO_2活化和还原、C—C键耦合以及加氢过程提供便利条件并发挥良好的促进作用，还可有效抑制甲烷、甲醇等C_1产物的生成。另外，金属氧化物尤其是钙钛矿、尖晶石氧化物等具有丰富的氧空位，加之组成和结构高度可调以及体相和表面性质独特，可通过调整钙钛矿氧化物的体相和表面性质控制其氧空位的形成和消除，以此实现乙醇选择性和收率的提高。

5.7.1.3 反应条件的影响

在大多数研究中，CO_2经催化加氢转化为乙醇的反应温度通常在200～300℃、压力为3～6MPa、H_2/CO_2为（3～5）∶1，反应器主要使用固定床或浆态床反应器，部分研究者也使用间歇反应器如高压釜等。

（1）反应温度

由于CO_2催化加氢制乙醇为放热反应，低温有利于反应平衡正向移动，但CO_2转化为CO的RWGS为吸热反应，且反应过程中所用催化剂需要在较高的温度下才能提供较高的催化活性。因此，反应温度的选取不仅需要考虑其有助于提高CO_2转化率和乙醇的选择性，同时也要兼顾其能够有效提高催化剂的活性。

（2）反应压力

由于该反应为体积减小的过程，更符合热力学上反应平衡移动的原则。在其他条件不变的情况下，一定压力范围内增大压力会起到CO_2转化率提高的效果。但是当压力过高或超过一定值时，压力的变化不但无法提高乙醇的生产效率，反而会因为过高的压力对反应器的材质要求苛刻且增大生产成本和安全成本。因此，适当的反应压力是必要的，能够促进反应的正向进行，但不能因此而过分提高生产成本。

（3）氢碳比（H_2/CO_2）

由于加氢制取乙醇的反应中，部分CO_2还原为CO后，容易被过量的H_2还原为CH_4等过度加氢产物，因此，选择合适的氢碳比，一方面需要保证反应中有足够的活性H物种，另一方面要避免过度加氢现象的出现。

（4）空速

提高空速就意味着CO_2和H_2等反应物与催化剂接触时间缩短，从而导致较低的转化率。虽然降低空速会延长反应物在催化剂表面的停留时间使得转化率提高，但是中间物和产物容易过度反应，使得副反应增多，所以对目标产物的选择性和产率是很不利的，这种为提高CO_2转化率而牺牲乙醇选择性和产率的手段是不合适的。因此，探究CO_2加氢制乙醇反应的最佳空速也是提高催化效率必要的策略。

(5) 反应器及反应体系

反应器类型通常显著影响催化反应过程中传质、分离和活性中间物种及其可能发生的二次反应等因素。CO_2 加氢制乙醇所用反应器主要是固定床或浆态床反应器。前者因操作简单、工艺成熟且容易分离催化剂和产品等，使用较为广泛。反应器使用压力一般为常压～10MPa，反应温度为室温～600℃。但由于 CO_2 加氢制乙醇的强放热性质以及结构原因，固定床容易产生径向和/或轴向温度梯度，使床层温度分布不均匀，若局部热量无法及时移除，温度过高会导致催化剂烧结和/或积碳而失活。浆态床反应器则可以避免或缓解该类问题的发生，例如其具有床层压降低、床层内温度分布均匀且易于控制、在反应过程中可更换失活或粉化的催化剂等优点，与固定床反应器相比，更易于连续操作且操作成本降低，因而在很多场合中常常用到该类反应器。最为重要的是，高压浆态床反应器内的反应环境能抑制 CO、CH_3OH 等反应性中间产物快速脱离反应体系，从而更有利于该类中间物种的二次反应以调控产品选择性，促进碳碳偶联生成乙醇。例如，对比 Fe-Cu 复合多功能催化剂在固定床以及浆态床中的 CO_2 加氢活性后发现，由于浆态床反应器实现了对床层内放热反应所产生热量的有效移除，多重反应相之间的接触效率增大，因而显著提高了传热和传质速率，所以乙醇等碳氢化合物产率显著增大。

但是，浆态床反应器也存在众多问题，如其对浆液的稳定性要求较高、容易发生床层内返混、反应后产物和催化剂分离难度增大等。针对这些问题，众多科研人员也做出了一些有益尝试。如图 5-32 所示（参见彩插），将 LiI 助剂引入多相浆态床 CO_2 加氢反应体系中，构建了新型“双相路易斯酸碱对”催化体系，并以水或甲醇作为反应溶剂，实现了 CO_2 制乙醇极高的转化率和催化活性，如乙醇选择性近 100%，其时空收率从 5.75mmol/(g_{cat}·h)（水为溶剂）增加到 223.1mmol/(g_{cat}·h)。这种“双相路易斯酸碱对”催化体系（$Rh_1/CeTiO_x$+LiI）能够有效活化 CH_3OH 分子的 C—O 键，促进其与 CO_2 共转化加氢形成乙醇。理论计算与表征结果表明，溶液中具有 L 碱性的 Li^+ 和 L 酸性的 I^- 能够通过协同极化作用，削弱 CH_3OH 中的 C—O 键强度，形成具有更弱 C—I 键能的 CH_3I^* 物种，其在催化剂表面更容易解离形成 CH_3^*，提升了非均相催化剂表面 CH_3^* 浓度，进而加速乙醇生成。乙醇形成主要遵循 $HCOO^*$ 与 $COOH^*$ 中间体协同反应的机理路径。前者经过加氢得到 CH_xOH^*，并进一步解离、加氢形成 CH_3^*，后者有利于 CO^* 的形成，并与 CH_3^* 偶联后加氢形成乙醇。

$$2CO_2+6H_2 \xrightarrow[250℃,3MPa,H_2O]{LiI,Rh_1/CeTiO_x} C_2H_5OH+3H_2O$$

$$CH_3OH+CO_2+3H_2 \xrightarrow[250℃,3MPa]{LiI,Rh_1/CeTiO_x} C_2H_5OH+2H_2O$$

5.7.2 CO_2 加氢制高碳醇

高碳醇（$C_{3+}OH$）是重要的基础化工原料，C_3～C_5 短链醇除了可用作液体燃

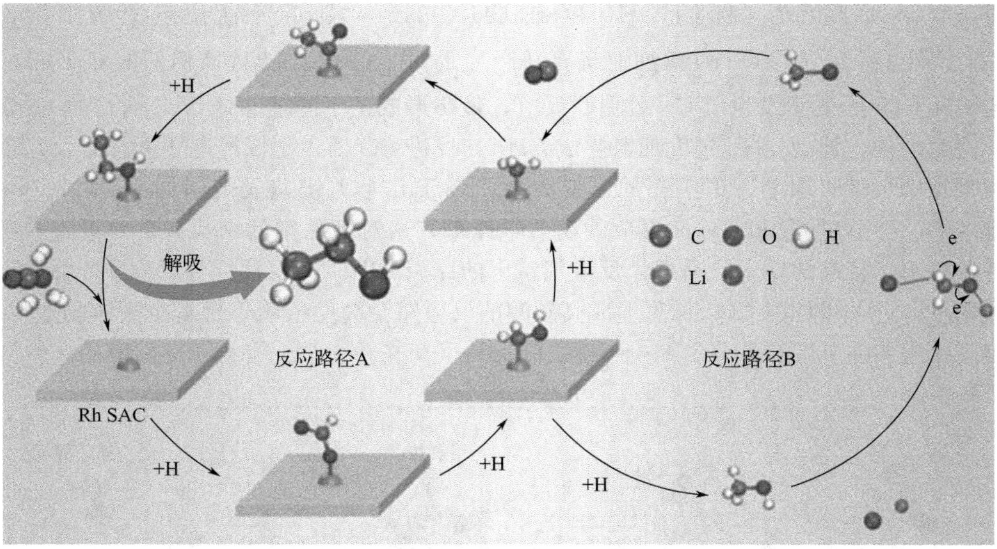

图 5-32　构建“双相路易斯酸碱对”体系协同催化助力 CO_2 加氢一步合成乙醇[149]

料直接使用外，还可以作为清洁的汽油添加剂以提高辛烷值，或者作为生产颜料、涂料等的绿色溶剂；C_6～C_{22} 长链醇则广泛用于生产表面活性剂和其他洗涤剂等。其传统制备方式为工艺流程长、能耗高的石化方法，当然，通过煤化工尤其是 C_1 路线也可以高效生产高碳醇。但是从缓解对化石资源的过度依赖、保障国家能源安全以及符合相关行业“双碳”目标的实现等角度出发，通过 CO_2 加氢合成高碳醇可以部分地保留其中的氧原子，具有更高的原子经济性，该过程也属于“绿色”生产工艺。所得“绿色含氧产物”不含硫且 NO_x 含量较低，可以替代传统的高碳燃料或作为燃料添加剂，也可以广泛用作化工基础原料生产洗涤剂、表面活性剂、聚酯等精细化工产品。高碳醇作为碳中性化学品或液体燃料，还可以应对碳边境调节机制，形成一条以 CO_2 为能源化工原料的高附加值化利用新技术产业链。

5.7.2.1　CO_2 加氢制备高碳醇反应机理

CO_2 加氢制高碳醇反应面临着巨大的挑战，其热力学稳定性高、CO_2 加氢平行反应众多、C—C 偶联步骤难以控制等。此外，高碳醇的合成需要多个活性位参与。并且，在 C—C 偶联之前，还需要在烷基物种与含氧物种的形成之间取得某种平衡，这一切不利因素导致该研究（尤其是对反应机理及反应路径的研究）进展缓慢，但也留下了巨大的发展空间。

一些研究结果表明，在多金属催化剂上通过 CO_2→乙醛→高碳醇途径实现了较高的高碳醇产量[150]。如图 5-33 所示（参见彩插），以正丁醇的形成机理为例，基于多元催化剂表面发生的 RWGS 反应，CO_2 转化为 CO 后，部分 CO 在不同的活性位点上分别转化为 CH_3O^* 和 CH_3^* 物种。CH_3^* 与另一部分 CO 相互作用生成 C_{2+} 含氧中间体，该中间体加氢转化为乙醛类过渡产物。随后，乙醛被金属活性位

重新吸附并活化为 CH_3CHOH^* 和/或 CH_2CHO^*，邻近活性位点上所吸附的 CH_3CHOH^* 包含的C—O键加速解离并产生了 CH_3CH^*，随后该相邻的 CH_3CH^* 与 CH_2CHO^* 之间发生了C—C偶联反应，最终形成正丁醇前驱体（C_4 含氧物）。需要注意的是，抑制 CH_x 过度加氢生成 CH_4 与促进CO插入生成醇醛中间体是反应的关键竞争步骤。综上，正丁醇的形成高度依赖于几个关键基元步骤如C═O/C—O键解离、C—C偶联和C—H形成的动力学速率，这对催化剂的结构尤其是活性位的性质提出了较高的要求。另外，反应气氛下的原位DRIFTS也捕捉到反应中间体羧酸盐物种，进一步说明 CO_2 加氢形成高碳醇的反应路径高度依赖于含氧中间体的生成，也间接表明在分解和非分解C—O键之间保持平衡在动力学上有利于高碳醇的产生。

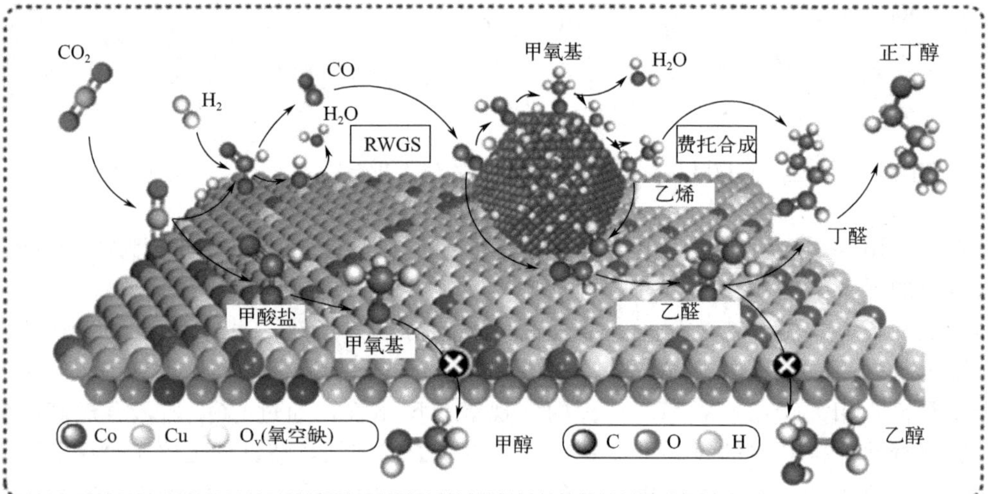

图 5-33　CO_2 加氢一步合成正丁醇反应机理及中间物种

5.7.2.2　催化剂及其影响因素

CO_2 加氢合成高碳醇催化剂包含改性F-T合成催化剂（Fe、Co和Cu基催化剂等）、Mo基催化剂（MoS_2、MoC_2 等）、贵金属（Rh、Pt、Pd等）催化剂和Ni基催化剂等，迄今为止的所有报道中，高碳醇产量不超过300mg/(g・h)。根据相关研究，现存催化剂存在甲烷及其他烃类选择性高的问题，而且混合醇产物中甲醇含量较高。例如，CO_2 加氢制多碳醇的催化体系研究，大都集中在将传统费托合成烃类催化剂改性，之后通过解离活化与非解离活化、加氢等多活性位点的协同耦合，最终实现多碳醇的合成。然而，多种活性中心通常存在一定空间距离，加之烷基物种偶联反应能垒通常低于CO插入能垒，所以其很难与CO快速偶联生成多碳醇，吸附的烷基物种间快速偶联形成高碳烃类，导致了较低的多碳醇选择性。因此，开发新型催化剂尤其是非贵金属基催化剂并探究其在 CO_2 加氢制备高碳醇反应过程中催化性能及高碳醇产量的提高具有重要意义。通过多种组分掺杂，实现对传统催化剂改性，使多活性位协同作用，是高碳醇合成行之有效的手段。例如，Ni 基催化剂应用于 CO_2 加氢反应通常得到 CO、CH_4、CH_3OH 等 C_1 产物，很少有高碳醇的合成。通过一系列不同金属修饰的 Ni 基催化剂，调变 Ni 催化 CO_2 加氢反应中间体和反应路线的选择性以及表面的 C—C 耦合能力等，可以成功开发出 Ni 基 CO_2 加氢制备高碳醇的催化剂新体系。其中，K-Zn 协同改性的 Ni 催化剂能够高效地将 CO_2 加氢转化为高碳醇，在 350℃、3.0MPa 等最优反应条件下，在该催化剂 Ni-Zn 双活性位的作用下，高碳醇的时空收率可达 62.7mg/(g·h)，且其在产物醇中占比高达 93.1%。但 Ga、Ce、Zr、Mg 等金属改性 Ni 催化剂只能将 CO_2 转化为 CH_4。该催化剂反应后的 XRD 表征结果表明，K 修饰的 Ni-Zn 双金属催化剂在反应气氛诱导下能形成 $Ni_3Zn_1C_{0.7}$ 金属间化合物，在该活性位上 C—C 耦合能垒降至最低，同时，K-$Ni_3Zn_1C_{0.7}$ 物种的存在可调控反应中间体的选择性，最终促进高碳醇的生成。作为对比，其他催化剂中金属 Ni 活性位是唯一反应催化中心，高碳醇产量几乎为零。所以，通过金属掺杂发展 Ni 基 CO_2 加氢制备高碳醇的催化剂体系，借助反应气氛诱导原位构建 K-$Ni_3Zn_1C_{0.7}$ 反应活性相，实现对反应中间体选择性地调控和 C—C 键形成速率的增长，突破了传统 Ni 基催化剂催化 CO_2 加氢甲烷化等反应和产物的局限性。

Cu-Co 串联体系是新型高效的 CO_2 加氢合成高碳醇催化剂，所得产物富含正丁醇及其他 C_{3+} 醇类。尤为引人注目的是，该富铜的双金属催化剂可以实现较高的高碳醇时空产率［80.8mg/(g·h)］。由于正丁醇合成过程涉及乙醛中间体在 Cu-Co 界面位点上 C═O 解离、C—O 键的断裂以及在 Cu 位点上的 C—C 键形成，Co 纳米颗粒均匀分布于树枝状 Cu 基底上，这种结构上的修饰平衡了催化剂表面 CH_x 和 CH_3O^* 物种的分布，并同时调节了 C—C 偶联反应速率，为正丁醇等 C_{3+} 醇的生成提供了便利条件。

锌铁尖晶石氧化物在 CO_2 加氢制甲醇反应中表现出优异的性能，当引入钠元素并经过氢气还原处理之后，诱导生成的活性位具有碳链增长能力（即 C—C 偶联），催化剂展现出了较强的费托反应活性。之后，引入碳化铁物相（Fe_5C_2）进行物相结构调控并成功得到 $ZnFe_2O_4/Fe_5C_2$ 界面，极大地推动了产物由甲醇向高碳醇的转变，并成功打破费托合成受 ASF 分布对含氧碳氢化合物生成的限制。与传统铁锌基催化剂不同，该催化体系能够获得较高比例的高碳醇。研究反应机理后发现，金属氧化物与金属碳化物之间所形成的界面对于高碳醇的选择性起着至关重要的作用。例如，$ZnFe_2O_4/Fe_5C_2$ 界面的形成可促进烷基物种的迁移及其与 CHO* 等含氧中间物种有效偶联，而这种碳链增长能力的提升大幅增加了含氧化合物中高碳醇的选择性。最终，在优化的反应条件下 CO_2 单程转化率可达到 40.9%，丙醇等高碳醇产率可达到 5.3%，远高于现有文献报道的最高值（2.1%），同时催化剂稳定性超过 230h（图 5-34，参见彩插）[151]。

5.7.2.3 反应条件的影响

通过改变温度、压力、H_2/CO_2（氢碳比）和气时空速等参数，可以实现 CO_2

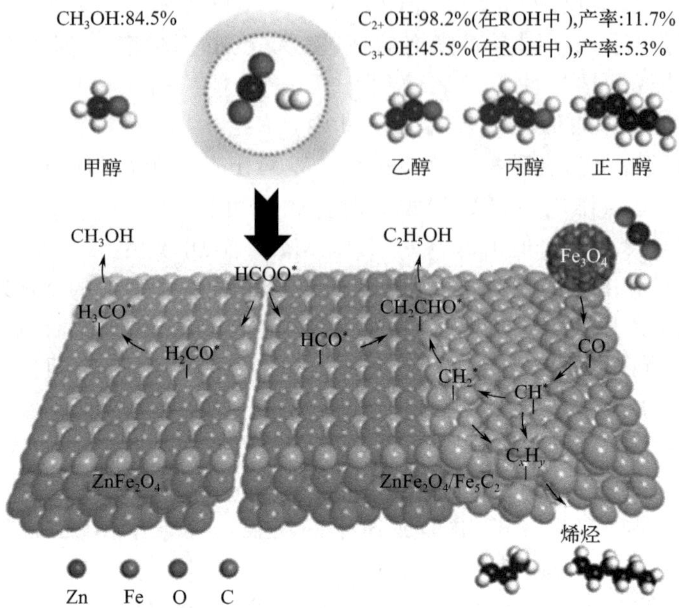

图 5-34　$ZnFe_2O_4/Fe_5C_2$ 界面处 CO_2 加氢一步合成高碳醇

加氢合成高碳醇催化剂对高碳醇选择性的优化。接下来将以 Cu-Co 双金属串联催化剂上进行的 CO_2 加氢合成高碳醇反应为例，说明反应条件对高碳醇选择性和产量的影响。

温度：随着反应温度从 300°C 升高到 330℃，CO_2 转化率从 10.8%增加到 22.1%，高碳醇选择性则从 8.3%增加到 27.4%，与此同时 CO 和 CH_4 选择性却分别从 48.5%和 50.5%降低至 20.5%和 18.0%。然而，过高的反应温度会对高碳醇的选择性不利，如进一步提高温度至 350℃后，高碳醇选择性迅速降低至 4.1%。此时 CH_4 和饱和 C_{2+} 烃类成为主要产物。这可能是高温促进了 C—O 键的断裂和烷基加氢活性，使得 CH_3O^* 和 CH_2CHO^* 等含氧中间体的生成减少。因此，受益于经催化剂强化的 CO 联合加氢活性，CO 的插入、CH_x 的形成和碳链增长（C—C 偶联）这三个高碳醇合成的先决条件在反应温度为 330℃时得到了很好的平衡。

压力：CO_2 加氢合成高碳醇反应的产物大多为液体，是典型的体积减小反应，所以原则上高压有利于提高 CO_2 转化率和液体选择性。实验结果也充分验证了这一点，在常压下，不但 CO_2 转化率较低（小于 10%），而且反应产物以 CO 和 CH_4 等气态 C_1 物种为主。当压力增高后，CO_2 转化率显著增大，进一步将反应压力增至 4.0MPa 后，反应对 C_1 产物的选择性降低，而对高碳醇的选择性增加。究其原因，较高的反应压力增加了催化剂上 CH_x 物种的覆盖度，从而抑制 CH_x 以

CH_4 的形式脱附，这样一来催化剂表面上 C—C 偶联反应的概率增大，所以碳链增长产物的选择性增大。

氢碳比（H_2/CO_2）：仍以 Cu-Co 双金属催化剂为例，当 H_2/CO_2 从 0.5 逐渐增大到 4 时，虽然 CO_2 转化率从 12.0%显著增加至 29.1%，CO 选择性也从 35.0%骤降至 10.0%。然而，CH_4 和石蜡 C_{2+} 烃却成为主要产物，高碳醇的选择性反而下降。此时，由于催化剂表面较高的 H_2 或 H 原子浓度，含碳物种覆盖度降低，含氧中间体的形成受限，高碳醇很难生成。所以，对于该催化体系来说，H_2/CO_2 为 1 时，碳氢覆盖度达到了平衡，因此可以获得较高的高碳醇收率。

空速：即使在消除了内外扩散的影响后，空速对 CO_2 加氢合成高碳醇的影响仍然比较复杂，一般来说，空速变化后，由于反应中间产物种类较多，其在活性位的停留时间长短的变化将影响反应路径的选择，继而决定高碳醇选择性的大小。例如，当空速从 2000mL/(g_{cat}·h）增加到 12000mL/(g_{cat}·h）时，CO_2 转化率从 22.1%降低到 15.0%，高碳醇选择性从 27.4%骤降至 3.0%，而 CO 选择性则从 20.8%增加到 40.0%。这可能是在高空速下，通过 RWGS 产生的原本吸附于活性位的 CO^* 大量脱附并被冲出反应体系，而不是参与后续反应，所以反应体系中 CO 浓度下降，导致高碳醇的选择性下降，CO 的选择性增加。从高碳醇产率方面来考虑，虽然空速增大后其选择性下降，但是两者相乘后所代表的空时产率也可能会增大。当空速为 5000mL/(g_{cat}·h）时，高碳醇的空时产率可达 80.8mg/(g_{cat}·h)，约为空速 2000mL/(g_{cat}·h）时的两倍。

5.7.3 CO_2 加氢脱水制二甲醚

5.7.3.1 反应机理

二甲醚由于其惰性、无腐蚀性、无致癌性和毒性，且在空气中长期暴露不会形成过氧化物，在常温下是比较稳定的简单脂肪醚（稳定性仅次于烷烃），可以取代氯氟烃生产气雾剂、制冷剂和发泡剂。此外，DME 具有较高的十六烷值和优良的压缩性且可以作为清洁燃料，是发动机燃料的理想替代品。二甲醚还是重要的化工原料，可经羰基化制乙醚、甲酯、乙酸、乙酐等，或充当甲基化试剂用于乙腈、药品与染料等的合成。DME 传统的合成工艺是以甲醇为原料，通过浓硫酸脱水制取，国内外由合成气经一步法可以大规模合成 DME，大多工艺均采用固定床或是浆态床反应器。CO_2 催化加氢合成 DME 既可以充分利用自然界中廉价丰富的碳资源来制取有用化学品，又可以解决 CO_2 所带来的温室效应，使碳资源得到良性循环。CO_2 催化加氢制 DME 的方法主要包括一步法和两步法，其中，CO_2 加氢一步法制 DME 是将 CO_2 加氢制甲醇和甲醇脱水两步反应结合于一个反应体系中，所用催化剂包含双功能组分，即甲醇合成组分（Cu、Pd 等）和甲醇脱水组分（γ-Al_2O_3、分子筛等固体酸），而两步法从原理上又分别以甲醇为中间体或以 CO 为中间体。

一步法中甲醇合成和甲醇脱水串联可同时进行，因而该技术具有流程短、能耗低的优势。同时，前一反应的产物（甲醇）是后一反应的原料，因此极大地促进了反应平衡的移动，从而获得较高的 CO_2 转化率。众所周知，CO 催化加氢合成 DME 作为 C_1 化工传统工艺已经非常成熟，虽然 CO_2 与 CO 的催化加氢反应机理具有一定的相似度，但需要注意的是，CO_2 加氢制 DME 和合成气制 DME 是两个不同的过程，其中催化剂的活性中心、反应物和中间物吸附形态、反应历程等均有明显差异。CO_2 加氢制 DME 的反应如下：

$$CO_2(g)+3H_2(g)═══CH_3OH(g)+H_2O(g) \quad \Delta H_{298k}=-49.46kJ/mol \quad \Delta G_{298k}=3.30kJ/mol \tag{5-8}$$

$$2CH_3OH(g)═══CH_3OCH_3(g)+H_2O(g) \quad \Delta H_{298k}=-23.51kJ/mol \quad \Delta G_{298k}=-12.10kJ/mol \tag{5-9}$$

$$CO_2(g)+H_2(g)═══CO(g)+H_2O(g) \quad \Delta H_{298k}=41.17kJ/mol \quad \Delta G_{298k}=28.64kJ/mol \tag{5-10}$$

由于酸性催化剂的作用，反应式（5-8）中生成的甲醇被迅速催化脱水并生成二甲醚等，使整体反应式（5-11）的平衡向右移动：

$$2CO_2(g)+6H_2(g)═══CH_3OCH_3(g)+3H_2O(g) \quad \Delta H_{298k}=-122.43kJ/mol \quad \Delta G_{298k}=-5.50kJ/mol \tag{5-11}$$

与甲醇合成及甲醇脱水两步法相比，该法因甲醇合成和脱水在同一反应器内同时进行而具有流程短、能耗低、促进反应平衡向右移动等优点，而且可以得到较高的单程转化率。从热力学角度来看，高压（2～20MPa）、低温（190～280℃）条件有利于该反应的进行。对大多数工艺来说，该反应所使用原料气的体积组成为 $H_2:CO_2=(2\sim5):1$，反应温度为 180～320℃，反应压力为 1.0～6.0MPa。

5.7.3.2 催化剂及其影响因素

CO_2 与 CO 的催化加氢反应机理具有一定的相似度，因此一开始大量研究人员将 CO 一步合成 DME 的催化剂应用于 CO_2 催化加氢合成 DME。但是很多研究结果表明，此类催化剂直接用于 CO_2 制二甲醚反应存在 CO_2 单程转化率较低、RWGS 反应过快及 CO 选择性偏高（35%～70%）、催化剂易失活等一系列问题。此外，过程中产生的水严重制约了反应的正向进行。借助膜反应器及时将反应过程中产生的水脱除，可大幅提高二甲醚收率。因此，将 CO_2 催化加氢与分离进行耦合，组建膜反应器+精馏复合体系是一步法工艺未来的发展方向。部分研究者已致力于该类新型反应器的开发和性能改进，如 Li、He 和 Huang 等人[152] 合成了 Cu-ZnO-Pt@HZSM-5 催化膜反应器，通过及时分离中间产物，突破了热力学限制，3.25MPa、280℃下 CO_2 转化率 41.1%，二甲醚选择性接近 100%。尤为显著的是，由于反应中产生的水分被及时移出体系，避免了水汽所导致的催化剂失活，所以该催化体系显示出了较强的稳定性。

传统的 CO_2 通过一步法制 DME 由于受到热力学限制和复合催化剂本身结构

的影响，生产效果不是很理想。对于双功能催化剂来说，其对 CO_2 加氢制甲醇和甲醇脱水制二甲醚均应有较好的活性，并且两种功能的有机结合和协同效应十分重要，即不仅是两种组分的简单加和，还要考虑催化剂活性中心附近的氧化还原性和酸碱性的强弱、在局部空间有利的相对位置等因素。所以，需要探究活性组成并巧妙设计催化剂结构以满足反应对催化剂的要求。此外，由于多功能复合催化剂结构的复杂性，加之甲醇合成组分容易烧结和团聚，脱水组分容易积碳且受水汽侵蚀后会造成结构塌陷，所以稳定性是该类催化剂面临的另一个棘手难题。众多学者就此问题展开了深入研究。Ikram 等人[153] 构建了具有核壳结构的羟基磷灰石纳米管负载 CuZnO-磷钨酸催化剂，CO_2 转化率 22.2%，DME 选择性可达 68.9%，同时催化剂显示出较强的水热稳定性。Mureddu 和 Cannas 等人[154] 设计了 Al-MCM-41、TiO_2、TiO_2-ZrO_2 等介孔固体酸，经过和 Cu-ZnO-Al_2O_3 简单混合后用于 CO_2 加氢一步制 DME，发现 L 弱酸性位相较强酸性位其水汽耐受性更好。Bensaid 等人[155] 则通过多种制备方法，实现了物理化学改性的 Cu 基复合催化剂，在 CO_2 加氢一步制 DME 中显示了良好的催化性能和稳定性。Qin 和 Ji 等人[156] 通过 La、Ce 修饰 Cu-Fe/HZSM-5 复合材料用于催化 CO_2 加氢直接合成二甲醚，La 和 Ce 显著降低了 Cu 的外层电子密度，因而增大了其分散度和 Cu-Fe 的还原性能，提高了 CO_2 转化率和 DME 选择性。Bahruji 等人[157] 将 PdZn 合金负载于纳米 ZSM-5 上，实现了在较低的反应温度下 CO_2 加氢制 DME。借助碳化藻酸模板和限域效应，Zhan 和 Huang 等人[158] 成功制备了纳米 Pd/In_2O_3 与 H-ZSM-5 复合双功能催化剂，用于二甲醚合成，展现了较好的催化效果和稳定性。

CO_2 加氢合成二甲醚是一个复杂的化学过程，催化剂特殊的结构和形貌往往会带来意想不到的效果，西北师范大学查飞教授课题组以及本书作者对 CO_2 加氢合成二甲醚催化剂做了大量研究工作。2009 年开始，紧跟国外科研热点，率先将核壳结构材料引入催化剂合成和应用当中。例如，通过原位水热合成制得具有特殊核壳结构的催化剂，该核壳催化剂由金属掺杂的非晶态硅-铝膜（微米厚度）包裹经共沉淀所得 CuO-ZnO-Al_2O_3 核（毫米大小）构成（图 5-35）。合成过程所使用的各种沉淀剂、结构导向剂、不同水热合成条件（反应温度、压力、Si/Al 和 pH 值等）对所得催化剂在 CO_2 加氢合成 DME 反应中性能变化的影响较大，同时 CO_2 加氢合成 DME 反应中氢碳比、反应温度、反应压力等因素对其催化性能的影响也不容小觑。例如，在反应温度 266℃、反应压力 3.0MPa、空速 1800mL/(g_{cat}·h) 和氢碳比 3∶1 的优化反应条件下，水热合成前驱液为弱碱性（pH＝8.2），由尿素沉淀所得金属核和正丁胺为模板剂包壳的核壳催化剂展现出良好的催化活性，CO_2 转化率可达 47.1%，DME 选择性和产率分别为 42.4%和 20.0%。由于独特的类核壳结构及松散多孔的金属掺杂壳层，在 CO_2 加氢一步制备 DME 反应中，甲醇合成和甲醇脱水两个串联反应可以在核壳催化剂内由核到壳顺序完成，不但提高了二甲醚的选择性，而且极大地促进了热力学平衡的移动，提高了 CO_2 的平衡转化率。

所以，在此催化剂上的 CO_2 转化率显著超过了传统方法制备的复合催化剂，更重要的是避免了副产品烷烃等的形成[159]。

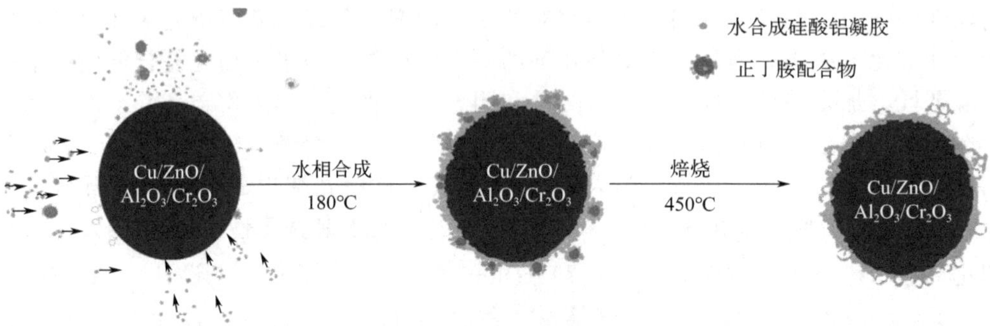

图 5-35 包裹了多孔无定形硅-铝膜的类核壳催化剂的合成

紧接着，本书作者以葡萄糖为碳源，同时混合了金属硝酸盐溶液，在 180℃ 条件下，运用水热法一锅合成吸附了大量金属离子的碳微球，之后该碳微球在空气中进行高温焙烧处理，成功制备出大小均匀的 CuO-ZnO-Al_2O_3 金属氧化物空心球或纳米粒子（图 5-36）。采用多种手段对其进行表征及活性评价后发现，在 2.8MPa、262℃、1800mL/(g_{cat}·h) 和反应原料气组成中 H_2/CO_2 为 3 的反应条件下，CuO-ZnO-Al_2O_3 金属氧化物空心球或纳米粒子与 HZSM-5（Si/Al=38）物理混合所得复合催化剂在 CO_2 加氢反应中表现出较高的活性。其中，空心球催化剂较常规 CuO-ZnO-Al_2O_3 催化剂不但显著提高了 CO_2 的转化率和二甲醚的产率（CO_2 转化率高达 39.5%，而二甲醚产率保持在约 10.4%），而且提高了催化剂的稳定性[159]。

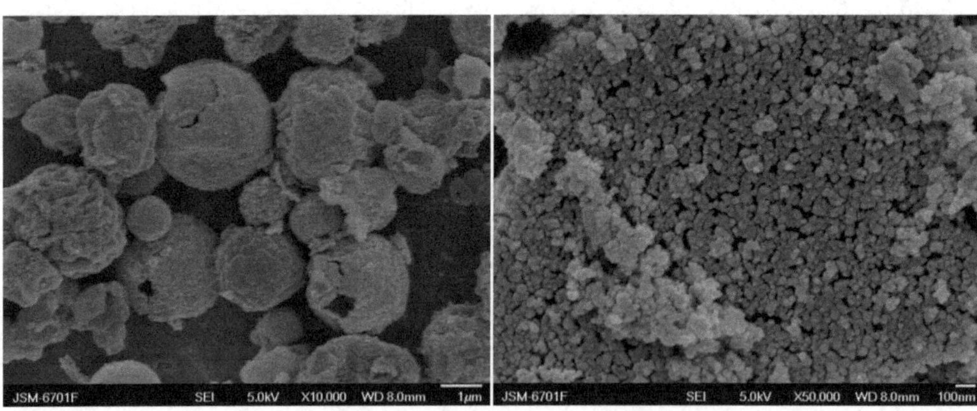

(a) (b)

图 5-36 CuO-ZnO-Al_2O_3 空心球（a）和 CuO-ZnO-Al_2O_3 纳米粒子（b）的 SEM 照片

5.7.4 CO_2 转化为乙酸

以 CO_2 为原料可以通过与其他物质化合制备乙酸。其中，由甲烷和 CO_2 合成乙酸（$CH_4+CO_2 \longrightarrow CH_3COOH$）是一种绿色且原子效率为100%的反应。根据理论计算及化学模拟结果显示，在25～727℃和0.1～30MPa下，该反应在均相条件下，热力学上不利于反应向生成乙酸的正向进行。在多相状态下，DFT计算对热力学进行了系统研究，发现通过调整原料组成（如加入 H_2 和水汽），反应在热力学上可以转为正向进行[160]。虽然催化剂只影响反应的动力学，不能改变反应的热力学，但需要注意的是，乙酸分子与活性位点之间的键合强度影响了该反应在多相状态下热力学能否有利于该反应的正向进行。如果乙酸分子和活性位点间的结合强度较弱，H_2 在压力的机械功作用下可以打破热力学瓶颈，从而有助于克服热力学障碍。反应中生成的水和乙酸之间的竞争吸附，也可以帮助打破热力学瓶颈。由 CH_4 和 CO_2 合成 CH_3COOH 所用催化剂有两类，一类是沸石负载催化剂（如Cu-ZSM-5、ZnO-CeO_2/MMT和Zn-ZSM-5），另一类是金属氧化物催化剂（如Pd/TiO_2、ZrO_2/TiO_2 和Pd/ZrO_2 催化剂）。多相体系中该反应机理较为复杂，以二元Co/Pd催化剂为例，CH_4 吸附于Co活性位上并转变为 CH_{x-1}^*（x 为0或1）和活性H原子，而 CH_y^*（y 为1～4）和 CO_2 吸附于活性位上并转化为 CH_yCOO^*，以上过程均为热力学可行过程。较强的B酸位点将有利于 CH_3COO^* 和 H^* 结合为乙酸。

5.7.5 小结

① 通过RWGS将 CO_2 转化为合成气后需进行费托合成制多碳醇，而费托反应本身就很复杂，所以 CO_2 加氢制多碳醇的反应机理和产物分布更加复杂，醇、醛、烯、烷在气相、水相、油相均有分布。因此，针对传统催化体系中 CO_2 加氢制多碳醇存在选择性难以精准调控的问题，发展关于C—O活化、C—C偶联等关键步骤精准控制的新策略及新机制，通过强化双/多活性位的界面接触程度、强化含氧物种插入以提高多碳醇选择性。此外，基于原位动态多谱学联用表征手段，在准原位反应条件下，跟踪催化结构与催化反应历程，捕捉与目标产物生成相关的催化剂活性结构和关键中间物种，进一步明晰复杂反应网络。在获得催化活性位点和中间物种的动态结构的同时，也需明晰反应动力学随催化剂结构的动态变化过程，以获得活性中心-表面物种-反应动力学间的动态依赖关系。以上结果最终可以指导高性能催化体系的理性设计与精准创制。

② 利用 CO_2 加氢合成二甲醚具有十分重要的意义，国内对此反应的研究基本上还处在实验室阶段，研究中存在的主要问题是 CO_2 转化率低及二甲醚选择性差。对于该技术，未来研发重点在于开发双功能催化剂并实现加氢-脱水双功能活性位的有序结合，最终将 CO_2 加氢后形成的甲醇在催化剂原位脱水为二甲醚，以提高二甲醚收率。

5.8 CO_2 转化为碳基材料

碳基材料具有较高的比表面积等良好的结构性能，广泛应用于储能、电化学、传感器和生物医疗等领域。例如，碳纳米复合材料具有质轻、强度高、热稳定性高的特点，是钛基和铝基等轻合金的优质替代品。作为有效碳源，将 CO_2 转化为碳基材料既可以变废为宝，又可以减少排放，因此成为当前研究的热门方向。但是，CO_2 转化为碳基材料也面临着诸多挑战。一方面，为克服极高的化学惰性，需要高温高压或催化剂的协同作用才能实现 CO_2 转化。另一方面，碳基材料需要克服杂质控制、形貌调控和性能优化等问题，使得制备过程复杂。目前，该类研究已取得了一定的进展，例如，光催化 CO_2 还原制备具有优异光催化性能的碳量子点和石墨烯等、电催化 CO_2 还原制备具有高比表面积和储能性能的多孔碳和氮掺杂碳等材料、等离子体诱导的碳化反应制备具有高比表面积和导电性能的碳纳米线和碳纳米管等材料，以及碳纳米花、碳纳米球和碳纳米带等具有独特的形貌和性能的新型碳基材料。但以上研究均是基于光催化、电催化和等离子体催化等方法，以热催化方式制备碳基材料报道还较少。若从 CO_2 中提取碳并将其转化为碳基材料，需要提供超过 1000℃的温度，这不但增加了设备和操作负担，而且对于 CO_2 减排来说并不现实。

5.8.1 CO_2 转化为碳纳米纤维

如图 5-37 所示，某研究团队开发出一种以 CO_2 为原料、耦合电催化-热催化过程、组合碳负载的钯电催化剂和铁钴合金制成的热催化剂生产碳纳米纤维的新方法，再把碳纳米纤维应用到水泥、生活制品当中，将“碳”封存在固体物质中，实现长期固碳的目的。整个反应可以在相对较低的温度（370～450℃）和环境压力（0.1MPa）下进行，不仅成功合成碳纳米纤维，还得到氢气等附加产品，反应具体分成两个阶段：首先由碳负载钯电催化剂通过逆水煤气变换反应将 CO_2 和水分解为 CO 和 H_2，这是因为 CO 相比 CO_2 是更好的制造碳纳米纤维的原始材料；接下来，铁钴合金在约 400℃下将 CO 热催化转化为碳纳米纤维，该反应温度相较将 CO_2 直接转化为碳纳米纤维所需的温度低得多，所以更适合工业应用。其中，金属钴的添加可以促进碳纳米纤维的形成。随着碳纳米纤维的生长，催化剂被推离表面，反应结束后可以利用酸将金属浸出浓缩，重新回收制成催化剂。华盛顿大学、特拉华大学联合课题组使用集成系统从 CO_2 中 3D 打印碳纳米复合材料，该系统也是首先将 CO_2 通过电催化转化为 CO，然后通过热催化将 CO 合成碳纳米管，最终将其 3D 打印得到高密度的碳纳米复合物材料。

5.8.2 CO_2 转化为石墨类材料

石墨材料尤其是石墨烯作为一种具有卓越机械和热/电性能的二维碳纳米材料，

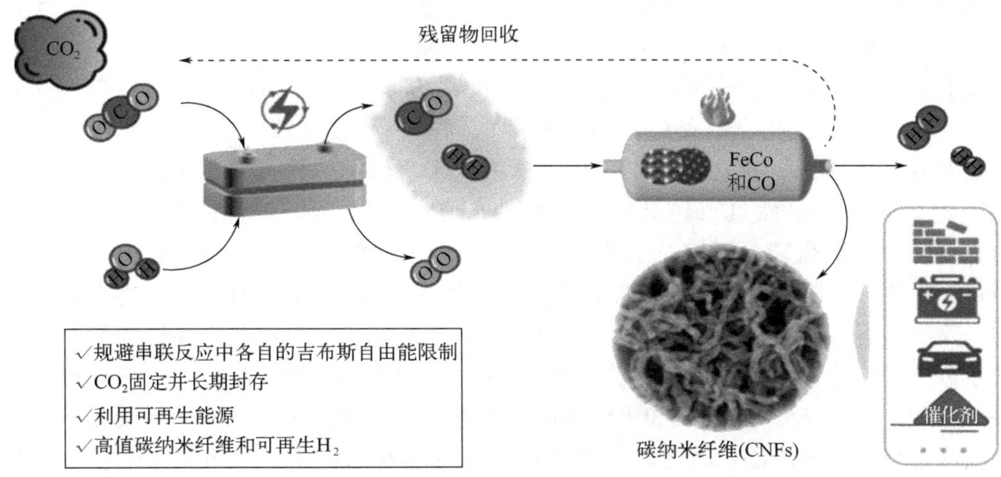

图 5-37　以 CO_2 为原料、耦合电催化-热催化过程生产碳纳米纤维[161]

受到广泛关注。然而，传统的石墨烯制备方法存在能耗高、成本昂贵等问题。因此，开发高效制备石墨烯的方法，对于推动材料科学具有重要意义。近年来，随着对 CO_2 利用研究的深入，有望实现以 CO_2 为原料规模化制备石墨烯。例如，哈尔滨工业大学研究人员利用 CO_2 气体和镁熔体的气液界面反应成功制备高质量、均匀分散的石墨烯。气液界面可以使得石墨烯沿着界面方向定向生长，石墨烯表面的纳米 MgO 颗粒限制石墨烯外延生长，调控石墨烯形态和缺陷密度。

5.8.3　小结

以 CO_2 为原料生产碳基材料相比于传统方法更加绿色。但是，就目前研究来看，该类反应存在合成新材料的品种少、生产成本高、产率低、反应条件苛刻等问题，加之催化剂性能低和副产品的分离/去除也是其实际应用的一大阻力。未来研究需要先进的表征技术和理论模拟，揭示反应机理，助力构建高效催化体系，最终提高所得产品的生物相容性和生物降解性，拓宽产品应用范围。

5.9　前景与展望

当前，化石燃料作为全球 90%以上的能源供给和绝大多数化工原料来源，在未来几十年内，这种趋势在短期内难以改变，所造成的 CO_2 大量排放依然是引起温室效应等诸多生态问题的主要原因。为避免 CO_2 过度排放而导致全球气候灾难，CO_2 资源化利用势在必行，而热驱动 CO_2 多相催化转化可实现 CO_2 减排、能源储存、化学品生产等多种目标，兼具资源利用和环境保护的优点，也是实现我国“双碳”目标行之有效的技术手段。但是，CO_2 是碳的最高氧化状态，也是能量最低的状态，化学稳定性好、反应惰性极强。因此想要实现 CO_2 转化，必须输入大量能量。传统热催化克服 CO_2 热力学稳定性的策略是与高自由能底物（氢气、甲烷、环氧化合物等）反应。由于 CO_2 具有较高的热力学稳定性和动力学惰性，将其高效转化为高附加值化学品是一项极具挑战的任务，而且有效地利用 CO_2 生产化学品还存在较多难题。针对此，本书作者认为未来所做的工作主要如下。

① CO_2 分子虽然具有较高的化学惰性，通过甲烷、氢气等还原性物质可以将 CO_2 还原为一氧化碳、甲烷、甲酸、甲醇等小分子含能化合物，而且通过该类反应既可以将借助太阳能、风能等新能源或热泵等实现余热回收的传统能源储存于产物当中，又能够有效利用温室气体 CO_2，所以，无论国内外，在未来这些作为能源载体的小分子含能化合物市场容量巨大，与之相随的研发力度和工业应用必将大规模扩展。其中，甲醇与 CO、甲烷和甲酸相比，具有更高的经济价值，作为基础化学品具有更加潜在的应用价值，因此，实现从 CO_2 到甲醇的转化具有良好的发展前景。目前，部分国外的企业和科研院所共同开发的 CO_2 加氢制甲醇技术已进入工业化应用阶段，生产成功开车并平稳运行的报道不绝于耳，但国内该技术起步较晚，仅有少数研发成果进行了中试或工业试运行，更多的还停留在实验室阶段。究其原因，一方面是较低的 CO_2 单程转化率和甲醇选择性，提高了反应运行成本和能耗，从经济角度上制约了 CO_2 加氢制甲醇技术的工业化应用；另一方面，催化剂的性能无法满足大规模工业应用的要求，如贵金属催化剂成本较高，层状、核壳等新型结构的催化剂制备方法繁琐且稳定性堪忧，而铜基催化剂面临着烧结和毒化等问题。因此，需要开发更高活性、选择性及稳定性的催化剂；同时进行反应条件的优化，反应器的设计和创新，以推动 CO_2 加氢制甲醇技术在工业生产中的真正应用。

② CO_2 可以作为羧基/羰基化试剂插入链状或环状 C—H、C—C、C—O 和 C—N 等化学键中，高效合成羧酸、碳酸酯、氨基甲酸酯、醛类等精细化学品。该类反应不但能使 CO_2 分子非还原转化，而且是原子经济性好（甚至可以实现反应中所参与原子的 100%利用）、产品附加值高的工艺，相关工艺的推广和工业化应用对于提高企业效益具有较大的帮助。更为重要的是，可以有效助力国内企业的多元化发展和提升其国际市场竞争力，避免同质化发展或产品单一导致的产能过剩，最终拓宽 CO_2 资源化利用的途径。但是，CO_2 在热力学上处于低能态，而能量是其转化利用的基础。类似的 CO_2 羧基/羰基化反应虽然可以此实现 CO_2 的官能团化及最大可能保留其中的 O 原子，从而提高过程的原子经济性，但是反应过程中碳的价态没有变化，同时缺少能量积累，所以该类反应的效率普遍较低。

③ 设计新型反应体系或催化体系，如采用微流控技术以改善流体分布、流动状况和扩散性能；又如，精心设计形貌可控的硅酸铜球管复合型纳米反应器、纳米管催化剂以及层状催化剂，利用球管反应器空心球和纳米管内壁的曲面效应，富集氢气分子，增大了氢气在活性位周围的浓度，提高了反应活性，在保持催化活性的前提下降低氢碳比，从而有效降低氢气耗量和能耗。另外，通过控制空心球上组装

纳米管的长度，可以有效调控纳米管中 CO_2 分子和活性位的接触时间，从而调节中间产物的分布甚至反应路径的选取，最终选控合成甲醇、甲烷、汽油等产品。这种催化剂空腔结构对反应物的富集效应和限域效应为催化剂的理性设计提供了新思路。在反应器设计和优化方面，着力解决例如固定床反应器在连续反应中的稳定性易受影响、浆态床反应器的产品分离以及床层内返混等问题，同时设计和构建更加完善和高效的反应设备及工艺。

④ 优异的催化剂应具备高活性、高选择性、长寿命和良好的稳定性等特点。高活性意味着催化剂能够显著降低反应的活化能，使得反应在较低的温度和压力下就能进行，从而减少能源消耗。高选择性则确保反应主要生成目标产物、减少副产物的生成，从而提高产品纯度。此外，催化剂的长寿命和稳定性也至关重要，长寿命意味着催化剂能够在较长时间内保持其活性和选择性，减少更换频率，降低生产成本。良好的稳定性则确保催化剂在各种操作条件下都能稳定工作，不受温度、压力和化学环境变化的影响。例如，催化剂的孔结构和表面积对其性能有重要影响，适当的孔结构可以提高反应物和产物的扩散效率，从而提高反应速率和选择性。采用传统方法，如使用多种金属氧化物复合材料或纳米材料，可以显著提升催化剂的活性和选择性。其中，通过调整不同金属的比例和载体的性质，可以优化催化剂的表面活性位点和结构等，从而提高反应速率和产物纯度。而采用先进的制备技术，如溶剂热法、模板法和原子沉积法等，可以更好地控制催化剂的形貌、理化性质及活性位分布，从而提高其催化性能。催化剂的再生和循环利用也是需要重点关注的问题。通过物理或化学方法对失活催化剂进行再生处理，可以恢复其催化活性并再次使用，不仅节约资源，还极大地降低生产成本。例如，通过溶剂浸泡和高温焙烧等方法可以有效去除催化剂表面的杂质和积碳等，使其恢复全部或大部分催化活性。

⑤ 开发用于 CO_2 转化（如加氢）的催化剂通常需要针对多种类型的催化体系（Cu、Mo、In_2O_3 或 $ZnZrO_x$ 基等）进行合理合成和制备，设计原理有许多相似之处。但是，活性相与其他组分（助剂、载体等）结合，以二元或三元形式存在，虽然提高了甲醇等产物的产率，但载体和助剂的具体角色并不总是单一功能或长久保持一种功能，特别是，多组分体系的活性位结构不同于单组分催化剂的活性位结构，显著增加了多元催化剂的复杂性。其中，H_2 裂解、O_2 吸附和活化位点之间保持合适的距离是该类催化体系的核心原则。为此，在多元催化剂的设计和构造中引入了协同界面的概念，在保持选择性的同时增强活性，而提高对运行中协同界面的原子层面的理解是当前的关键研究内容。通过对现有表征方法的关联和集成，特别是合理运用原位技术结合 SEM、TEM 和 FTIR 等表征方法是实现这一目标的重要手段。另外，最近风靡科学界的机器学习方法可以选取一定的模型预测全新的催化剂成分和结构，通过与分析表征技术相结合来获得对催化结构的更精确的描述，从而加速催化剂优化甚至构建新的催化体系。由此带来相关知识体系的丰富，不仅适用于 CO_2 催化加氢合成甲醇等反应，也适用于其他热催化 CO_2 转化。进一步探索新型催化剂的制备方法，即寻找更为简单、环保、经济、可以大规模生产的方法

来制备核壳材料和金属氧化物空心球等催化剂。简单易行的方法将对其在实际运用中产生重要影响。

⑥ 加大对表征技术和反应性能评价的机器学习方法的应用，是指导 CO_2 转化所需催化剂设计的重要未来方向。例如结合基于大科学装置的联用谱学、基于人工智能的动态结构精准模拟和动力学方法，建立谱学大数据与机器学习辅助的动态催化研究新理论，从原子和分子水平上，揭示多功能催化剂在 CO_2 加氢等反应条件下动态结构的演变、中间物种的生成以及由动态结构引起的反应动力学效应。

参考文献

[1] Zhang Q Q, Jiang Z H, Zhang Y M, et al. Deciphering transient carbon footprint for methane dry reforming over Ni@S-1 nanosheet zeolite catalyst[J]. Applied Catalysis B: Environment and Energy, 2025, 362: 124722.

[2] Wang P, Wei S, Wang S Y, et al. Interface-directed epitaxially growing nickle ensembles as efficient catalysts in dry reforming of methane[J]. Journal of Energy Chemistry, 2022, 66: 502-513.

[3] He D D, Wu S J, Cao X H, et al. Dynamic trap of Ni at elevated temperature for yielding high-efficiency methane dry reforming catalyst[J]. Applied Catalysis B: Environment and Energy, 2024, 346: 123728.

[4] Wang H, Cui G Q, Lu H, et al. Facilitating the dry reforming of methane with interfacial synergistic catalysis in an Ir@CeO_{2-x} catalyst[J]. Nature Communications, 2024, 15 (1): 3765.

[5] Park D, Hong S, Han J, et al. Insights into the synergy effect in dual single-atom catalysts on defective CeO_2 under CO_2 hydrogenation[J]. Applied Catalysis B: Environment and Energy, 2025, 365: 124987.

[6] Gao X Y, Deng S K, Kawi S. Zeolite-based catalytic membrane reactors for thermo-catalytic conversion of CO_2[J]. iScience, 2022, 25 (12): 105343.

[7] Zhang J Y, Li Y Y, Song H H, et al. Tuning metal-support interactions in nickel-zeolite catalysts leads to enhanced stability during dry reforming of methane[J]. Nature Communications, 2024, 15: 8566.

[8] Xu H C, Ge L. Progress on the catalytic hydrogenation of CO_2 via reverse water gas shift reaction [J]. Chemical Industry and Engineering Progress, 2016, 35: 3180-3189.

[9] Hansen C, Zhou W, Brack E, et al. Decoding the promotional effect of iron in bimetallic Pt-Fe-nanoparticles on the low temperature reverse water-gas shift reaction[J]. Journal of the American Chemical Society, 2024, 146 (40): 27555-27562.

[10] Bi W, Wang J, Zhang R, et al. Tuning interfacial sites of WO_x/Pt for enhancing reverse water gas shift reaction [J]. ACS Catalysis, 2024, 14: 11205-11217.

[11] Hu X C, Xu D, Jiang J C. Strong metal-support interaction between Pt and TiO_2 over high-temperature CO_2 hydrogenation[J]. Angewandte Chemie (International Ed), 2025, 64 (7): e202419103.

[12] Zou S B, Liang Y H, Zhang X M, et al. Manufacturing single-atom alloy catalysts for selective CO_2 hydrogenation *via* refinement of isolated-alloy-islands[J]. Angewandte Chemie (International Ed), 2025, 64 (1): e202412835.

[13] Sun X T, Yu J F, Zada H, et al. Reaction-induced unsaturated Mo oxycarbides afford highly active CO_2 conversion catalysts[J]. Nature Chemistry, 2024, 16 (12): 2044-2053.

[14] Khoshooei M A, Wang X J, Vitale G, et al. An active, stable cubic molybdenum carbide catalyst for the high-temperature reverse water-gas shift reaction[J]. Science, 2024, 384 (6695): 540-546.

[15] 卢俊文，张书南，周浩志，等．负载 Ir 单原子和团簇的 α-MoC 催化剂用于高效催化 CO_2 加氢制 CO [J]．物理化学学报，2023，39：2302021.

[16] Zhang M T，Zhu Y C，Yan J，et al. A highly active molybdenum carbide catalyst with dynamic carbon flux for reverse water-gas shift reaction[J]. Angewandte Chemie International Edition，2025，64 (6)：e202418645.

[17] Liu H X，Wang W W，Fu X P，et al. Direct cleavage of C=O double bond in CO_2 by the subnano MoO_x surface on Mo_2N[J]. Nature Communications，2024，15 (1)：9126.

[18] Zhang S K，Ma H，Jia L Y，et al. Nanostructure of Indium-driven nickel catalysts break CO_2 hydrogenation preference[J]. Applied Catalysis B：Environment and Energy，2025，361：124646.

[19] Hou H，Hou L M，Yu Q，et al. Electroplating sludge-derived multiple-metal-doped spinel with superior CO selectivity in reverse water-gas-shift reaction[J]. ACS Sustainable Chemistry & Engineering，2022，10 (6)：2214-2223.

[20] Matsubu J C，Yang V N，Christopher P. Isolated metal active site concentration and stability control catalytic CO_2 reduction selectivity[J]. Journal of the American Chemical Society，2015，137 (8)：3076-3084.

[21] Zhang J，Deo S，Janik M J，et al. Control of molecular bonding strength on metal catalysts with organic monolayers for CO_2 reduction[J]. Journal of the American Chemical Society，2020，142 (11)：5184-5193.

[22] Wang J Y，Li R T，Zhang G H，et al. Confinement-induced indium oxide nanolayers formed on oxide support for enhanced CO_2 hydrogenation reaction[J]. Journal of the American Chemical Society，2024，146 (8)：5523-5531.

[23] Xin H，Li R T，Lin L，et al. Reverse water gas-shift reaction product driven dynamic activation of molybdenum nitride catalyst surface[J]. Nature Communications，2024，15 (1)：3100.

[24] Kang H，Zhu L，Li S Y，et al. Generation of oxide surface patches promoting H-spillover in Ru/ (TiO_x) MnO catalysts enables CO_2 reduction to CO[J]. Nature Catalysis，2023，6 (11)：1062-1072.

[25] 廖多华，杨亮，宋庚哲，等．$ZnO-ZrO_2$ 催化剂上 CO_2 辅助乙烷氧化脱氢制乙烯的研究[J]．燃料化学学报（中英文），2023，51：1421.

[26] Gomez E，Kattel S，Yan B H，et al. Combining CO_2 reduction with propane oxidative dehydrogenation over bimetallic catalysts[J]. Nature Communications，2018，9 (1)：1398.

[27] Yang G Q，Ren X，Kondratenko V A，et al. Promotional nature of Sn on Pt/CeO_2 for the oxidative dehydrogenation of propane with carbon dioxide[J]. Nano Research，2023，16 (5)：6237-6250.

[28] 刘玉鹏，刘玲技，蔚晓盛，等．ZnCaZr 固溶体催化异丁烷-CO_2 氧化脱氢制异丁烯的研究[J]．燃料化学学报（中英文），2024，52：1.

[29] Han W G，Dong F，Han W L，et al. Constructing mesoporous $FeAlO_x$ based catalysts through framework-confined strategy with superior performance for the oxidative dehydrogenation of 1-butene with CO_2[J]. Chemical Engineering Journal，2023，475：146432.

[30] Ma Q，Gao Y J，Sun B，et al. Grave-to-cradle dry reforming of plastics *via* Joule heating[J]. Nature Communications，2024，15 (1)：8243.

[31] Song Y G，Hu Z P，Feng H H，et al. The dynamic catalysis of Ga/ZSM-5 catalysts for propane-CO_2 coupling conversion to aromatics and syngas[J]. Journal of Energy Chemistry，2024，97：513-519.

[32] Xia S P，Zhao K，Gao Y F，et al. Co-feeding CO_2 for methylfuran aromatization over bifunctional zeolite-supported $ZnMoO_4$[J]. Angewandte Chemie (International Ed)，2025，64 (11)：e202420779.

[33] Hu J T，Cai Y F，Xie J H，et al. Selectivity control in CO_2 hydrogenation to one-carbon products[J]. Chem，2024，10 (4)：1084-1117.

[34] 付豪，廉红蕾．CO_2 甲烷化反应路径的研究进展[J]．燃料化学学报（中英文），2023，51：428.

[35] Bailera M，Lisbona P，Romeo L M，et al. Power to gas projects review：Lab，pilot and demo plants for storing renewable energy and CO_2[J]. Renewable and Sustainable Energy Reviews，2017，69：292-312.

[36] Li W H，Liu Y，Mu M C，et al. Organic acid-assisted preparation of highly dispersed Co/ZrO_2 catalysts with superior activity for CO_2 methanation[J]. Applied Catalysis B：Environmental，2019，254：531-540.

[37] Li W H，Zhang G H，Jiang X，et al. CO_2 hydrogenation on unpromoted and M-promoted Co/TiO_2 catalysts (M＝Zr，K，Cs)：Effects of crystal phase of supports and metal-support interaction on tuning product distribution[J]. ACS Catalysis，2019，9 (4)：2739-2751.

[38] Tang X，Song C Q，Li H B，et al. Thermally stable Ni foam-supported inverse $CeAlO_x/Ni$ ensemble as an active structured catalyst for CO_2 hydrogenation to methane[J]. Nature Communications，2024，15 (1)：3115.

[39] Song C Q，Liu J J，Wang R H，et al. Engineering MO_x/Ni inverse catalysts for low-temperature CO_2 activation with high methane yields[J]. Nature Chemical Engineering，2024，1 (10)：638-649.

[40] Wu J J，Wen C，Zou X L，et al. Carbon dioxide hydrogenation over a metal-free carbon-based catalyst [J]. ACS Catalysis，2017，7 (7)：4497-4503.

[41] Chattaraj D，Majumder C. CO_2 hydrogenation to formic acid on Pd-Cu nanoclusters：A DFT study[J]. Physical Chemistry Chemical Physics，2023，25 (3)：2584-2594.

[42] Wang J Y，Zhang L，Jin F M，et al. Palladium nanoparticles on chitin-derived nitrogen-doped carbon materials for carbon dioxide hydrogenation into formic acid[J]. RSC Advances，2022，12 (52)：33859-33869.

[43] Sun J K，Jiang S C，Zhao Y L，et al. First-principles study of CO_2 hydrogenation to formic acid on single-atom catalysts supported on SiO_2[J]. Physical Chemistry Chemical Physics，2022，24 (33)：19938-19947.

[44] Li Y F，Zheng K，Shen Y，et al. Acetic acid production from CH_4 and CO_2 *via* synergistic catalysis between Pd particles and oxygen vacancies generated in ZrO_2[J]. The Journal of Physical Chemistry C，2023，127 (12)：5841-5854.

[45] Fernández-Martínez M D，Godard C. Hydrogenation of CO_2 into formates by ligand-capped palladium heterogeneous catalysts[J]. ChemCatChem，2023，15 (6)：e202201408.

[46] Li C X，He G Y，Qu Z Q，et al. Highly dispersed Pd-CeO_x nanoparticles in zeolite nanosheets for efficient CO_2-mediated hydrogen storage and release[J]. Angewandte Chemie，2024，136 (40)：e202409001.

[47] Niu K F，Chen L，Rosen J，et al. CO_2 hydrogenation with high selectivity by single Bi atoms on MXenes enabled by a concerted mechanism[J]. ACS Catalysis，2024，14 (3)：1824-1833.

[48] Ji G J，Li C Y，Fan B H，et al. Single Ru-P site catalyst coupling N sites in a flexible polymeric framework for efficient CO_2 hydrogenation to formate[J]. ACS Catalysis，2024，14 (3)：1595-1607.

[49] 韩睿，唐家鹏，何平笙，等．CO_2 制备甲醇催化剂研究进展[J]．工业催化，2015，23 (9)：677-681.

[50] Tu W F，Ren P C，Li Y J，et al. Gas-dependent active sites on Cu/ZnO clusters for CH_3OH synthesis [J]. Journal of the American Chemical Society，2023，145 (16)：8751-8756.

[51] Lacerda de Oliveira Campos B，Herrera Delgado K，Wild S，et al. Surface reaction kinetics of the methanol synthesis and the water gas shift reaction on $Cu/ZnO/Al_2O_3$[J]. Reaction Chemistry & Engineering，2021，6 (5)：868-887.

[52] Araújo T P，Mitchell S，Pérez-Ramírez J. Design principles of catalytic materials for CO_2 hydrogenation to methanol[J]. Advanced Materials，2024，36 (48)：e2409322.

[53] Xiong W, Wu Z F, Chen X Y, et al. Active copper structures in ZnO-Cu interfacial catalysis: CO_2 hydrogenation to methanol and reverse water-gas shift reactions[J]. Science China Chemistry, 2024, 67 (2): 715-723.

[54] Peng Y H, Wang L B, Luo Q Q, et al. Molecular-level insight into how hydroxyl groups boost catalytic activity in CO_2 hydrogenation into methanol[J]. Chem, 2018, 4 (3): 613-625.

[55] Fernández-Villanueva E, Lustemberg P G, Zhao M J, et al. Water and Cu^+ synergy in selective CO_2 hydrogenation to methanol over Cu-MgO-Al_2O_3 catalysts[J]. Journal of the American Chemical Society, 2024, 146 (3): 2024-2032.

[56] 张香玲，马清祥，赵天生，等. CO_2 催化加氢制备甲醇的研究进展[J]. 石油化工，2017, 46 (5): 637-642.

[57] Li X S, Cheng Q P, Zhang Y T, et al. Engineering lattice dislocations of TiO_2 support of PdZn-ZnO dual-site catalysts to boost CO_2 hydrogenation to methanol[J]. Angewandte Chemie (International Ed), 2025, 64 (13): e202424435.

[58] Ojelade O A, Zaman S F. A review on Pd based catalysts for CO_2 hydrogenation to methanol: In-depth activity and DRIFTS mechanistic study[J]. Catalysis Surveys from Asia, 2020, 24 (1): 11-37.

[59] Chen Y Z, Li H L, Zhao W H, et al. Optimizing reaction paths for methanol synthesis from CO_2 hydrogenation *via* metal-ligand cooperativity[J]. Nature Communications, 2019, 10 (1): 1885.

[60] Nie X W, Jiang X, Wang H Z, et al. Mechanistic understanding of alloy effect and water promotion for Pd-Cu bimetallic catalysts in CO_2 hydrogenation to methanol[J]. ACS Catalysis, 2018, 8 (6): 4873-4892.

[61] Shi Y J, Gu Q Q, Zhao Y, et al. Local In-O-Pd Lewis acid-base pair boosting CO_2 selective hydrogenation to methanol[J]. Chemical Engineering Journal, 2024, 485: 150093.

[62] Fisher I A, Bell A T. In-SituInfrared study of methanol synthesis from H_2/CO_2 over Cu/SiO_2 and Cu/ZrO_2/SiO_2[J]. Journal of Catalysis, 1997, 172 (1): 222-237.

[63] Meunier F C, Dansette I, Paredes-Nunez A, et al. Cu-bound formates are main reaction intermediates during CO_2 hydrogenation to methanol over Cu/ZrO_2[J]. Angewandte Chemie, 2023, 135 (29): e202303939.

[64] Wang J, Liu H, Wang T T, et al. Boosting CO_2 hydrogenation to methanol *via* Cu-Zn synergy over highly dispersed Cu, Zn-codoped ZrO_2 catalysts[J]. Catalysis Today, 2023, 410: 205-214.

[65] 林敏，纳薇，叶海船，等. Effect of additive on CuO-ZnO/SBA-15 catalytic performance of CO_2 hydrogenation to methanol [J]. Journal of Fuel Chemistry and Technology, 2019, 47: 1214.

[66] Yao L B, Shen X C, Pan Y B, et al. Synergy between active sites of Cu-In-Zr-O catalyst in CO_2 hydrogenation to methanol[J]. Journal of Catalysis, 2019, 372: 74-85.

[67] Ding J, Jiang R J, Hu S, et al. Enhanced selectivity to methanol in CO_2 hydrogenation on CuO/ZrO_2 catalysts by alkali metal modification[J]. ChemCatChem, 2025, 17 (2): e202401400.

[68] Chen K, Fang H H, Wu S, et al. CO_2 hydrogenation to methanol over Cu catalysts supported on La-modified SBA-15: The crucial role of Cu-LaO_x interfaces[J]. Applied Catalysis B: Environmental, 2019, 251: 119-129.

[69] Ro I, Liu Y F, Ball M R, et al. Role of the Cu-ZrO_2 interfacial sites for conversion of ethanol to ethyl acetate and synthesis of methanol from CO_2 and H_2[J]. ACS Catalysis, 2016, 6 (10): 7040-7050.

[70] Yang M, Yu J F, Zimina A, et al. Unlocking a dual-channel pathway in CO_2 hydrogenation to methanol over single-site zirconium on amorphous silica[J]. Angewandte Chemie (International Ed), 2024, 63 (4): e202312292.

[71] Fang X, Men Y H, Wu F, et al. Improved methanol yield and selectivity from CO_2 hydrogenation using a novel Cu-ZnO-ZrO_2 catalyst supported on Mg-Al layered double hydroxide (LDH) [J]. Journal of CO_2

Utilization, 2019, 29: 57-64.

[72] Chen Y Z, Zhang C C, Yao D F, et al. Generating strong metal-support interaction and oxygen vacancies in Cu/MgAlO$_x$ catalysts by CO_2 treatment for enhanced CO_2 hydrogenation to methanol[J]. ACS Applied Materials & Interfaces, 2025, 17 (2): 3404-3417.

[73] Zhang R, Wang X, Wang K, et al. Synthesis of defect-rich $La_2O_2CO_3$ supports for enhanced CO_2-to-methanol conversion efficiency[J]. Science Advances, 2024, 10 (49): eadr3332.

[74] Wang W W, Zhang X Y, Lei B Y, et al. Exploring the nature of copper species: CeO_2 support shape effect and its influence on CO_2 hydrogenation to methanol[J]. Chemical Engineering Journal, 2024, 498: 155636.

[75] Shu Y, Zhang Z Q, Wang P P, et al. Interface-engineered inverse ZnO/Cu for low-temperature CO_2 hydrogenation to methanol[J]. Chemical Engineering Journal, 2024, 499: 155826.

[76] Voskanyan A A, Lilova K, McCormack S J, et al. A new class of entropy stabilized oxides: Commensurately modulated $A_6B_2O_{17}$ (A = Zr, Hf; B = Nb, Ta) structures[J]. Scripta Materialia, 2021, 204: 114139.

[77] Wang J J, Li G N, Li Z L, et al. A highly selective and stable ZnO-ZrO_2 solid solution catalyst for CO_2 hydrogenation to methanol[J]. Science Advances, 2017, 3 (10): e1701290.

[78] Pinheiro Araújo T, Giannakakis G, Morales-Vidal J, et al. Low-nuclearity CuZn ensembles on ZnZrO$_x$ catalyze methanol synthesis from CO_2[J]. Nature Communications, 2024, 15 (1): 3101.

[79] Wang J J, Tang C Z, Li G N, et al. High-performance M_aZrO_x (M_a = Cd, Ga) solid-solution catalysts for CO_2 hydrogenation to methanol[J]. ACS Catalysis, 2019, 9 (11): 10253-10259.

[80] Wang X Y, Yao Z Y, Guo X H, et al. Modulating electronic interaction over Zr-ZnO catalysts to enhance CO_2 hydrogenation to methanol[J]. ACS Catalysis, 2024, 14 (1): 508-521.

[81] Hu J T, Yu L, Deng J, et al. Sulfur vacancy-rich MoS_2 as a catalyst for the hydrogenation of CO_2 to methanol[J]. Nature Catalysis, 2021, 4 (3): 242-250.

[82] 杨菲菲，周维，杨超然，等. K修饰 MoS_2 催化剂用于 CO_2 高选择性加氢制甲醇[J]. 物理化学学报，2024, 40: 58-60.

[83] Wang H, Yang C, Yu X Y, et al. Triple the steady-state reaction rate by decorating the In_2O_3 surface with SiO$_x$ for CO_2 hydrogenation[J]. Journal of Energy Chemistry, 2024, 95: 96-105.

[84] Yang Y X, Wu L L, Yao B Q, et al. Gallium cluster-promoted In_2O_3 catalyst for CO_2 hydrogenation to methanol[J]. ACS Catalysis, 2024, 14 (18): 13958-13972.

[85] Guo M, Zhang C Y, Zhao F Z, et al. Highly active and stable mixed-phase In_2O_3-supported Ni catalyst for CO_2 hydrogenation to methanol[J]. Chemical Engineering Journal, 2024, 499: 156369.

[86] Shen C Y, Sun K H, Zou R, et al. Highly active ternary Ir/In_2O_3-ZrO_2 catalyst for CO_2 hydrogenation towards methanol: The role of zirconia[J]. Applied Catalysis B: Environment and Energy, 2025, 361: 124683.

[87] Prabhakar Reddy K, Tian Y, Ramírez P J, et al. Insights into the surface electronic structure and catalytic activity of InO$_x$/Au (111) inverse catalysts for CO_2 hydrogenation to methanol[J]. ACS Catalysis, 2024, 14 (22): 17148-17158.

[88] Lv J B, Sun H M, et al. Rational design of indium-palladium intermetallic catalysts for selective CO_2 hydrogenation to methanol[J]. ACS Catalysis, 2025, 15 (1): 23-33.

[89] Zhao H B, Liu X C, Zeng C Y, et al. Thermochemical CO_2 reduction to methanol over metal-based single-atom catalysts (SACs): Outlook and challenges for developments[J]. Journal of the American Chemical Society, 2024, 146 (34): 23649-23662.

[90] Su D S, Wang Y M, Sheng H Y, et al. Efficient amine-assisted CO_2 hydrogenation to methanol co-cata-

lyzed by metallic and oxidized sites within ruthenium clusters[J]. Nature Communications, 2025, 16 (1): 590.

[91] Wang Z Q, Xu Z N, Peng S Y, et al. High-performance and long-lived Cu/SiO_2 nanocatalyst for CO_2 hydrogenation[J]. ACS Catalysis, 2015, 5 (7): 4255-4259.

[92] Li M M, Chen C P, Ayvalı T, et al. CO_2 hydrogenation to methanol over catalysts derived from single cationic layer CuZnGa LDH precursors[J]. ACS Catalysis, 2018, 8 (5): 4390-4401.

[93] Ding J, Zhang C, Zhang J X, et al. Comparative study on CuO-La_2O_3/ZrO_2 catalysts prepared by amino acid complexing-combustion in CO_2 hydrogenation[J]. Asia-Pacific Journal of Chemical Engineering, 2023, 18 (3): e2879.

[94] Yang M, Yu J F, Tong X, et al. Flame-made Cu/ZrO_2 catalysts with metastable phase and strengthened interactions for CO_2 hydrogenation to methanol[J]. Chemical Communications, 2021, 57 (61): 7509-7512.

[95] Dong X S, Li F, Zhao N, et al. CO_2 hydrogenation to methanol over Cu/ZnO/ZrO_2 catalysts prepared by precipitation-reduction method[J]. Applied Catalysis B: Environmental, 2016, 191: 8-17.

[96] Guo J X, Luo Z, Hu G T, et al. Synthesis of oxygen vacancies enriched Cu/ZnO/CeO_2 for CO_2 hydrogenation to methanol[J]. Greenhouse Gases: Science and Technology, 2021, 11 (6): 1171-1179.

[97] Xia Y G, Cha X W, Yan X, et al. Fine regulation of Cu-ZnO interfaces for enhanced CO_2 hydrogenation to methanol by atomic layer depositing thin ZnO films on copper phyllosilicates[J]. Applied Catalysis B: Environment and Energy, 2025, 361: 124620.

[98] Sun Q M, Liu X Y, Gu Q Q, et al. Breaking the conversion-selectivity trade-off in methanol synthesis from CO_2 using dual intimate oxide/metal interfaces[J]. Journal of the American Chemical Society, 2024, 146 (42): 28885-28894.

[99] Jin S, Kwon C, Bugaev A, et al. Atom-by-atom design of Cu/ZrO_x clusters on MgO for CO_2 hydrogenation using liquid-phase atomic layer deposition[J]. Nature Catalysis, 2024, 7 (11): 1199-1212.

[100] Ye R P, Ma L X, Mao J N, et al. A Ce-CuZn catalyst with abundant Cu/Zn-O_V-Ce active sites for CO_2 hydrogenation to methanol[J]. Nature Communications, 2024, 15 (1): 2159.

[101] Zhang J Z, An B, Li Z, et al. Neighboring Zn-Zr sites in a metal-organic framework for CO_2 hydrogenation[J]. Journal of the American Chemical Society, 2021, 143 (23): 8829-8837.

[102] Ma Q L, Cheng J N, Wu X J, et al. C—C bond coupling with sp^3 C—H bond *via* active intermediates from CO_2 hydrogenation[J]. Nature Communications, 2025, 16 (1): 140.

[103] Xie C L, Chen C, Yu Y, et al. Tandem catalysis for CO_2 hydrogenation to C_2-C_4 hydrocarbons[J]. Nano Letters, 2017, 17 (6): 3798-3802.

[104] Ma Z Q, Porosoff M D. Development of tandem catalysts for CO_2 hydrogenation to olefins[J]. ACS Catalysis, 2019, 9 (3): 2639-2656.

[105] Wei J, Ge Q J, Yao R W, et al. Directly converting CO_2 into a gasoline fuel[J]. Nature Communications, 2017, 8: 15174.

[106] Gao P, Li S G, Bu X N, et al. Direct conversion of CO_2 into liquid fuels with high selectivity over a bifunctional catalyst[J]. Nature Chemistry, 2017, 9 (10): 1019-1024.

[107] Wang X X, Yang G H, Zhang J F, et al. Synthesis of isoalkanes over a core (Fe-Zn-Zr) -shell (zeolite) catalyst by CO_2 hydrogenation[J]. Chemical Communications, 2016, 52 (46): 7352-7355.

[108] 高新华，卢鹏飞，陈国辉，等. Performance of K-Fe_3O_4/Ni-AlMCM-41 tandem catalyst for CO_2 hydrogenation to long-chain hydrocarbons [J]. Journal of Fuel Chemistry and Technology, 2021, 49: 504.

[109] Wang S, Zhang L, Wang P F, et al. Highly selective hydrogenation of CO_2 to propane over $GaZrO_x$/H-SSZ-13 composite[J]. Nature Catalysis, 2022, 5 (11): 1038-1050.

[110] Zhang L Z, Li M, Li G B, et al. Catalytic cycle network: Boosting CO_2 hydrogenation to propane[J]. Applied Catalysis B: Environment and Energy, 2024, 358: 124372.

[111] Nie X W, Wang H Z, Janik M J, et al. Mechanistic insight into C—C coupling over Fe-Cu bimetallic catalysts in CO_2 hydrogenation [J]. The Journal of Physical Chemistry C, 2017, 121 (24): 13164-13174.

[112] Han J X, Han Y, Yu J F, et al. Low-temperature CO_2 hydrogenation to olefins on anorthic NaCoFe alloy carbides[J]. Angewandte Chemie (International Ed), 2025, 64 (9): e202420621.

[113] Liu N, Wei J, Xu J, et al. Elucidating the structural evolution of highly efficient Co-Fe bimetallic catalysts for the hydrogenation of CO_2 into olefins [J]. Applied Catalysis B: Environmental, 2023, 328: 122476.

[114] Wang L K, Han Y, Wei J, et al. Dynamic confinement catalysis in Fe-based CO_2 hydrogenation to light olefins[J]. Applied Catalysis B: Environmental, 2023, 328: 122506.

[115] Orege J I, Liu N, Amoo C C, et al. Boosting CO_2 hydrogenation to high-value olefins with highly stable performance over Ba and Na co-modified Fe catalyst [J]. Journal of Energy Chemistry, 2023, 80: 614-624.

[116] Singh Malhi H, Zhang Z Z, Shi Y L, et al. The promotional effects of carbon nanotube on Fe_5C_2-ZnO catalysts for CO_2 hydrogenation to heavy olefins[J]. Fuel, 2023, 339: 127267.

[117] Zhang Z Z, Chen B J, Jia L Y, et al. Unraveling the role of Fe_5C_2 in CH_4 formation during CO_2 hydrogenation over hydrophobic iron catalysts[J]. Applied Catalysis B: Environmental, 2023, 327: 122449.

[118] Guo Y J, Jia L Y, Zhang Z Z, et al. Revealing the mechanism of Ce promoter in modulating product distribution of CO_2 hydrogenation over Fe-based catalysts [J]. Chemical Engineering Journal, 2024, 491: 151964.

[119] Gao J J, Jia C M, Liu B. Direct and selective hydrogenation of CO_2 to ethylene and propene by bifunctional catalysts[J]. Catalysis Science & Technology, 2017, 7 (23): 5602-5607.

[120] Liu X L, Wang M H, Zhou C, et al. Selective transformation of carbon dioxide into lower olefins with a bifunctional catalyst composed of $ZnGa_2O_4$ and SAPO-34 [J]. Chemical Communications, 2018, 54 (2): 140-143.

[121] Ji Q Q, Li D, Hu J T, et al. Direct synthesis of iso-olefins from carbon dioxide hydrogenation *via* tandem catalysis[J]. Cell Reports Physical Science, 2024, 5 (2): 101826.

[122] Li T, Zhao H, Guo L S, et al. Construction of highly active Fe_5C_2-FeCo interfacial sites for oriented synthesis of light olefins from CO_2 hydrogenation[J]. ACS Catalysis, 2025, 15 (2): 1112-1122.

[123] Wang Y, Gao X H, Wu M B, et al. Thermocatalytic hydrogenation of CO_2 into aromatics by tailor-made catalysts: Recent advancements and perspectives[J]. EcoMat, 2021, 3 (1): e12080.

[124] Ni Y M, Chen Z Y, Fu Y, et al. Selective conversion of CO_2 and H_2 into aromatics[J]. Nature Communications, 2018, 9 (1): 3457.

[125] Li Z L, Qu Y Z, Wang J J, et al. Highly selective conversion of carbon dioxide to aromatics over tandem catalysts[J]. Joule, 2019, 3 (2): 570-583.

[126] Tian H F, Chen Z Y, Huang H W, et al. Hydrogenation of CO_2 to p-xylene over $ZnZrO_x$/hollow tubular HZSM-5 tandem catalyst[J]. Journal of Energy Chemistry, 2024, 99: 725-737.

[127] Tian G, Li Z W, Zhang C X, et al. Upgrading CO_2 to sustainable aromatics *via* perovskite-mediated tandem catalysis[J]. Nature Communications, 2024, 15 (1): 3037.

[128] Hou G Q, Wang Q, Xu D, et al. Dimethyl carbonate synthesis from CO_2 over CeO_2 with electron-enriched lattice oxygen species[J]. Angewandte Chemie (International Ed), 2024, 63 (19): e202402053.

[129] 张源萍，李晓云，邸亚丽，等．蜜勒胺催化剂的制备及在环碳酸酯合成中的应用研究[J]. 燃料化学学

报，2021，49：379.

[130] Liu Y, Li S J, Pudukudy M, et al. Melamine-based nitrogen-heterocyclic polymer networks as efficient platforms for CO_2 adsorption and conversion[J]. Separation and Purification Technology, 2024, 331: 125645.

[131] Liu D, Li G, Guo H C, et al. Facile preparation of bi-functional iron doped mesoporous materials and their application in the cycloaddition of CO_2[J]. Journal of Energy Chemistry, 2020, 41: 52-59.

[132] Liu C J, Liu X H, Li B, et al. Salen-Cu (II) @MIL-101 (Cr) as an efficient heterogeneous catalyst for cycloaddition of CO_2 to epoxides under mild conditions[J]. Journal of Energy Chemistry, 2017, 26 (5): 821-824.

[133] Dai Z F, Tang Y Q, Zhang F, et al. Combination of binary active sites into heterogeneous porous polymer catalysts for efficient transformation of CO_2 under mild conditions[J]. Chinese Journal of Catalysis, 2021, 42 (4): 618-626.

[134] Wu Y J, Wang T, Wang H L, et al. Active catalyst construction for CO_2 recycling *via* catalytic synthesis of N-doped carbon on supported Cu[J]. Nature Communications, 2019, 10 (1): 2599.

[135] Shen Y J, Zheng Q S, Chen Z N, et al. Highly efficient and selective N-formylation of amines with CO_2 and H_2 catalyzed by porous organometallic polymers[J]. Angewandte Chemie (International Ed), 2021, 60 (8): 4125-4132.

[136] Zhang J Y, Li G N, Xie J, et al. Controllable active intermediate in CO_2 hydrogenation enabling highly selective *N*,*N*-dimethylformamide synthesis *via* *N*-formylation[J]. Journal of the American Chemical Society, 2025, 147 (4): 3152-3160.

[137] 焦卓浩，赵心远，赵健，等. [Co_3] 簇基金属有机框架材料实现“一石二鸟”高效催化 CO_2 转化为噁唑烷酮[J]. 物理化学学报，2023，39（11）：101-108.

[138] Sun J S, Zhao K, Wang H L, et al. Heterogeneous bisphosphine ligand-encapsulated Rh catalysts for heterogeneous hydroformylation of alkenes with CO_2[J]. ACS Sustainable Chemistry & Engineering, 2024, 12 (34): 12736-12743.

[139] Liu Y J, Zhang C Y, Wang R J, et al. Low-temperature thermocatalytic coupling of CH_4 and CO_2 to ethanol over Zn-Ce/ZSM-5 by a stepwise technique[J]. ACS Catalysis, 2024, 14 (11): 8823-8835.

[140] Bai S X, Shao Q, Wang P T, et al. Highly active and selective hydrogenation of CO_2 to ethanol by ordered Pd-Cu nanoparticles[J]. Journal of the American Chemical Society, 2017, 139 (20): 6827-6830.

[141] Chen J, Zha Y J, Liu B, et al. Rationally designed water enriched nano reactor for stable CO_2 hydrogenation with near 100% ethanol selectivity over diatomic palladium active sites[J]. ACS Catalysis, 2023, 13 (10): 7110-7121.

[142] Zheng K, Li Y F, Liu B, et al. Ti-doped CeO_2 stabilized single-atom rhodium catalyst for selective and stable CO_2 hydrogenation to ethanol[J]. Angewandte Chemie (International Ed), 2022, 61 (44): e202210991.

[143] Zheng K, Li Y F, Liu B, et al. Phosphorus-substituted atomically dispersed Rh-N3P1 sites for efficient promotion in CO_2 hydrogenation towards ethanol production[J]. Applied Catalysis B: Environment and Energy, 2024, 346: 123730.

[144] He Z H, Qian Q L, Ma J, et al. Water-enhanced synthesis of higher alcohols from CO_2 hydrogenation over a Pt/Co_3O_4 catalyst under milder conditions[J]. Angewandte Chemie (International Ed), 2016, 55 (2): 737-741.

[145] Wang Y, Wang K Z, Zhang B Z, et al. Direct conversion of CO_2 to ethanol boosted by intimacy-sensitive multifunctional catalysts[J]. ACS Catalysis, 2021, 11 (18): 11742-11753.

[146] Qian Q L, Cui M, Zhang J J, et al. Synthesis of ethanol *via* a reaction of dimethyl ether with CO_2 and

H_2[J]. Green Chemistry, 2018, 20 (1): 206-213.

[147] 郑晋楠，安康，王嘉明，等. Direct synthesis of ethanol *via* CO_2 hydrogenation over the Co/ La-Ga-O composite oxide catalyst [J]. Journal of Fuel Chemistry and Technology, 2019, 47: 697.

[148] Chen Y, Choi S, Thompson L T. Low temperature CO_2 hydrogenation to alcohols and hydrocarbons over Mo_2C supported metal catalysts[J]. Journal of Catalysis, 2016, 343: 147-156.

[149] Zheng K, Li Y F, He H H, et al. Lithium iodide promoted CO_2 hydrogenation towards ethanol *via* biphasic lewis-acid-base pairs synergistic catalysis[J]. Journal of Catalysis, 2024, 440: 115832.

[150] Irshad M, Chun H J, Khan M K, et al. Synthesis of n-butanol-rich C_{3+} alcohols by direct CO_2 hydrogenation over a stable Cu-Co tandem catalyst [J]. Applied Catalysis B: Environmental, 2024, 340: 123201.

[151] Yang H Y, Wei Z Q, Zhang J, et al. Tuning the selectivity of CO_2 hydrogenation to alcohols by crystal structure engineering[J]. Chem, 2024, 10 (7): 2245-2265.

[152] Yue W Z, Wan Z, Li Y H, et al. Synthesis of Cu-ZnO-Pt@HZSM-5 catalytic membrane reactor for CO_2 hydrogenation to dimethyl ether[J]. Journal of Membrane Science, 2022, 660: 120845.

[153] Mohamud M Y, Abdullah T A T, Ahmad A, et al. Direct synthesis of dimethyl ether from CO_2 hydrogenation over core-shell nanotube bi-functional catalyst[J]. Catalysts, 2023, 13 (2): 408.

[154] Cara C, Secci F, Lai S, et al. On the design of mesostructured acidic catalysts for the one-pot dimethyl ether production from CO_2[J]. Journal of CO_2 Utilization, 2022, 62: 102066.

[155] Salomone F, Bonura G, Frusteri F, et al. Physico-chemical modifications affecting the activity and stability of Cu-based hybrid catalysts during the direct hydrogenation of carbon dioxide into dimethyl-ether [J]. Materials, 2022, 15 (21): 7774.

[156] Qin Z Z, Zhou X H, Su T M, et al. Hydrogenation of CO_2 to dimethyl ether on La-, Ce-modified Cu-Fe/HZSM-5 catalysts[J]. Catalysis Communications, 2016, 75: 78-82.

[157] Bahruji H, Abdul Razak S, Mahadi A H, et al. PdZn on ZSM-5 nanoparticles for CO_2 hydrogenation to dimethyl ether: Comparative *in situ* analysis with Pd/TiO_2 and PdZn/TiO_2 [J]. Reaction Kinetics, Mechanisms and Catalysis, 2022, 135 (6): 2973-2991.

[158] Tan K B, Tian P, Zhang X X, et al. Green synthesis of microspherical-confined nano-Pd/In_2O_3 integrated with H-ZSM-5 as bifunctional catalyst for CO_2 hydrogenation into dimethyl ether: A carbonized alginate templating strategy[J]. Separation and Purification Technology, 2022, 297: 121559.

[159] 丁健. 核壳类催化剂在 CO_2 催化加氢反应中的应用研究 [D]. 兰州：西北师范大学，2012.

[160] Zhang X Y, Bian S, Tian H F, et al. Thermodynamic possibility analysis of CH_3COOH synthesis from CH_4 and CO_2[J]. Molecular Catalysis, 2024, 559: 114090.

[161] Xie Z H, Huang E W, Garg S, et al. CO_2 fixation into carbon nanofibres using electrochemical-thermochemical tandem catalysis[J]. Nature Catalysis, 2024, 7 (1): 98-109.

CHAPTER 6

第6章 气-固模式下 CO_2 捕集和热驱动转化一体化

ICCU 技术包括碳捕集、CO_2 回收和压缩、运输以及催化转化等过程，其中脱附/脱吸和压缩等操作导致的众多变温、变压过程将消耗大量能量，严重制约了此类技术的广泛应用。若将热电站、化工厂、冶金企业等产生的 CO_2 捕捉并用“绿氢”或其他还原性物质将其原位转化为天然气和合成气等能源分子、材料和其他高附加值化学品，是同时解决大规模 CO_2 减排和新能源消纳问题、保障化工生产和能源安全的有效途径之一。CO_2 捕集与转化一体化技术就是这种在碳捕集、利用与封存骨架内发展出的集成型技术，通过将排放源的 CO_2 直接与共反应物进行反应，转化为下游产品。由于 CO_2 捕集与转化利用可以在一个反应器内实现，有助于避免高能耗的脱附过程以及吸附剂的回收问题，所以是一项低成本、高效率的碳减排技术，也能够大幅缩短工艺流程。此外，该技术中吸附过程和转化过程的温度/压力恒定，因此在最大程度上降低了系统能耗。

简单来说，该技术通过双功能材料（dual functional materials，DFMs）在烟道气等含 CO_2 和还原性气氛之间的切换，最终实现 CO_2 捕集与原位转化，避免吸附剂频繁再生、CO_2 压缩、运输和催化转化的变温/变压过程。该技术所用 DFMs 同样可以是均相或多相材料，在气-固、气-液或气-液-固模式下实现 CO_2 捕集及热驱动转化一体化（图 6-1）。当前对 DFMs 的研究大部分集中于结合固体吸附剂和催化剂及其有效设计和构造，涉及吸附和催化活性组分的组合，或有针对性地进行材料结构的设计与构筑。虽然如此，CO_2 捕集/原位转化技术发展处于 DFMs 开发和概念验证阶段，缺乏详细的工艺设计和技术-经济可行性评价。但是，ICCU 技术具有显著的低能耗特点，更重要的是，吸附的 CO_2 分子通常为弯曲结构，而不是其原始的线性结构，显著降低了活化能垒，可直接在温和条件下（甚至在大气压下）实现随后的化学转化，所以未来的研发空间和应用潜力仍很大。

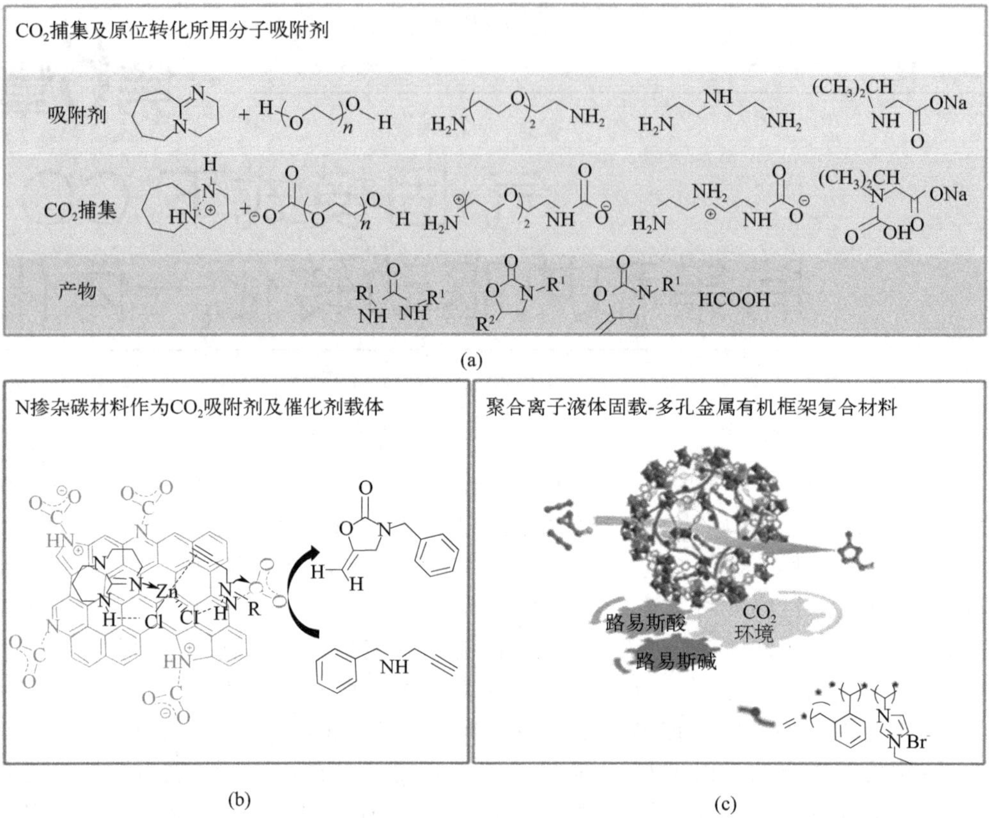

图 6-1　不同模式下 CO_2 捕集与转化一体化示意图

6.1　集成 CO_2 捕集与甲烷化一体化

“集成 CO_2 捕集与原位甲烷化（integrated CO_2 capture and in-situ methanation，ICCM）”是一种新兴的“power-to-gas”碳中和与储氢、储能相结合的技术。该技术中，烟道气等当中 CO_2 选择性地被吸附并以碳酸盐和羧酸盐等形式储存在 DFMs 中，同时引入 H_2 将其原位转化为 CH_4。需要注意的是，甲烷来源于吸附过程中储存的 CO_2，因此甲烷产量直接受限于吸附组分的吸附量。由于 CO_2 捕集和甲烷化反应在较低压力下运行，系统具有较高的能量转换效率，例如利用 Aspen Plus 进行模拟及优化，对该集成工艺能源转化效率、综合能效、CO_2 净排放量和转化成本评估后发现，其能效、综合能耗和 CO_2 净排放分别为 82.74%、$-14.61MJ/kg_{CO_2}$ 和 $-1.18kg_{CO_2}/kg_{CO_2}$[1]，远远优于“CO_2 捕集-分离-加氢”路线。但为使该一体化技术能在恒温下进行，吸附剂的脱附温度应与甲烷反应温度应保持相匹配，因此吸附剂多为中低温吸附剂（金属氧化物及碱金属含氧酸盐等）。

此外，一些新型吸附剂如 LDHs、MOFs 等也可以作为 DFMs 中的 CO_2 捕集组分。图 6-2 为集成 CO_2 吸附与甲烷化反应路径图。

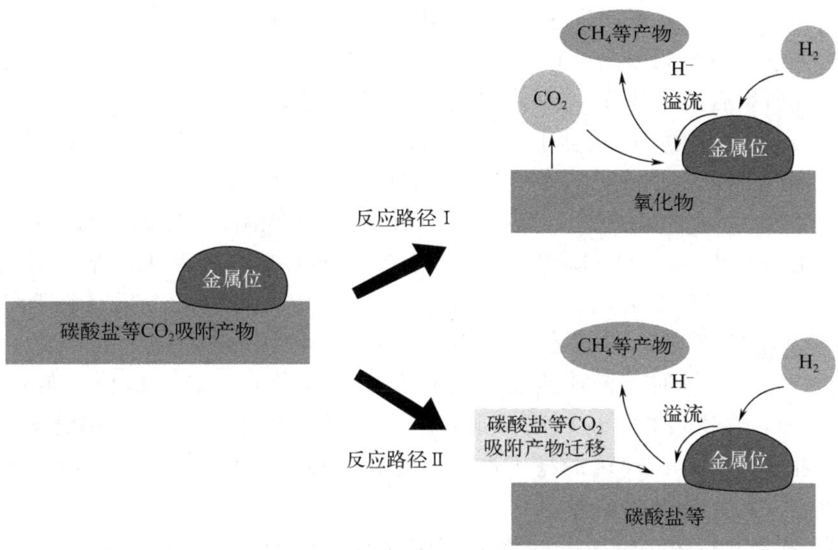

图 6-2　集成 CO_2 吸附与甲烷化反应路径图

现有报道中典型的 DFMs 及其性能如下。

① 以 MgO 基吸附剂（8.41% KNO_3-2.44% $NaNO_3$-31% $LiNO_3$-52.51% MgO）和甲烷化催化剂（4.20%Ni/CeO_2）构筑双功能材料，不但表现出较强的吸附能力，而且在较宽的温度范围内均有助于 CH_4 的形成。碱金属盐促进的 Ni-MgO 双功能材料在集成 CO_2 捕集和甲烷化一体化方面显示出巨大的应用潜力。通过顺序浸渍法形成 Ni-碱金属盐-MgO 结构，其中碱金属盐被分配到 MgO 颗粒的内核和外层。不过，碱金属盐优先占据特定的孔道，较小的 Ni 颗粒只能均匀分布在 MgO 表面，因而受 CO_2 吸附过程中碳酸盐的影响减小。这样一来，该 DFMs 表现出卓越的 CO_2 捕集和甲烷化一体化性能，CO_2 吸附容量高达 1.86mmol/g，CH_4 收率可达 1.37mmol/g。以 Li、Na、K 掺杂 MgO 为吸附剂，物理混合 Ru/CeO_2 甲烷化催化剂所得 DFMs 在 ICCM 中也显示出较好的性能。其中，CeO_2 上的氧空位不但增强了对 CO_2 的吸附性能，其形貌（棒状、颗粒状和立方体状）对 CH_4 产率和 CO_2 转化率影响巨大。与立方体状 CeO_2 相比，棒状和颗粒状 CeO_2 表现出更好的 Ru 分散性和更多的载体-金属相互作用，因而表现出更优异的性能（两者 CH_4 产量分别为 0.33mmol/g 和 0.29mmol/g，CO_2 转化率分别为 55.7%和 59.8%），尤其是棒状 CeO_2 所形成的 DFMs，5 次循环使用后 CO_2 转化率可超过 95%，远高于传统的 CO_2 甲烷化催化剂（同等条件下 CO_2 转化率一般小于 70%）。

② 以 CaO 基吸附剂和甲烷化催化剂也可构筑双功能材料，研究和使用最多的

是结合了 CO_2 捕集（CaO）和催化（Ni）活性位点的双功能材料，如在反应温度550℃下，1%Ni/CeO_2-CaO 可实现约 62%的 CO_2 转化率，CH_4 选择性可达 84%，产率 8.0mmol/g。又如 DFMs 负载 Ni 后影响活性相和惰性相之间的相互作用，而向其中添加 $CaZrO_3$ 显著增强了 CO_2 捕集和催化活性以及抗烧结能力[2]。在流化床反应器上进行测试后发现，CH_4 几乎完全转化，而捕集的 CO_2 有 52%用于合成气生产，且所得合成气中 H_2/CO（摩尔比）稳定接近 1。

③ 碱金属氧化物/碳酸盐和甲烷化催化剂结合所得双功能材料，如 Na_2O、K_2O 具有较强的碱性位点，在 CO_2 捕集中理论转化率几乎为 100%，但吸附 CO_2 后的产物（Na_2CO_3、K_2CO_3）较稳定，难以释放所吸附的 CO_2，所以其参与甲烷化反应转化为 CH_4 或 CO 的难度较大。其中，Na_2O 和 Ru 催化剂结合时的 ICCM 性能最好，甲烷收率可达 0.614mmol/g。向 γ-Al_2O_3 中掺杂 Na 后有利于可逆双齿和多齿碳酸盐的形成，进而促进 Al-O 吸附位点的形成并加快 CO_2 的转化。Na_2CO_3、K_2CO_3 等碱金属碳酸盐具有较弱的碱性位点，其一般作为低温吸附剂（50～100℃），在甲烷化反应的高温下吸附量受限，但由于吸附过程中水蒸气参与，且可以显著增大所得 DFMs 的稳定性，因此在湿度较高的烟道气中进行 CO_2 捕集和原位转化中具有较好的前景。

④ 除碱金属和碱土金属等的化合物作为吸附组分结合甲烷化催化剂外，近年来还开发了通过调节反应条件实现“单组分”材料的双功能化，如以 $LaNiO_3$ 作为 CO_2 吸附组分负载于 CeO_2 上，经 H_2 还原后，Ni 物种析出并形成了 Ni^0 纳米颗粒（粒径 7～10nm）和金属氧化物相的混合物。由于 La_2O_3 提供了较高的碱性位点浓度，Ni^0 纳米颗粒又具有优异的加氢性能，280～520℃下对 CH_4 的选择性高于 90%且甲烷产量保持在 80～103μmol/g。

就目前的研究进展来说，在 CO_2 吸附组分选择上，金属氧化物（如 MgO、CaO 和其他碱土金属氧化物等）和碱金属碳酸盐（如 Li_2CO_3、Na_2CO_3 和 K_2CO_3 等）是一些具有潜力的吸附组分，特别是 MgO 和 CaO 等碱土金属氧化物，因其理论吸附量高且储量丰富而被视为最有前景的吸附材料。但是，该类材料也面临实际吸附量不理想和循环稳定性差等问题。目前对其进行的研究主要通过碱金属熔盐掺杂和多种载体负载等方式提升 MgO 的实际吸附量，或通过掺杂 Fe、Co、La 等金属助剂提高 CaO 吸附剂的循环性能和抗烧结能力。在催化组分选择上，贵金属催化剂虽然活性高，但使用成本昂贵，而 Ni 基、Co 基等催化剂成本较低，但热稳定性较差，且在反应过程中易氧化和烧结等导致失活。在反应条件的匹配上，动力学研究表明反应速率高度依赖于反应过程中一些反应物如 H_2、碳酸盐等的分压，通过调节吸附和催化的时间以及两物种的浓度，可提高 CH_4 的产量。

需要注意的是，针对集成 CO_2 捕集与原位甲烷化，仍需进一步提升 DFMs 中吸附组分的吸附性能，以达到与甲烷化反应在热力学和动力学上的匹配。另外，由于 DFMs 中催化组分在循环过程中参与氧化-还原反应，会显著影响 ICCM 工艺的 H_2、电力和能源等耗量，因此需要开发新型高效稳定催化组分，维持 ICCM 在可以接受的能耗和成本消耗范围内。另外，深入探讨 DFMs 材料的组成和特性，需要结合反应温度、反应时间、气体组成等内容，同时要分析整个过程对甲烷化过程的影响。以上方法都为将来 CO_2 减排和利用的进一步提升带来希望，也为更可持续、更高效的碳循环过程铺平道路。

6.2 集成 CO_2 捕集与甲烷干重整一体化

集成 CO_2 捕集与原位甲烷干重整技术的关键是 DFMs 的设计与构建。其中，金属氧化物如 CaO 基材料结合 Ni 等过渡金属对该过程具有良好的吸附/催化效果。但碳酸盐分解与甲烷干重整反应的动力学失配，使该类材料的实际 CO_2 吸附和随后的催化转化效果不尽如人意。例如，低温下碳酸盐分解速率虽适当，但甲烷干重整反应活性差，因此 CO_2 转化率较低；而在高温下，碳酸盐过快分解产生的热效应和浓度效应等亦使 CO_2 转化率降低。所以，在满足干重整反应所需温度的前提下，控制碳酸盐的分解速率和 CO_2 的扩散路径就成为有效的优化思路。根据研究者报道，目前可实现该过程的最低温度为 650℃。由于钙循环干重整可实现 CO_2 捕集和原位制备合成气，而且 CH_4 的引入可以降低 $CaCO_3$ 的分解温度和 CaO 的再生温度，使得原本高能耗反应在较低温度下也具有优异的反应动力学。此外，与传统 DRM 工艺相比，该工艺的 CO_2 利用能耗最高可降低 22%。

6.2.1 双功能材料及其影响因素

该技术成功的关键是选择和组合两种基本活性成分组成合适的 DFMs。其中，Ni-CaO 基 DFMs 在工作温度下同时提供理想的 CO_2 捕集能力和催化活性，同时在 CO_2 捕集和转化之间合理匹配（$CaCO_3$ 分解温度为 850～950℃，与 Ni 基催化剂的最佳催化温度＞900℃完美匹配），最终实现 CO_2 捕集和原位转化为合成气。如图 6-3 所示（参见彩插），Sun 等人[3] 以制备纳米反应器并构筑限域空间为目标，构建了 Ca@Si 蛋黄壳吸附剂并将催化活性组分 Ni 锚定在壳层中，通过精确操控碳酸盐分解释放 CO_2 及其扩散的方向进而影响其催化活性。该特殊体系具体构建过程包括：①以干冰沉淀法制得球形纳米碳酸钙；②之后通过构筑 Si 层和掺杂 Ni 的顺序实现硅层对 $CaCO_3$ 核心的包覆，同时 Ni 也被成功锚定在 Ca_2SiO_4 壳层中；③$CaCO_3$ 在煅烧为 CaO 过程中体积收缩而受到诱导作用从而形成蛋黄壳结构。由于该双功能纳米反应器的限域催化作用，可以有效调控碳酸盐分解及 CO_2 释放/扩散路径，在其必经之路上与催化活性位点（Ni）的充分接触和作用保证了 CO_2 充分催化转化，对 CO_2 捕集性能也产生了较大的提升。另外，受益于核壳限域结构，即 Ca_2SiO_4 壳层包覆，使得 CaO 核相互间避免了烧结，从而尺寸维持在纳米尺度，而 Ni 粒子也在此过程中得以稳定。除此之外，多孔壳层还显著延缓了 $CaCO_3$ 的分解速率及所产生的热效应。最终，所形成的 Ni-Ca_2SiO_4 与 Ni-$CaCO_3$ 界面共享 CH

O^* 和羰基中间体，在反应温度为 650℃下实现了约 92%的 CO_2 转化率，且材料循环使用 10 次后未见明显失活。

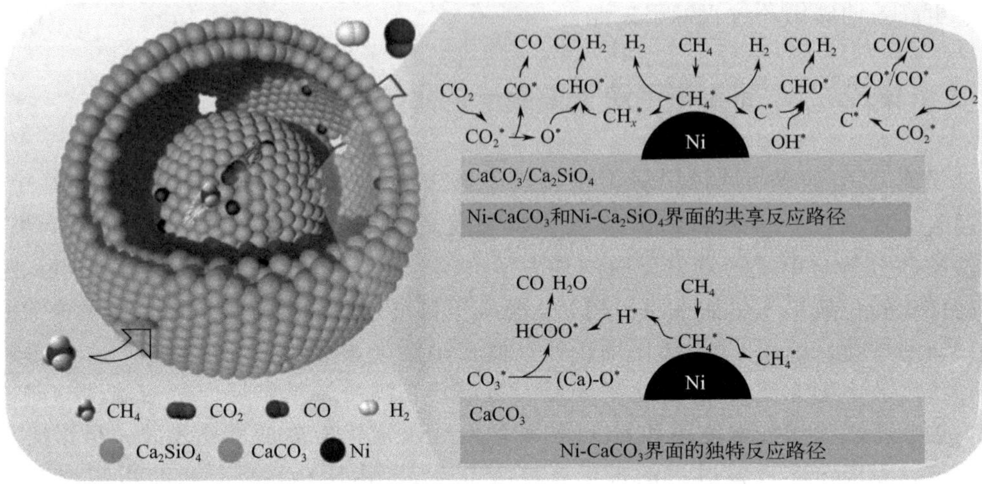

图 6-3　Ni 掺杂 Ca@Si 纳米反应器的构筑及其在 CO_2 捕集与原位甲烷干重整中的应用

CaO 作为 CO_2 吸附组分，其活性和稳定性不仅决定了 CO_2 捕集及循环能力，而且作为 Ni 的载体，也极大地影响了 Ni 的稳定性。实际上，CaO 比 Ni 更易因高温烧结而失活。此外，其表面结构和性质影响 Ni 纳米颗粒的分散和结构环境，从而影响其催化性能。因此，CaO 表面性能的改善对双功能材料具有重要意义。加入助剂可以有效提高材料的碱度、比表面积、孔隙率、晶粒尺寸和烧结阻力等表面结构和性质，从而改进材料的吸附和催化性能。在 CaO 基体中预先掺杂微量的 Ni，可以得到富介孔的 CO_2 吸附剂，之后通过浸渍引入 Ni 组分，将 Ni 串联分布在 CaO 框架中，从而在吸附剂上产生高度分散的活性催化位点，成功构建了 Ni/Ni-CaO 双功能材料。与常规 CaO 相比，由于离子半径较小的阳离子（Ni^{2+} 半径为 0.069nm）取代了 Ca^{2+}（0.112nm），Ni-CaO 中 CaO 相的晶格参数减小，XRD 衍射峰位移动。不过，由于 Ni 质量分数很低（0.25%），在 Ni-CaO 上没有观察到与 Ni 种类相关的衍射峰。此外，微量 Ni 的预掺杂并不影响 CaO 的晶粒尺寸，但对所得 CaO 的形态特性有显著影响。CaO 具有致密片状结构，而 Ni-CaO 具有多孔性海绵状结构，且存在大量尺寸分布不规则的介孔。所得双功能材料具有较高的 CH_4 催化活性、良好的 CO_2 释放能力和抗 Ni 氧化和积碳能力，在 650℃、CO_2 体积分数为 10%的烟道气中进行 10 次循环 CO_2 捕集和催化性能测试后表明其对 CO_2 捕集与甲烷干重整反应表现出较高的活性[4]。

6.2.2 反应器的影响

反应器的选择对该反应的影响很大，其中，流化床反应器具有高效的传热性能、床层内温度分布均匀、有效消除内扩散阻力从而提高催化剂的效能、可以实现催化剂的连续再生和循环操作、能够实现大规模连续生产等诸多优点。虽然颗粒与反应器壁面或床层内其他固体颗粒的碰撞和摩擦会导致颗粒破碎甚至粉化，从而导致物料失去活性，但如果采用机械强度和热稳定性较高的材料则可以减缓甚至避免该问题的发生。ZrO_2 能够增强材料的结构、烧结性能和整体性能，所以可以作为一种良好的结构助剂。在流化床反应器内进行 CO_2 捕集与甲烷干重整反应实验，考察 CaNi 双功能材料组成和操作条件对钙循环/干重整一体化工艺的影响后发现[5]，Ni 负载影响活性相和惰性相之间的相互作用，而添加 ZrO_2 与 CaO 形成 $CaZrO_3$ 后可充分提高材料的机械稳定性，显著增强了 CO_2 捕集和催化转化活性以及抗烧结能力。此外，流化床反应器可以实现 CO_2 捕集（即 CaO 碳化）、$CaCO_3$ 分解与甲烷干重整反应之间更有效的耦合。在进行 50 个连续碳化（碳化温度为 650℃）和煅烧（煅烧温度为 700℃，温度过低如 650℃时，仅有 60%的 $CaCO_3$ 分解，导致碳化后可用的 CaO 减少，CO_2 捕集能力下降）循环后，Zr 促进的 CaNi 双功能材料几乎能够实现 CaO 完全碳化，最终所捕集的 CO_2 中 52%可转化为合成气，CH_4 则几乎完全转化，所得合成气 H_2/CO 的比值接近 1。这充分说明 ZrO_2 的添加促进了 CaO 的分散性及其与 CO_2 的相互作用。并且，CO_2 捕集损失主要归因于 CaO 在高温下的烧结，而 $CaZrO_3$ 增强了热阻，限制了烧结，所以起到结构稳定剂的作用。而未添加 ZrO_2 的 CaNi 双功能材料虽具有最高的 CO_2 初始吸收量（14.7mmol/g），但 CaO 碳化率约为 85%，初始 CH_4 和 CO_2 转化率较低（分别为约 27%和 37%）。经过 50 次循环使用后，用于 CO_2 捕集的 CaO 活性位急剧减少，CO_2 捕集能力损失近 30%。

6.2.3 原料种类的影响

除甲烷外，乙烷作为原料也可以将干重整制合成气技术与 CO_2 原位捕集耦合。例如，以 γ-Al_2O_3 为载体，通过负载 Ni 浸渍 CaO 或 MgO 得到的多金属中心双功能材料在 650℃、空速为 2250mL/(g·h) 下，对 CO_2 原位吸附并实现随后 CO_2 与 C_2H_6 的解吸反应，C_2H_6 100%转化，CO_2 转化率可达 75%，催化剂上焦炭形成程度较低（约 9%）。

6.3 集成 CO_2 捕集与逆水煤气变换一体化

综合 CO_2 捕集和利用可以耦合吸附和催化功能，该类双功能催化剂在实现 CO_2 的 ICCU 和高效利用方面显示出巨大的潜力。目前国内外大量机构在集成 CO_2 捕集和 RWGS（ICCU-RWGS）上取得了大量成果，包括双功能材料中吸附剂和催化剂组分对 ICCU-RWGS 吸附效率和催化活性等的影响。

详细来说，ICCU-RWGS 将 CO_2 捕集和反应紧密结合，将含有 CO_2 的烟道气等废气和含碳燃料的利用所导致的 CO_2 排放转化为有价值的合成气（CO）。从原理上来说，ICCU-RWGS过程首先利用DFMs从烟道气中捕集 CO_2，吸附饱和的DFMs在还原性 H_2 气氛下解吸再生，产生的 CO_2 在催化组分表面与活化H物种或溢流 H_2 作用生成CO。由于RWGS温度较高（通常高于500甚至650℃），所以选择较高的反应温度有助于增加碳氢比进而增加平衡转化率。

在ICCU-RWGS中所使用的DFMs通常由含有碱性位点的吸附组分和含有催化活性位点的催化组分构成，其表面不但可以实现 CO_2 吸附和分离，还可以通过催化活性位的作用从而实现转化。但是对于该材料体系，需同时考虑吸附位点、催化活性位点与反应性能。

应用于 CO_2 捕集与RWGS一体化的DFMs主要如下。

(1) Ni/CaO、Ni/MgO等DFMs

RWGS反应温度较高，CaO、MgO等吸附剂的操作温度区间与其相匹配，加之CaO、MgO等廉价、储量丰富，且具有优异的 CO_2 吸附性能，所以在钙化学循环和镁化学循环中被广泛使用且该技术已相对成熟。以CaO为例，CaO基DFMs双功能材料的 CO_2 吸附及原位RWGS过程如图6-4所示（参见彩插），首先含有 CO_2 的气体接触到CaO时，CO_2 吸附于其上并通过化学反应形成 $CaCO_3$；之后通过RWGS，解吸的 CO_2 和 H_2 反应转化为CO。为缓解CaO在循环吸附和解吸过程中的烧结，通过添加金属助剂及优化合成工艺构建多孔结构，以提高材料的分散性是提高CaO吸附剂循环性能的重要方法。

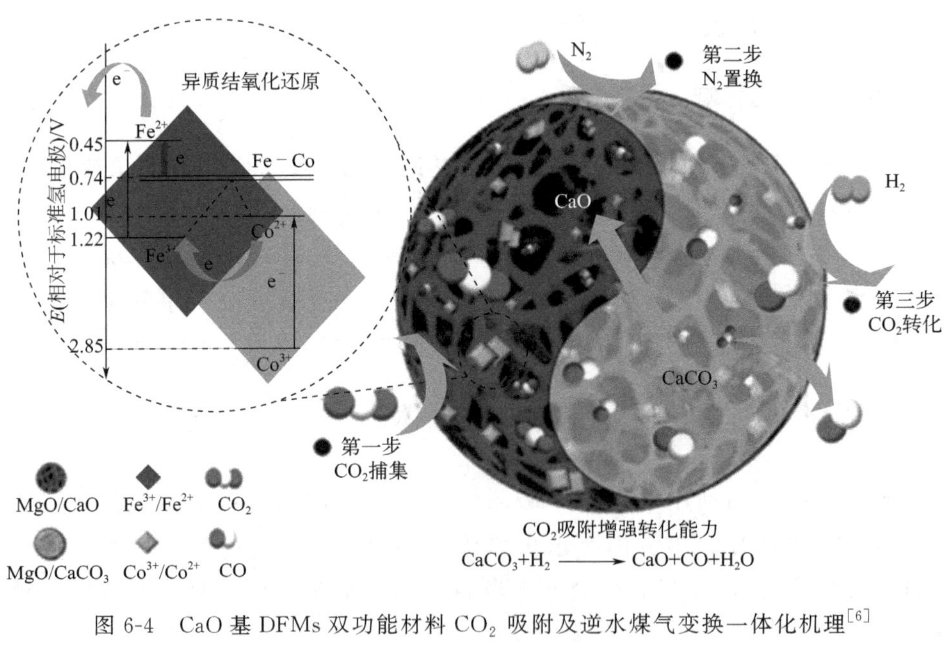

图6-4 CaO基DFMs双功能材料 CO_2 吸附及逆水煤气变换一体化机理[6]

(2) **无过渡金属 DFMs**

由于过渡金属活性位的存在，在 CO_2 吸附阶段，其与过渡金属组分反应产生大量 CO 而使吸附阶段产生过多杂质气体，所以从材料组成上去除过渡金属可以避免 RWGS 原料气不纯。无过渡金属 DFMs 仅包含吸附组分和一些助剂，RWGS 在无催化剂的情况下依靠热力学驱动使 CO_2 与 H_2 反应。该过程的优势在于 CO_2 吸附阶段可以避免产生有毒 CO，同时降低了材料成本，产物选择性在某些情境下会限制增大。例如，从 DFMs 中去除过渡金属催化剂，同时将 Al、Ce、Ti 和 Zr 等掺杂进入 CaO 基形成新型 DFMs 双功能材料。结果表明，所得材料在 650℃下、ICCU-RWGS 中，具有极佳的 CO_2 转化率（约 49%）及 CO 选择性（约 100%）。

进一步以大理石作为钙源构筑了 DFMs，惊喜地发现价廉的大理石粉尘具有极高的 CO_2 捕集能力（9.4mmol/g），且能够高效地将捕集的 CO_2 转化为 CO。详细表征后发现，其优异的稳定性和催化性能的增强归功于大理石粉尘中 Mg 等杂质的分布，这些惰性掺入物可以保持 CaO 材料的循环性能，而 Fe 等具有催化活性的杂质可作为催化位点促进 CO_2 加氢反应。

(3) **其他**

其他关于新型高温吸附组分的 DFMs 报道还较少。部分学者以 MgAl-LDHs 为载体，通过负载 FeCrCu-K 催化剂构筑 DFMs，所得双功能材料在长周期循环过程中，始终保持稳定的 CO_2 转化率（约 65%）和较高的 CO 选择性（约 93%）。

CO_2 捕集技术中，Li_2ZrO_3、Li_4SiO_4 和 Na_2ZrO_3 等在高温 CO_2 吸附中具有较好的吸附能力和循环稳定性，已应用于吸附增强蒸汽重整/水煤气变换反应制氢技术中并多次报道。虽然其具有较广的应用潜力，但也面临动力学缓慢等问题。值得注意的是，目前 Li_4SiO_4 吸附剂已在 ICCU-甲烷干法重整技术中有所报道，重点突出该高温 CO_2 吸附剂在 ICCU-RWGS 反应路径中有较大的应用潜力。但是，不同于甲烷化反应，由于 RWGS 反应温度较高，催化剂会在高温下发生烧结及积碳等问题，如何设计和构造 DFMs 中的吸附和催化组分，使其具备更强的抗烧结及抗积碳性能，同样是 ICCU-RWGS 反应工艺中的潜在技术难题。

6.4 集成 CO_2 捕集与催化加氢一体化

烟道气等工业尾气中 CO_2 与 N_2、O_2、SO_x、NO_x、水甚至烷烃和烯烃等成分混合在一起。由于需要与其他气体分离，从混合气体中捕集 CO_2 对于均相和非均相体系都具有较大难度。虽然胺溶液、氢氧化物或具有极化能力的固体吸附剂可以选择性地捕集 CO_2，但将所捕集的 CO_2 就地转化为高附加值化学品通常需要金属催化位点。而此类催化位点在水等多种组分的存在下容易失活。因此，为实现 CO_2 捕集和催化加氢需要同时耦合吸附选择性、水稳定性和催化活性。

MOFs 可以从烟道气流中选择性地捕集 CO_2，同时催化 CO_2 加氢转化的开放

式金属位点可将 CO_2 转化为甲醇、甲酸等化学品。所以，经过合理设计，MOFs 可以作为一种同时实现 CO_2 捕集和催化转化的材料。先前研究表明，Cu^+ 配合物在强碱存在下可以催化 CO_2 加氢转化，其催化活性来源于低配位 Cu^+ 与碱配位络合，从而产生活性氢化物作为反应所需供氢物种。基于多功能协同的思想，在 DMF 溶剂中将 $ZnCl_2$ 和 $CuCl_2$（2∶3）与 1,5-二氢苯并双三唑（H_2BBTA）在 140℃下加热 2 天后成功合成了新型超微孔 Cu^+-MOFs 材料[7]。该材料在不同的环境中具有两种类型的开放式 Cu^+ 位点，即四面体 Cu^+ 和线性 Cu^+。虽然 Cu^+ 位点在潮湿条件下会迅速氧化，但该材料却表现出优异的热、湿和空气稳定性。所以该材料即使在潮湿的反应条件下，开放性 Cu^+ 位点也可用于催化 CO_2 加氢。同时，Cu^+-MOFs 材料中所包含的配体具有很高的 CO_2 捕集能力，且对 CO_2 和 H_2 的吸附选择性优于 N_2、O_2、CH_4、C_2H_4、C_2H_2 和 H_2O 等烟道气混合物，这是由于其超微孔结构在分子尺度上通过动力学效应排除了这些分子（图 6-5）。多个温度下测定的 CO_2 吸附等温线显示其与 CO_2 之间存在良好的物理吸附相互作用（吸附热 22～28kJ/mol），但该 MOFs 对 H_2 的等容吸附热则明显高于 CO_2（32kJ/mol）。因此，可以判定该材料对 H_2 活化吸附并形成高活性表面 H 物种。至此，所合成的 Cu^+-MOFs 材料优异的 CO_2 和 H_2 吸附能力保证了后续 CO_2 加氢反应的顺利进行。实验结果显示，由于配体的高晶体密度和疏水性，在 0.1MPa 下，Cu^+-MOFs 在反复暴露于潮湿的 CO_2 气流中，进行 32 个吸附-解吸循环后，其吸附容量仍保持在初次 CO_2 吸附容量的 88%；进一步以模拟烟道气（15%CO_2）进行测试，其 CO_2 吸附量高达 0.68mmol/g。上述测试说明该材料基本不存在与水汽的相互作用，而良好的憎水性将有助于其在接下来的催化加氢反应中维持 Cu 位点稳定在+1 氧化态并保持较高的催化活性。进一步的加氢测试也印证了这一点。在 50℃条件下，以掺杂 H_2 且 $H_2/CO_2=3$ 的混合气体为原料，除 CO_2 和 H_2 外，Cu^+-MOFs 所吸附气体中未检测到其他气体成分。甲酸是原位加氢反应的唯一产物，反应周转率为 8。

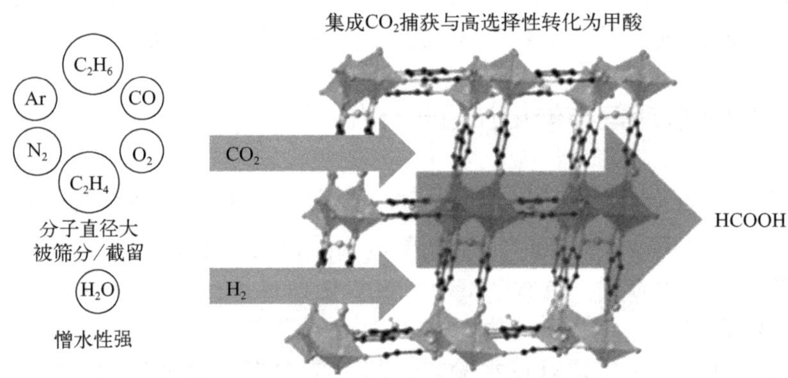

图 6-5　Cu（Ⅰ）基金属有机骨架材料的集成 CO_2 捕集与高选择性转化为甲酸

总之，该 Cu^{+}-MOFs 可以从复杂烟道气中捕集 CO_2 并将其就地高效转化为甲酸，选择性高达 100%。CO_2 加氢发生在该材料的孔隙内而不是表面，且该过程不受水汽、氧气等的影响。另外，该材料在整个 pH 范围内表现出较高的稳定性。与 CO_2 捕集和利用分开的过程相比，该耦合过程为 CO_2 捕集和加氢提供了一条更经济的途径。

6.5　CO_2 吸附增强蒸汽重整/水煤气变换反应制氢

蒸汽重整是将碳氢化合物和水在高温高压下重新组合的过程，主要产物为 H_2 和 CO 和/或 CO_2。该技术广泛应用于生产合成气和氢气工艺中。吸附增强蒸汽重整（sorption enhanced steam reforming，SESR）类似于燃烧前 CO_2 捕集，当天然气等烃类与水蒸气在 CO_2 吸附剂和重整催化剂存在下发生蒸汽重整反应时，产生的 CO_2 被碱金属硝酸盐掺杂的 MgO-$CaCO_3$ 连续吸附并从反应中去除，从而使反应平衡向产物（H_2 和 CO_2）方向移动，从而提高天然气等碳氢化合物的转化率和 H_2 的收率，而 CO_2 吸附增强水煤气变换则是一种很有前景的预燃烧 CO_2 捕集技术[8]。以上工艺可以生产适合交通运输和地质储存（或再利用）的脱碳 H_2 和浓缩 CO_2。吸附增强蒸汽重整/水煤气变换可以显著减少与 H_2 生产相关的 CO_2 排放，并且可以在净零排放路径中发挥重要作用，特别是对于创建新的生产能力，保证 H_2 和 CO_2 被永久储存并且燃料供应的上游排放得到最小化控制。然而，由于总体来说其是吸热过程，降低反应温度和能耗的低成本制氢方法仍然是该类技术面临的难点。另外，从成本核算的角度考虑，若要达到氢气成本降低约 25%，在运营支出相似的情况下，投资支出需减少 50%以上，同时为满足具有同等 H_2 纯度的 CO_2（约 97%）捕集率，碳足迹需降低 40%能耗，因此需提高碳捕集效率，优化 DFMs 组成和功能。

借助 DFMs 双功能材料的特殊功能，利用该 CO_2 吸附增强蒸汽重整/水煤气变换一体化技术所捕集的电厂、煤化工企业及化肥企业等排放的 CO_2，并用绿氢、甲烷、环氧化物、有机胺等将所捕集的 CO_2 原位转化为合成气、天然气、碳酸酯等产物，是同时解决 CO_2 减排和能源/材料安全问题的有效途径。目前，该技术处于工业化发展初期阶段，尚缺乏与工业化应用密切相关的工艺性能分析，以及对反应器操作压力、双功能材料种类和特性、烟道气来源和种类等对 CO_2 捕集转化一体化工艺性能的影响等的综合性研究。

6.6　其他集成 CO_2 捕集与催化转化一体化

6.6.1　CO_2 捕集和转化为甲酰胺

CO_2 是没有偶极矩的线性分子，一般呈化学惰性。胺类等还原性较强的分子可以与 CO_2 配位并形成 C—N 键，最终通过生成氨基甲酸酯中间体来降低 CO_2 还原的活化能。甲酰胺（如 DMF）等酰胺类产品既可以作为合成原料也可以作为有机溶剂，在工业中应用广泛。工业上大多数甲酰胺是通过 $NaOCH_3$ 催化胺与甲醇反应产生的，而 CO_2 加氢生成甲酰胺则是一种具有多种优点且绿色的方法，且在均相和多相催化体系中都可以实现。更加令人惊奇的是，将 CO_2 捕集和直接转化为甲酰胺集成到一个体系中，是一种颇有前景的 CO_2 减排和利用途径。

近日，某团队报道了一种负载在纳米金刚石（ND）/石墨烯（G）上的高分散 Ir 催化剂[9]，该催化剂能实现 CO_2 捕集和高效 N-吗啉甲酰化反应，同时可以实现高效回收利用。换句话说，在相对温和的反应条件下，该课题组整合了 CO_2 捕集和吗啉甲酰化反应。其中，吗啉与大气条件下捕集的 CO_2 转化为 N-甲酰基吗啉，在 Ir 质量分数 0.03%、原子级分散的 Ir/ND@G 催化剂上，CO_2 消耗速率达到 $3.2mol/(mol_{Ir}\cdot s)$。

如图 6-6 所示，反应具体过程如下：一般来说，吗啉是用于捕集 CO_2 的仲胺，在本次反应之初，两个吗啉分子与一个 CO_2 反应形成吗啉-1-吗啉羧酸盐（一种氨基甲酸酯）。CO_2 捕集后形成的液态吗啉在空气中暴露 14 天后可以完全转化为氨基甲酸酯固体，随后进一步在 150℃下引入纯 H_2，在 Ir/ND@G 催化剂（Ir 质量分数为 1.1%）的作用下将氨基甲酸酯加氢转化为 N-甲酰基吗啉，吗啉转化率可达到 51%，同时达到极高的产率和选择性（>99%）。

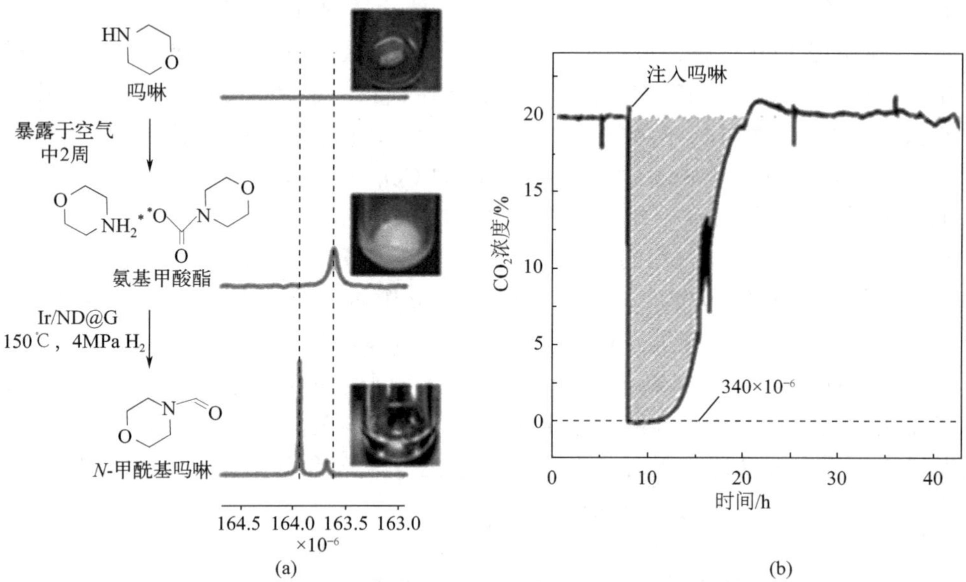

图 6-6 CO_2 捕集并加氢转化成 N-甲酰基吗啉的串联反应示意图[9]

XPS 光谱检测了 Ir 物种的价态，显示其带正电（$Ir^{\delta+}$）且 δ 为 0～3。随着 Ir 负载量的减少，Ir 的 4f 峰向更高的结合能方向略微移动，表明 Ir 物种的正电荷增加。X 射线吸收近边结构光谱证实 Ir 物种被部分氧化，更低的 Ir 负载量导致更高的 Ir 氧化态。从 XRD 来看，在这些 Ir/ND@G 催化剂上没有观察到与 Ir 晶体相关的衍射，表明 Ir 单原子或团簇高度分散在载体上。例如，Ir/ND@G（Ir 含量为 0.03%）上未检测到 Ir-Ir 的峰。唯一可见的配位信号（Ir-C/O）位于约 2.0Å，表明 Ir 单原子分散在载体上。当提高 Ir 的负载量后，如 Ir 含量为 0.1%、0.2%和 0.6%的 Ir/ND@G 催化剂，在 2.7Å 处出现了 Ir-Ir 散射峰，其配位数分别为 0.6、1.3 和 1.8，Ir-C/O 分散程度（代表 Ir 在载体上的分散性或其与载体的作用）随着 Ir 负载量的增加而降低。由所有表征结果可知，Ir 含量为 0.03%时 Ir/ND@G 催化剂表面实现了原子级分散的孤立 Ir 物种，有利于在反应中展现出高的催化活性和产物选择性。

6.6.2 CO_2 捕集和原位低浓度转化为环状碳酸酯

环加成反应具有原子效率高、操作方便和成本低的特点，通过 CO_2 和环氧化物之间的环加成反应可生成环状碳酸盐酯。该反应的关键在于开发具有高活性和稳定性的催化系统。MOFs、COFs 等催化剂可以催化 CO_2 环加成反应，同时可以解决催化剂和产物分离的问题。然而，这些催化剂的制备工艺复杂，并且无法对低浓度的 CO_2 进行捕集和利用。

多孔碳材料具有高比表面积、物理化学稳定性高、孔隙结构可调、制备易扩展等优点，在催化、吸附和分离等领域显示出巨大的应用前景。通过后修饰策略将 NH_2 功能化的离子液体共价固定在活性炭上，并将该催化剂用于氧化苯乙烯的 CO_2 环加成反应中，实现了将近 100%的转化。青岛科技大学研究团队提出了通过煅烧混合流体聚合物前驱体，然后与聚离子液体原位制备复合材料，得到了具有丰富 L 酸/L 碱活性位点和亲核基团的新型聚（离子液体）@多孔碳纳米复合材料（图 6-7）。该 PIL-Br$_x$@Zn-CTM 纳米复合材料用于 CO_2 高效捕集和原位低浓度转化为环状

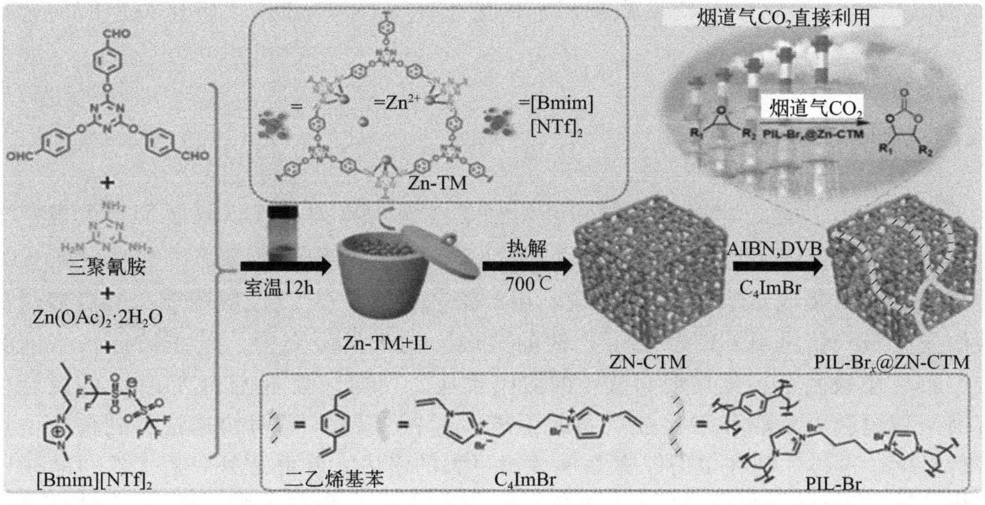

图 6-7　PIL-Br$_x$@Zn-CTM 纳米复合材料合成路径[10]

碳酸酯并表现出了较好的效果。例如，PIL-Br1.0@Zn-CTM 对低浓度 CO_2（15% CO_2 和 85%N_2）与环氧氯丙烷的环加成反应表现出良好的催化活性，在 100℃、1MPa、10h 条件下，碳酸氯丙烯酯选择性高达 99%、收率可达 87%。PIL-Br_x@Zn-CTM 纳米复合材料催化 CO_2 与环氧化物环加成反应的合理机理如下：具有 L 酸性的 Zn^{2+} 位点使环氧化物 C—O 键极化，亲核性 Br^- 攻击环氧化物 β-C 原子后开环形成氧阴离子中间体，具有 L 碱性的 N 位点化学吸附并活化 CO_2，两者随后发生亲核反应生成碳酸酯化合物，最后经分子内环化反应生成环状碳酸酯。

6.6.3 集成 CO_2 捕集与高选择性催化转化为甲酸

MOFs 在烟道气条件下捕集 CO_2 并将其转化为有价值的化学品方面显示出较好的前景。然而，由于低选择性、水稳定性和反应性的优良组合，能够捕集和选择性转化 CO_2 的单一 MOFs 的开发仍然鲜有报道。例如在现有研究中，基于 Cu^+ 的 MOFs 对 CO_2 转化特别有效，但其较难表现出高度 CO_2 选择性吸附，并且在空气和水分存在的情况下该材料经常不稳定。开发一种在烟道气条件下稳定的 Cu^+-MOFs，同时从烟道气等混合物中捕集 CO_2，会提供一种能够在综合工况中选择性捕集和转化 CO_2 的材料，将会引起该领域的重大进步。有研究者[7] 介绍了 NU-2100，即超微孔 Cu^+-MOFs，该材料对 CO_2 吸附具有选择性，即使在水分子和空气存在的情况下也具有很高的稳定性。暴露于空气、氧气、水和不同温度下的综合评估表明，与其他已报道的 Cu^+-MOFs 相比，NU-2100 表现出更优的稳定性。吸附等温线和热重分析结合气相色谱-质谱表明，NU-2100 对 CO_2 的吸附选择性高于常见的烟道气成分（水、氮气和氧气等）。此外，在温和的反应条件下（50℃ 和 H_2 ∶ CO_2＝3 ∶ 1），NU-2100 表现出极高的 CO_2 捕集率和催化转化为甲酸的选择性（100%）。

6.7 前景与展望

由于 CO_2 吸附、净化、压缩和利用都是能源密集型过程，限制了其大规模工业应用。为简化这一类针对 CO_2 的处理过程并提高其能源效率，开发了使用双功能材料 DFMs 集成 CO_2 捕集和原位利用的工艺。具有高 CO_2 吸附能力和高催化活性的先进 DFMs 是 ICCU 系统可行性的关键。在未来研究中，首先需评估不同类型 DFMs 中吸附剂、催化剂和载体的协同效应。比如，吸附-催化 DFMs 的设计应有助于缩短吸附位点和催化位点间的距离，有利于 CO_2 脱附快速迁移到催化位点进行转化，这样才能在 ICCU 方面展现出更大的潜力。除此之外，着力探讨基于甲烷化、甲烷干重整和逆水煤气变换反应的 ICCU 系统中应用的 DFMs 的材料组成和物理化学特性、反应条件和反应机理，还应强调 DFMs 组分的协同效应和相互作用，并根据其吸附剂组分（如 Mg、Ca、Na 和其他吸附材料）进行分类，确定

DFMs 发展面临的挑战。最后，在处理工况条件下的烟道气等实际生产时，还需要考虑操作温度和 H_2O、O_2、NO_x 和 SO_x 等对 ICCU 性能的干扰。

参考文献

[1] Chen L Y, Chen Y H, Wei G Q, et al. Conceptual design and assessment of Integrated capture and methanation of CO_2 from flue gas using chemical-looping scheme of dual function materials[J]. Energy Conversion and Management, 2024, 299: 117847.

[2] Papalas T, Lypiridis D, Antzaras A N, et al. Experimental investigation of integrated CO_2 capture and conversion to syngas *via* calcium looping coupled with dry reforming of CH_4[J]. Chemical Engineering Journal, 2024, 485: 149866.

[3] Sun S Z, Wang Y Y, Xu Y K, et al. Ni-functionalized Ca@Si yolk-shell nanoreactors for enhanced integrated CO_2 capture and dry reforming of methane *via* confined catalysis[J]. Applied Catalysis B: Environment and Energy, 2024, 348: 123838.

[4] Hu J W, Hongmanorom P, Chen J M, et al. Tandem distributing Ni into CaO framework for isothermal integration of CO_2 capture and conversion[J]. Chemical Engineering Journal, 2023, 452: 139460.

[5] Shao B, Wang Z Q, Gong X Q, et al. Synergistic promotions between CO_2 capture and in-situ conversion on Ni-Cao composite catalyst[J]. Nature Communications, 2023, 14: 996.

[6] 赵传文，黄浦，郭亚飞．二氧化碳捕集-加氢转化一体化技术研究进展与展望[J]. 洁净煤技术，2024，30 (4): 1-20.

[7] Sengupta D, Bose S, Wang X L, et al. Integrated CO_2 capture and conversion by a robust Cu (Ⅰ) -based metal-organic framework[J]. Journal of the American Chemical Society, 2024, 146 (39): 27006-27013.

[8] Hu Y W, Cui H J, Cheng Z M, et al. Sorption-enhanced water gas shift reaction by *in situ* CO_2 capture on an alkali metal salt-promoted MgO-$CaCO_3$ sorbent [J]. Chemical Engineering Journal, 2019, 377: 119823.

[9] Cheng D Y, Wang M, Tang L P, et al. Catalytic synthesis of formamides by integrating CO_2 capture and morpholine formylation on supported iridium catalyst[J]. Angewandte Chemie (International Ed), 2022, 61 (26): e202202654.

[10] Liu M S, Ma C, Wang Q, et al. Capture and *in situ* conversion of low-concentration CO_2 over robust poly (ionic liquid) @porous carbon nanocomposites under green, co-catalyst- and solvent-free conditions[J]. Chemical Engineering Journal, 2024, 500: 157099.

第7章 CHAPTER 7

气-固模式下 CO_2 热驱动转化利用工业实例

CO_2 虽然是主要的温室气体，但也是来源广泛的廉价碳源。结合化工产业需求，尤其是在“双碳”背景之下，温室气体 CO_2 的资源化利用极有可能是下一个风口，会带动巨量的产业技术革新和资本涌入。因此，设计高效催化剂和新型反应路线，将其转化为液体燃料和多种高附加值化学品是极有前途的生产方式。CO_2 的转化途径有多种，比如电催化、光催化、等离子体催化等，而本书则瞄准转化效率和目标产品收率更高、更具工业应用潜力的热催化 CO_2 转化技术路线。

我国在 CO_2 化工转化技术方面取得了显著进步，但总体上仍处于研究和开发阶段，一些技术仅仅完成了中试阶段，包括通过甲烷 CO_2 干重整制备合成气、合成绿色甲醇、合成多元醇聚合物、矿化利用等技术。迄今为止，仅有少数以 CO_2 为原料的转化过程实现了工业化生产，如 CO_2 和苯酚在催化剂的作用下生成水杨酸、CO_2 合成可降解塑料、生产 $NaHCO_3$ 的 Solvay 工艺、尿素合成，还有 CO_2 作为碳源合成甲醇的 CAMERE 工艺以及合成聚碳酸酯等[1]，简要介绍如下。

7.1 CO_2 合成尿素

尿素作为重要的化工原料，在农业、医药、染料等领域有着广泛的应用。例如，在农业中，尿素在固体氮肥中含氮量最高（46%），所以是主要的氮肥之一，能够有效提高农作物的产量和质量；在医药领域，尿素用于制造一些药物中间体；此外，尿素还在染料工业中用于染色和印花工艺。尿素的工业制法主要是以 NH_3 和 CO_2 为原料，在高温和高压下合成（$2NH_3 + CO_2 \longrightarrow NH_4COONH_2 \longrightarrow NH_2CONH_2 + H_2O$），具体工艺路线如图 7-1 所示。该工艺所用催化剂包括钴钼催化剂和铁铬催化剂等。钴钼催化剂具有良好的抗硫性能和高活性，适用于含硫化物较多的环境，但其成本较高。铁铬催化剂则以其高活性、机械强度好、耐硫化物和耐热性能好而著称，且成本较低。该催化剂能够显著降低尿素合成的反应温度和压力、提高反应速率和选择性，从而提升生产效率和产品质量。通过改进催化剂的制备方法、添加适当的助催化剂，可以提高催化剂的活性和稳定性，有助于降低生产成本，提高企业的竞争力，并推动尿素合成技术的持续进步。

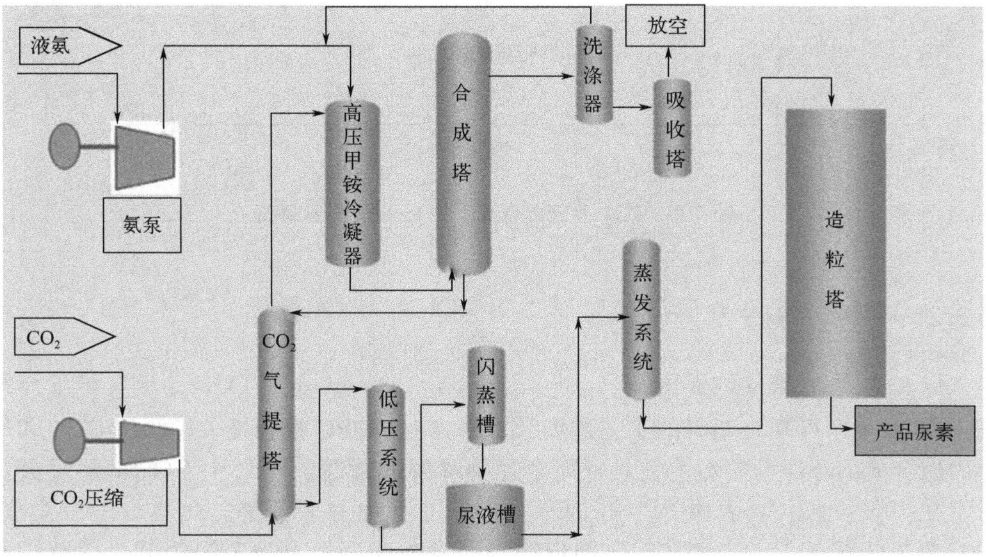

图 7-1　CO_2 为碳源合成尿素工艺流程简图

7.2　CO_2 生产橡胶和塑料等高分子材料

7.2.1　橡胶生产

传统燃油车即将被锂电、燃料电池等新能源车替代，但轮胎作为陆地交通工具的功能单元，其使用量不受能源结构调整的影响。此外，丁二烯橡胶在航空、建筑等多个领域中都有广泛的应用需求。使用绿色、低碳甚至零碳或负碳的技术路线来制备丁二烯等橡胶轮胎，不仅能够减少对传统化石原料的依赖，还能有效降低碳排放，具有重要的环保和经济效益。因此，将 CO_2 转化为丁二烯橡胶，既可实现温室气体的有效利用，还能推动相关产业的技术革新和可持续发展。

通过开发新的催化体系，科研人员成功实现了 CO_2 加氢制备乙醇的技术突破(图 7-2)。在此基础上，进一步开发乙醇制丁二烯的工艺，采用具有强酸性且耐水活性位点的催化剂，实现了 80%乙醇水溶液的高效转化。最后，通过自主研发的聚合催化剂和催化体系，将丁二烯聚合为丁二烯橡胶，这一系列技术的突破，打通了从 CO_2 到丁二烯橡胶轮胎的关键技术路线[2]。

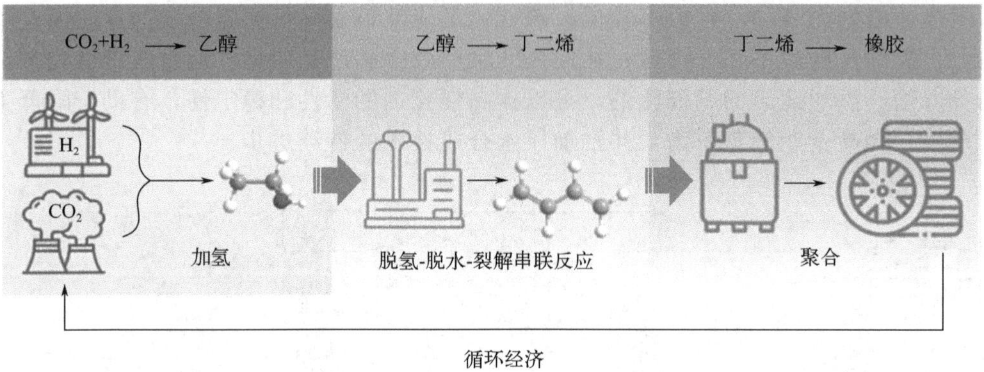

图 7-2 CO_2 为碳源合成丁二烯橡胶流程简图

7.2.2 可降解塑料生产

以 CO_2 合成聚碳酸亚丙酯（polypropylene carbonate，PPC）为例，详细介绍利用 CO_2 生产可降解塑料的工艺进展及未来方向。PPC 塑料是一种利用 CO_2 和环氧丙烷合成的环保型塑料，它具备完全生物降解的特性。PPC 中 CO_2 的质量分数通常在 30%～50%，表明 PPC 在固定 CO_2 方面具有显著效果。此外，在 60℃下，PPC 塑料能够在 9～12 个月的时间内实现完全生物降解。该材料因其可降解性和对 CO_2 的固定能力，为 CO_2 的化工利用开辟了新途径。不过，PPC 塑料的综合性能存在局限，加之生产成本较高，目前大规模工业生产的企业还很少。另外，PPC 对环境温度的敏感性较高，导致其单独使用受限，必须通过增塑和增韧改性后才能作为塑料使用。也就是说，PPC 通常需要与聚乳酸、聚对苯二甲酸-己二酸丁二醇酯、聚丁二酸丁二醇酯、聚乙二醇以及淀粉、木质素等高分子材料共混改性。此外，即便是经天然高分子材料改性，所得 PPC 复合材料虽然可以实现完全降解，但其降解速度仍然较慢。因此，缩短这些复合材料的降解周期，也是亟待解决的问题。目前，PPC 的改性研究距离工业化应用还有一段距离。可喜的是在中国，已有多家 PPC 塑料企业投入生产。

除 PPC 之外，还有多种能够固定 CO_2 的聚合物材料，例如 CO_2-环氧乙烷共聚物和 CO_2-环氧己烷共聚物等，这些材料的开发为 CO_2 的资源化利用拓展了新的方向和思路，但由于综合性能和成本方面的限制，目前这些材料尚未完全工业化生产。

7.3 CO_2 生产碳酸酯类产品

利用 CO_2 作为原料来合成羧酸或碳酸酯类产品所需的能源消耗较低，相关工艺在成本效益方面具有优势。因此，通过 CO_2 合成 DMC 等化工产品，已经成为全球研发和应用的热点[3]。例如，辽宁奥克化学股份有限公司自 2009 年起便开始

了 CO_2 和环氧乙烷反应制取精细化学品的技术开发和应用工作，其中尤为突出的是与中国科学院过程工程研究所联合开发的“固载离子液体催化 CO_2 转化联产 DMC 和乙二醇”绿色工艺，该项技术全球首创且在国际上处于领先地位，是绿色工程与绿色化学应用的成功案例（图 7-3）。其核心是利用乙烯氧化制环氧乙烷时排放的 CO_2 废气作为原料，与环氧乙烷在固载离子液体催化剂的作用下进行羰基化反应，生成碳酸乙烯酯。随后，碳酸乙烯酯与甲醇反应，进而生产出 DMC 和乙二醇。这项工艺不仅实现了 CO_2 资源化高效利用，还为现有乙二醇工艺的节能以及环氧乙烷产业链的延伸提供了新的可能性，值得一提的是，通过该工艺能够生产出电池级 DMC 产品，在电解液溶剂领域具有极大的应用价值。

图 7-3　大亚湾国家级石化区 10 万吨级离子液体催化 CO_2 合成碳酸酯工业装置

7.4　CO_2 加氢制液态阳光甲醇

甲醇作为清洁能源，与传统化石燃料相比，完全燃烧后仅产生 CO_2 和水，无颗粒物、SO_x、NO_x 等有害污染物的产生。甲醇还广泛应用于合成纤维、甲醛、塑料、医药、农药、染料以及蛋白质等多种化学品。需要注意的是，甲醇的生产需要大量 H_2（约 2400m^3/吨），目前光解水高效催化剂的研发取得较大突破，通过光解水生产 H_2，进而使 H_2 与 CO_2 结合制甲醇。这种生产方式从依赖传统能源向利用可再生能源过渡，同时也为可持续发展提供了新途径。“液态阳光甲醇”之所以在氢能发展中受到越来越多的重视，主要原因在于以下 3 个方面[4]。① 高效储氢技术：相较其他化合物储氢技术，甲醇易于储存和运输，其通过与水汽重整易于把氢释放出来，且储氢量比大多数储氢化合物的都大；② 高效储能技术：可以将光能、风能等可再生能源储存在甲醇中，既可用于电网调峰，又可离网大规模消纳可再生能源，例如每吨甲醇储能约为 6000kW·h，10 万吨“液态阳光甲醇”可消纳 600～700MW 光伏风电；③ 直接资源化利用 CO_2：通过采用 CO_2 加氢制甲醇，每生产一吨甲醇能够消耗 1.375 吨 CO_2。考虑到我国甲醇年总产能大约为 1 亿吨，如果其中的 70%通过 CO_2 加氢方式实现，那么每年可以回收并利用超过 1 亿吨 CO_2，这将显著减少 CO_2 排放引起的温室效应。

中国科学院院士李灿领导的“液态阳光甲醇”项目是该领域的标志性技术，通过利用太阳光光解水制取绿色 H_2，再将 H_2 与 CO_2 反应生成甲醇（图 7-4）。这一过程不产生污染，并且可以形成闭环循环而实现零排放，尤其是将光能转换为稳定的化学能并以液体的形式存储、运输与应用，被认为是目前制备甲醇最环保的方式之一。尽管 CO_2 制甲醇的技术可行性已经得到了广泛认可，但在经济可行性方面仍面临挑战。其中，制氢和碳捕集的成本相对较高，限制了真正意义上的绿色甲醇大规模生产。此外，从燃煤电厂等排放源捕集 CO_2 合成甲醇的成本，比传统化石原料生产甲醇的成本高 1.3 倍甚至更多。因此，尽管该技术前景广阔，但在经济性方面还需进一步突破。不过，“液态阳光甲醇”的成本与绿氢成本相关联，当可再生电力电价低于 0.15 元/(kW・h) 时，“液态阳光甲醇”的成本与煤制甲醇相当，甚至更低（尚没有考虑碳税）。许多企业都在大力推进绿色甲醇项目的开工和投产，千吨级 CO_2 加氢制甲醇工业化示范工程陆续启动。截至 2024 年 8 月，我国绿色甲醇项目已有 93 个项目正在开发中。其中，内蒙古、辽宁、吉林等分别有 26、15 和 14 个项目取得重大进展。

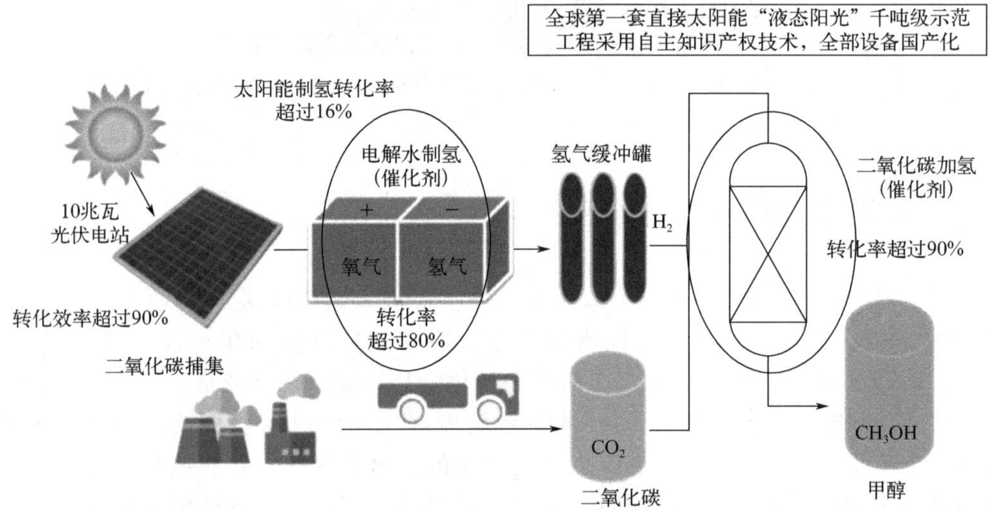

图 7-4 “液态阳光甲醇”合成工业化中试技术路线图

7.5 CO_2 制汽油等燃料

CO_2 与 H_2 反应能够实现较高的 CO_2 转化率（90%以上），在此过程中汽油的选择性可大于85%。该技术不仅大幅减少对 H_2 和 CO_2 的需求，且生产过程能耗较低。最重要的是该过程所产出的汽油品质优良，经过第三方机构验证，其辛烷值超过了90。目前，国内相关机构已经掌握了该技术的完整知识产权，并成功开发出了适用于大规模工业生产的技术方案，为未来万吨级装置的开发和应用奠定了坚实基础。在该技术的开发和应用上，国内走在前沿的主要有以下团队和企业。①中国科学院上海高等研究院孙予罕研究团队与相关企业合作，开发 CO_2 加氢高选择性合成高异构烃（C_5～C_{11}）含量的汽油，建立和完善了 CO_2 加氢合成各种高附加值 C_{2+} 烃的反应平台。此外，该联合团队成功实现了RWGS与费托合成反应的接力、功能匹配和优化，在较温和条件下实现了 CO_2 加氢直接转化成航空燃料。目前，已建立多个工业运行的示范装置，并逐步开展产业化推广。②中国科学技术大学曾杰研究团队，利用常压 CO_2 加氢高选择性制备长链烯烃（选择性66.9%），与高压反应下的选择性（66.8%）相当，团队已完整掌握该技术的核心知识产权，建立中试装置并逐步开展放大生产。③ 厦门大学王野团队及合作企业在 CO_2 高选择性转化制备低碳烯烃的研发方面取得了重要进展，通过设计高效 $ZnGa_2O_4$/SA-PO-34等双功能催化剂，成功将 CO_2 制备甲醇与甲醇制备烯烃反应耦合，由 CO_2 转化为碳氢化合物产物中 C_2～C_4 烯烃的选择性达到86%。④ 中国科学院大连化学物理研究所孙剑团队和企业联合开发，建立了全球首套“1000吨/年 CO_2 加氢制汽油”中试装置（图7-5），可生产出符合国家标准的清洁汽油产品，该装置已成功运行并通过了由中国石油和化学工业联合会组织的科技成果评价。

图7-5　CO_2 加氢制汽油中试装置

但是，该技术的大规模商业化生产仍面临一些挑战。首先，CO_2 转化效率不理想，导致 H_2 的利用率相对较低，意味着过程中存在较大的能源和原料损失。其次，生产成本较高，利用该技术生产出的汽油成本较市场上现有的汽油高近一倍，增加了其经济可行性的难度。最后，由于催化剂对原料和反应条件有着较高的要求（如需使用纯度较高的 CO_2 以及 H_2 作为原料），不仅增加了原材料的成本，也提高了对生产设备的要求。

7.6 CO_2 制合成气技术

合成气作为化学工业的基础原料而需求广泛，传统上，合成气主要是通过煤炭或天然气转化而来。随着科技的发展，通过热催化的方式可以将 CO_2 转化为合成气，包括甲烷 CO_2 干重整、甲烷-CO_2-水蒸气的三重整以及逆水煤气变换和一些耦合反应（如 CO_2 辅助氧化脱氢）等不同的技术路径。这些创新方法为 CO_2 的再利用开辟了新途径，并推动了化工行业向更加环保和可持续的方向发展。此外，通过将 CO_2 转换为合成气不仅能够提高常规化石燃料的使用效率，还能显著降低 CO_2 和 CH_4 等温室气体的排放量。在产业化方面，中国科学院上海高等研究院与公司合作进行甲烷 CO_2 干重整制备合成气的关键技术研发，成功建成了全球首个万立方米级别的相关装置并实现了长周期稳定运行，CO_2 转化量可以达到 60 吨/天，标志着该技术已经达到了工业化示范阶段（图 7-6）。与传统合成气制备技术相比，该技术几乎不需要消耗水资源，同时还能大量利用 CO_2，是一种更加绿色高效的解决方案。某公司开发了将 CO_2 转化为合成气且无结焦产生的技术。该技术设置了双反应器系统，首台反应器采用传统甲烷蒸汽重整装置或自热重整装置，第二台反应器采用绝热的后转化装置在 700～800℃下运行。与传统重整技术对比，该技术可将重整装置尺寸缩小 30%，从而降低燃料消耗和 CO_2 排放。目前采用该技术的第一套商业装置已获得授权。

图 7-6　全球首套万方级甲烷 CO_2 干重整制合成气装置

7.7 CO_2 制对二甲苯技术

基于日本政府 2019 年 6 月发布的“碳回收技术路线图”，在获得了 19.9 亿日元的政府资助后，一些企业成功开发利用 CO_2 制对二甲苯（PX）的技术流程及装置。项目核心内容包括新型催化剂的设计/改良和量产技术的开发，还涉及工艺流程的实用性开发以及对技术经济性和减碳效果的全面评估。最终产品 PX 是生产对苯二甲酸和对苯二甲酸二甲酯的关键原料，而两种化学品几乎全部用于制造聚对苯二甲酸乙二醇酯聚合物，以及其聚酯纤维、固态树脂和薄膜等。企业的出发点在于如果将 PX 生产过程中的全部原料替换为 CO_2，那么每年可以减少约 1.6 亿吨的 CO_2 排放，这将是一个巨大的环保成就。

在国内，2020 年，清华大学和久泰集团有限公司成立了 CO_2 制芳烃联合技术中心，先后突破 CO_2 低温转化、薄壁催化剂合成等难题，形成了具有自主知识产权的工艺技术，并完成了小试开发及工程设计。2022 年 6 月 5 日，该团队在鄂尔多斯市准格尔旗开工建设具有里程碑意义的世界首套万吨级 CO_2 加氢制芳烃工业示范项目（图 7-7），利用 CO_2 加氢制备 PX、均四甲苯等高端化学品。所得甲苯类产品经过氧化和聚合反应后，可以制造出具有优异耐高温和具有良好绝缘性的工程塑料——聚酰亚胺。聚酰亚胺在微电子、航天、军工等高科技领域有着广泛的应用，尤其是近年来，随着科技发展和经济需求扩大，聚酰亚胺在光刻胶、芯片封装、柔性显示、柔性印刷电路板和导热石墨膜等新兴领域的应用也迅速增长。该工业示范装置自开车以来运行平稳，达到了工业化的生产要求。根

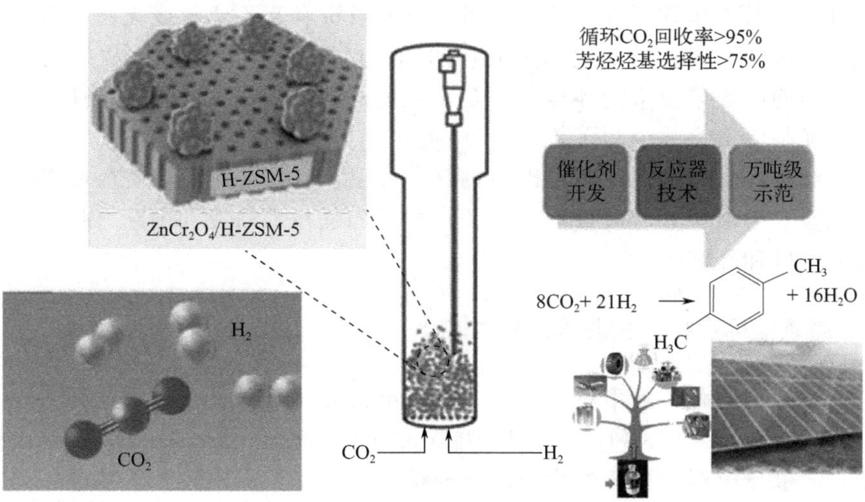

图 7-7　流化床 CO_2 加氢制芳烃成套技术

据评估，CO_2 加氢制芳烃产品线具有高附加值和良好的经济效益，是目前能够实现商业化运作的 CO_2 利用技术之一。其成功实施和推广不仅有助于减少 CO_2 排放，还能推动相关高科技材料的发展，具有重要的环保和经济双重意义。

7.8 CO_2 资源化利用的不足

7.8.1 CO_2 资源化利用投资巨大、运行成本高

近年来，众多行业都在积极探索实现“双碳”目标的路径，其中 CO_2 的资源化利用被视为关键的解决方案。CO_2 虽然可以转化为多种含碳化合物，但由于投资成本巨大和运营成本高昂，目前 CO_2 商业化利用途径相对有限，且经济效益常常难以覆盖其高昂的投资。要使 CO_2 捕集与利用技术真正具有生命力，关键在于实现可持续的 CO_2 捕集和资源化利用技术突破，并推动这些技术的商业化应用。这不仅涉及技术进步，还需要政策支持、完善市场机制以及降低成本。随着技术的发展和成本的降低，CO_2 捕集和资源化利用技术有望成为减少温室气体排放、推动低碳产业发展的重要技术路径。此外，该技术的发展也被认为是实现能源绿色低碳转型、发展新质生产力及实现可持续发展的重要手段。因此，持续的技术创新和政策支持对于 CO_2 捕集和资源化利用技术的发展至关重要。

7.8.2 政策支持不足、企业积极性不高

CO_2 资源化利用作为新兴产业，目前已进入可以大规模投资的阶段。然而，该领域存在较高的市场风险和技术风险。市场风险主要体现在 CO_2 捕集和资源化利用项目的高昂成本和不确定性上，而企业或投资者又不愿意或无法独自承担这些风险。技术风险则包括捕集效率和成本问题，以及 CO_2 在运输过程中的潜在泄漏风险。在当前的政策及市场环境下，企业或投资者的积极性有限，这使得该技术产业化推广面临巨大挑战。为了推动 CO_2 捕集和资源化利用发展，迫切需要配套的政策引导和支撑。例如，政府可以通过财政补贴、税收优惠、投资激励等措施来降低投资风险、吸引从业者大量涌入市场，同时加强技术研发和国际合作，以提高该技术的成熟度和经济性。

7.8.3 减碳指标宽松，企业减碳压力较小

目前，我国的碳排放市场主要集中在发电行业，纳入管理的企业数量仅有两千多家。虽然这些企业的 CO_2 排放量占全国总量的 40%以上，但碳排放配额指标相对宽松，配额分配以免费分配为主。这种情况下，企业面临较小的减碳压力，缺乏足够的经济激励，导致它们在采取减碳措施方面的积极性不高。为了提高企业的积极性，首先需要进一步完善碳市场机制。可以通过优化配额分配方式来实现，逐步推行免费和有偿相结合的配额分配方式，提升有偿分配比例。这样可以使碳价更真

实地反映企业的碳减排成本，从而激励企业采取更积极的减排措施。此外，丰富交易品种和交易主体，引入金融机构等非履约主体，也有助于提升市场活跃度和价格发现功能。

最近，水泥、钢铁、电解铝等行业也纳入碳市场管理，这将使碳市场覆盖的企业数量增加至近四千家。未来，石化、化工、造纸等行业也将逐步纳入。扩大覆盖范围不仅有助于压实不同行业的 CO_2 减排责任，还能通过多样化的交易主体和需求，促进 CO_2 资源在不同行业之间的高效配置，进一步提升市场活力。最重要的是，通过这些措施，可以有效提高企业的 CO_2 减排积极性，推动碳市场的健康发展，高效助力实现国家的“双碳”目标。

7.9 CO_2 资源化利用存在问题的解决办法和建议

① 将 CO_2 化学资源化利用纳入各地未来的发展规划，明确 CO_2 化学资源化发展的指导思想、基本原则、主要目标和主要任务与措施，促进碳减排与 CO_2 资源化产业的健康发展。

② 政府主导组织开展 CO_2 资源化利用专项行动，在全面推进工业绿色升级，加快实施钢铁、石化等行业绿色减排改造的同时，制定出台 CO_2 化学资源化行动计划，选择积极性高、社会影响大、带动作用强的企业开展 CO_2 资源化利用试点，探索 CO_2 资源化利用的产业化发展路径，支持石油和化工行业协会发挥行业优势，在 CO_2 资源化利用方面制定规范、提供咨询、推动行业自律等，全面促进我国绿色低碳循环经济的健康发展。

③ 政府需重点支持 CO_2 资源化利用技术创新项目的建设，充分发挥科技成果转化引导基金作用，重点支持 CO_2 资源化利用技术的创新开发与应用转化，布局一批前瞻性、战略性、颠覆性强的 CO_2 资源化科技攻关项目，建设一批 CO_2 资源化利用国家技术创新中心平台和技术应用转化基地，强化以企业为主体、市场为导向、产学研深度融合和国际开放合作的绿色技术创新联合体建设，积极利用首台（套）重大技术装备政策，重点支持一批 CO_2 资源化利用的技术成果转移/转化项目。

④ 利用财税手段加大对 CO_2 资源化利用产业的扶持力度，设立专项财政资金和预算内投资支持 CO_2 资源化利用项目建设，研究并出台相关方面的所得税、增值税等优惠政策；积极发展和引导绿色金融支持 CO_2 资源化利用产业的发展，积极鼓励和支持符合条件的 CO_2 资源化利用的企业上市融资，同时支持相关企业在国际国内市场开展绿色融资。

⑤ 认真贯彻《碳排放权交易管理暂行条例》，支持 CO_2 资源化利用企业的发展；积极引导和支持 CO_2 资源化利用的企业，充分借助《碳排放权交易管理暂行条例》等相关政策，将超标准消耗的 CO_2 指标在市场上进行交易，有效降低 CO_2 资源化的成本，积极扩大 CO_2 资源化利用的产业规模，为业界营造一个更公平、高效的 CO_2 资源化利用的环境。

参考文献

[1] Mishra V, Peter S C. A comprehensive overview on catalytic pathway for CO_2 utilization with epoxide to cyclic carbonate[J]. Chem Catalysis, 2023, 4: 100796.

[2] Wang K, Oe H, Nakaji Y, et al. Carbon-neutral butadiene rubber from CO_2 [J]. Chem 2024, 10: 419-426.

[3] Hou G, Wang Q, Xu D, et al. Dimethyl carbonate synthesis from CO_2 over CeO_2 with electron-enriched lattice oxygen species[J]. Angewandte Chemie International Edition, 2024, 63: e202402053.

[4] Olah G A. Beyond oil and gas: The methanol economy[J]. Angewandte Chemie International Edition. 2005, 44: 2636-2639.

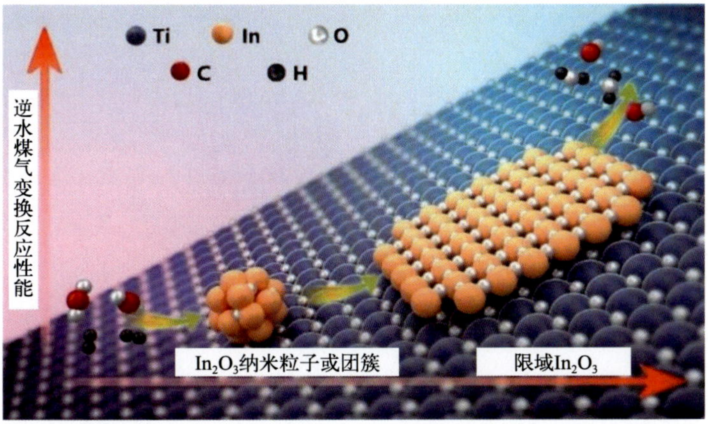

图 5-1　利用界面限域作用调控 In_2O_3-TiO_2 催化剂表界面结构以及理化性质[22]

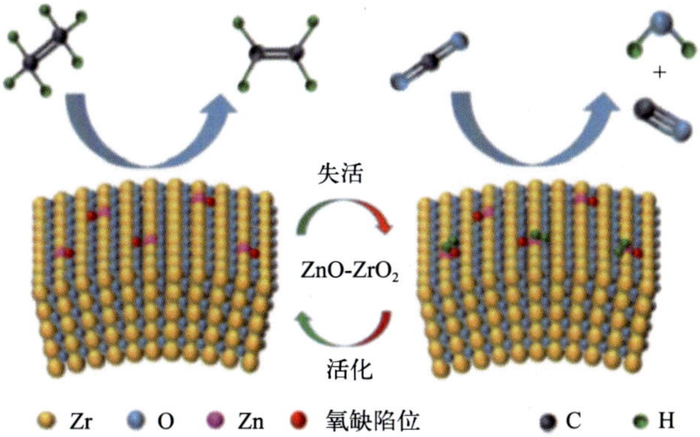

图 5-4　ZnO-ZrO_2 催化剂上 CO_2 辅助乙烷氧化脱氢反应

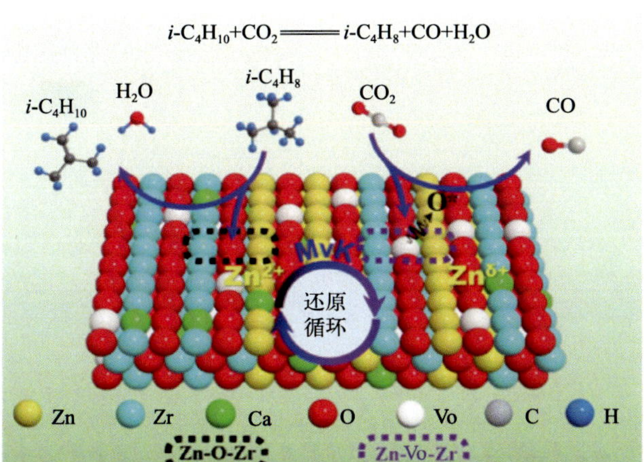

图 5-5　xZn-CaZr 催化剂上 CO_2 辅助丁烷脱氢制丁烯

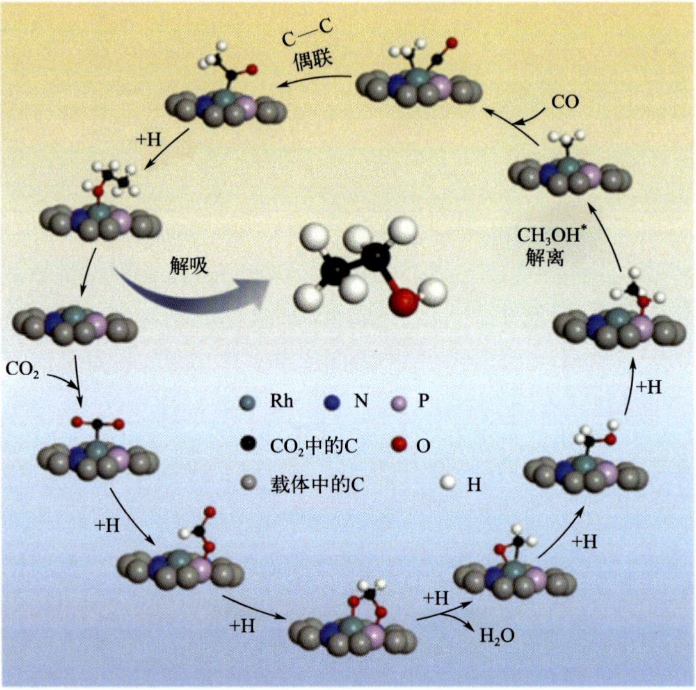

图 5-30 P 取代 Rh-N_3P_1 原子分散位点对用于高效催化 CO_2 加氢制乙醇[143]

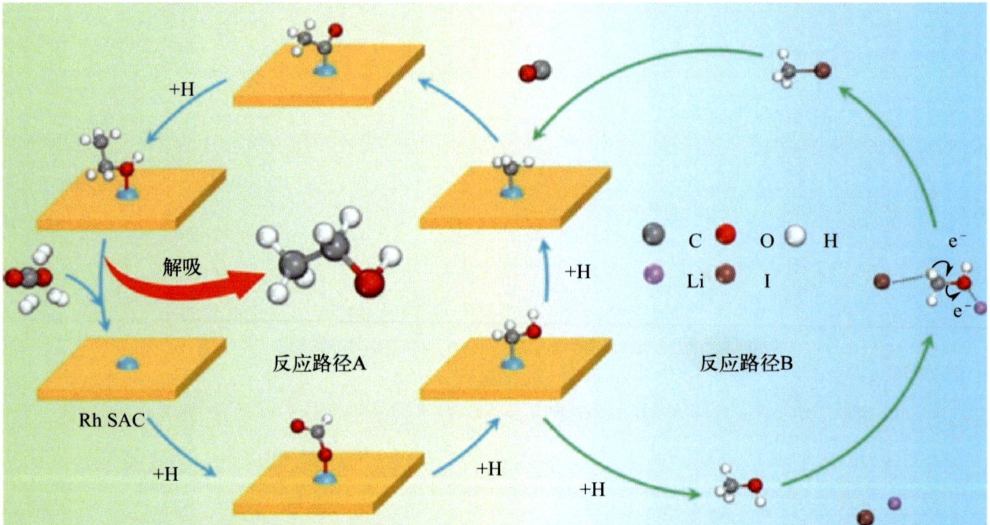

图 5-32 构建"双相路易斯酸碱对"体系协同催化助力 CO_2 加氢一步合成乙醇[149]

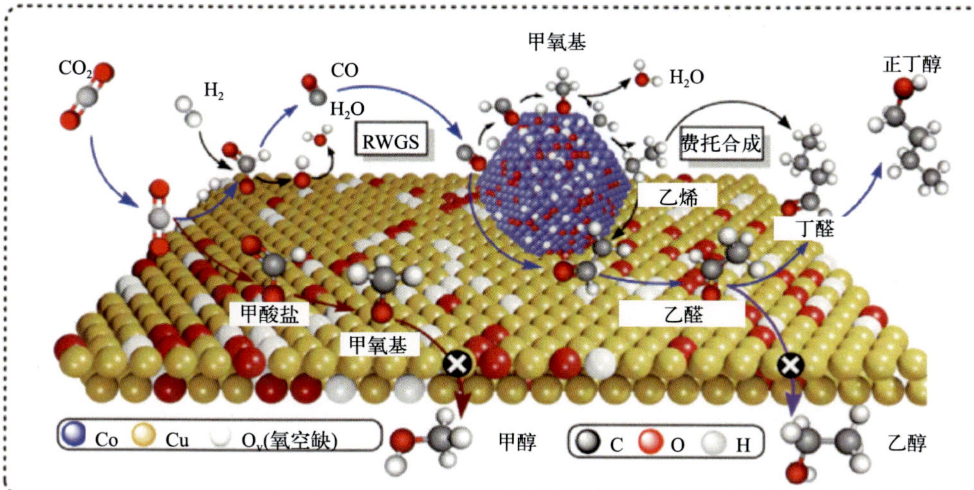

图 5-33 CO_2 加氢一步合成正丁醇反应机理及中间物种

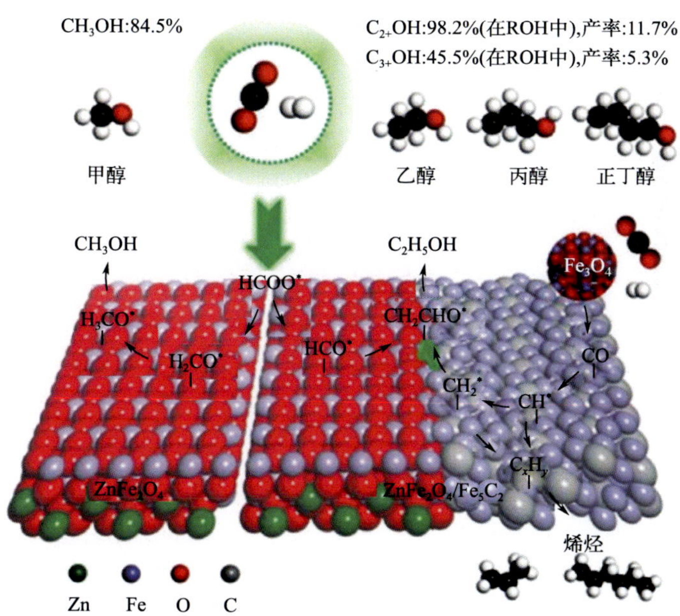

图 5-34 $ZnFe_2O_4/Fe_5C_2$ 界面处 CO_2 加氢一步合成高碳醇

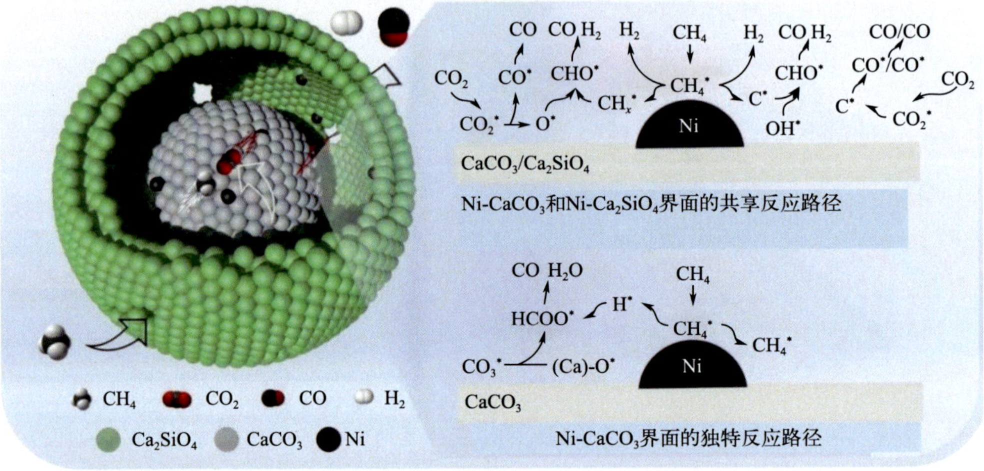

图 6-3　Ni 掺杂 Ca@Si 纳米反应器的构筑及其在 CO_2 捕集与原位甲烷干重整中的应用

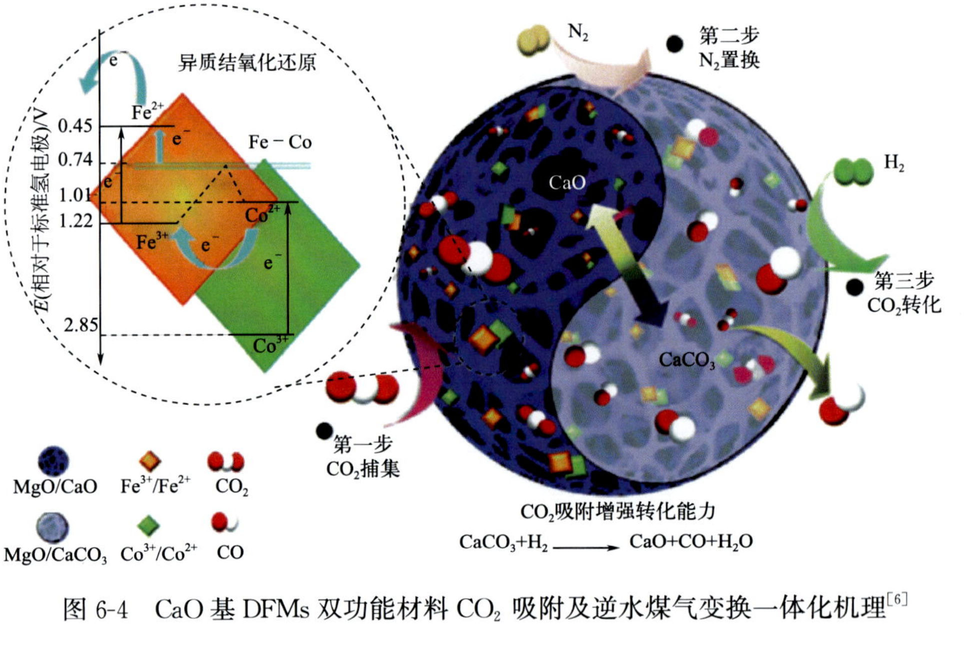

图 6-4　CaO 基 DFMs 双功能材料 CO_2 吸附及逆水煤气变换一体化机理[6]